高超声速飞行器机体/发动机一体化设计

罗世彬　著

科学出版社

北京

内 容 简 介

本书以高超声速飞行器为研究对象，采用理论分析、数值仿真和试验验证等多种手段，以及多学科设计优化方法，对高超声速飞行器机体/发动机一体化和总体的设计与优化技术进行了全面深入的研究，取得了一系列研究成果。

本书系统地研究并发展了以超燃冲压发动机为动力的高超声速飞行器一体化设计方法；深入分析了高超声速飞行器的设计结构矩阵和学科间的耦合量传递关系，并构建了高超声速飞行器一体化设计框架和一体化设计优化模型；建立并应用机体/发动机一体化高超声速飞行器冷却分析模型，对等高度飞行和等动压飞行条件下各受热部件的冷却流量需求进行了分析；建立了基于参数方法的高超声速巡航飞行器 MDO 模型以及基于优化方法的高超声速巡航飞行器 MDO 模型。

本书可为飞行器设计专业领域的研究学者及研究生提供参考及专业技术知识，同时可为其他相关专业方向的学生和研究学者提供参考。

图书在版编目(CIP)数据

高超声速飞行器机体/发动机一体化设计/罗世彬著. —北京：科学出版社，2018.6

ISBN 978-7-03-057619-4

I. ①高… II. ①罗… III. ①飞行器-设计-研究 IV. ①V47

中国版本图书馆 CIP 数据核字(2018) 第 119729 号

责任编辑：赵敬伟 / 责任校对：邹慧卿
责任印制：张 伟 / 封面设计：耕者工作室

科 学 出 版 社 出版
北京东黄城根北街 16 号
邮政编码：100717
http://www.sciencep.com

北京虎彩文化传播有限公司 印刷
科学出版社发行 各地新华书店经销

*

2018 年 6 月第 一 版 开本：720×1000 1/16
2023 年 7 月第五次印刷 印张：15
字数：290 000

定价：99.00 元
(如有印装质量问题，我社负责调换)

前　　言

　　吸气式高超声速飞行器机体与发动机的高度一体化,导致气动、推进、冷却等学科与飞行器总体性能间存在着强烈的相互作用。只有充分考虑学科间的耦合效应,通过涵盖全系统的一体化设计,才能达到高超声速飞行器性能的整体最优。本书以高超声速飞行器为研究对象,采用理论分析、数值仿真和试验验证等多种手段,引入多学科设计优化 (multidisciplinary design optimization,MDO) 方法,对高超声速飞行器机体/发动机一体化和总体的设计与优化技术进行了全面深入的研究,取得了一系列研究成果。

　　本书系统地研究并发展了以超燃冲压发动机为动力的高超声速飞行器一体化设计方法,深入分析了高超声速飞行器的设计结构矩阵和学科间的耦合量传递关系,并构建了高超声速飞行器一体化设计框架和一体化设计优化模型。

　　本书提出了高超声速飞行器机体/发动机一体化性能分析方法;对机体/发动机一体化性能进行了系统的分析,总结出三种典型机体/发动机一体化构型的选择准则;提出了一种设计参数区域的划分与评价方法,对机体/发动机一体化设计参数取值范围进行了 5 级区域划分;通过机体/发动机一体化构型气动测力试验,验证了机体/发动机一体化性能分析方法和计算程序的可靠性。

　　本书针对机体/发动机一体化部件多目标设计优化的特点,发展了基于快速非优超排序、排挤机制和多方法并联协作策略的并行多目标混合遗传算法,并将其应用于超燃冲压发动机二维进气道和二维尾喷管的多目标优化设计。采用遗传算法对某试验超燃冲压模型发动机的燃烧室构型参数进行了优化设计,所得方案的性能大大优于实际方案。

　　本书建立并应用机体/发动机一体化高超声速飞行器冷却分析模型,对等高度飞行和等动压飞行条件下各受热部件的冷却流量需求进行了分析。研究表明,在马赫数 6~12 的范围内,通过适当配置燃料喷射方案 (喷射位置、喷射流量) 和提高冷却通道出口冷却剂的温度,采用再生冷却方式能够满足机体/发动机一体化高超声速飞行器的冷却需求。

　　本书定义了综合比冲概念,并以此为系统评价指标,对多种机体一体化超燃冲压发动机的系统循环方案进行了对比分析。研究表明,膨胀循环和富燃燃气发生器循环的综合比冲和推进剂比冲较大,相对其他系统循环方案有明显的优势。

　　本书建立了基于参数方法的高超声速巡航飞行器 MDO 模型; 分别采用D-Optimal 设计、Taguchi 设计和均匀设计在局域网上并行实现了高超声速巡航飞行器的 MDO，得到了各项性能指标均优于基准设计点的优化方案。

　　本书建立了基于优化方法的高超声速巡航飞行器 MDO 模型；针对高超声速巡航飞行器 MDO 的特点，构造并应用多方法并联协作优化方法，在 6 台微机并行计算环境中实现了高超声速巡航飞行器 MDO，得到了最优设计方案。

罗世彬

2017 年 11 月

目　　录

第1章 绪　　言

1.1　超燃冲压发动机

1.1.1　研究背景

在大气层内，以火箭发动机为动力实现高超声速飞行 ($Ma > 5$)，必须自身携带全部的氧化剂与燃料混合燃烧，这大大增加了推进系统和飞行器的质量，推进性能随之降低。尽管三组元燃烧[1]、塞式喷管[2]等技术不断地用于性能改进，但火箭发动机的性能已经接近上限，改进的空间不大。吸气式发动机利用空气中的氧，无须携带氧化剂，燃料比冲高，适合作为高超声速飞行的推进装置。受涡喷发动机叶片热强度和燃烧室入口温度的限制，涡喷发动机和亚燃冲压发动机的工作马赫数上限分别为 3 和 5[3]。飞行速度达到高超声速时，若来流仍减速为亚声速，压缩气流静温将超过发动机材料的耐温限；燃料喷入高温气流产生强烈的热分解，带来巨大的总压损失和熵增，发动机很难产生净正推力。因此在高超声速条件下，来流只能部分减速，以超声速进入燃烧室，在超声速流动条件下组织燃烧，即采用超声速燃烧冲压发动机 (简称超燃冲压发动机)。

随着美国 X-33 计划的下马，单级入轨可重复使用运载器的研究开始降温。在航天运载倡议 (Space Launch Initiative, SLI) 的支持下，两级/多级入轨可重复使用运载器受到青睐[4,5]，其中以吸气式发动机作为下面级推进系统的两级/多级入轨可重复使用运载器方案优点较多，受到广泛重视[6]。作为吸气式高超声速推进系统的核心技术，超燃冲压发动机技术成为研究热点。展望未来，最理想的天地往返运输系统是以组合循环发动机为动力的空天飞机。而作为组合循环发动机在高超声速域 ($5 < Ma < 15$) 内的最佳工作模态，超燃冲压发动机是必须要掌握的技术。

因此，不管是实现大气层内的高超声速飞行，还是实现廉价的天地往返运输，超燃冲压发动机的应用都至关重要。超燃冲压发动机研究正是在这样的背景下开展的。

1.1.2　研究简史

自 20 世纪 50 年代提出超声速燃烧 (简称超燃) 概念以来，超燃的研究已经持续了 40 多年。20 世纪 90 年代，美国、俄罗斯、法国、日本等国已陆续取得了技

术上的重大突破。2000 年，AIAA 出版了专著 *Scramjet Propulsion*，系统总结了 40
多年的超燃研究成果 [7]。超燃及超燃冲压发动机的研究历程大体可分为以下几个
阶段 [8]：

　　 • **20 世纪 50 年代**：着重于超燃的概念性、基础性问题研究，验证了超声速
燃烧的可行性，分析了实现超燃冲压发动机的主要技术障碍。

　　 • **20 世纪 60~70 年代中期**：以高超声速试验飞行器为应用背景的氢燃料超
燃冲压发动机研究，是超燃冲压发动机技术发展的第一个高峰。

　　 • **20 世纪 70 年代中后期 ~80 年代中期**：研究人力与研制经费投入较少，超
燃冲压发动机研究相对沉寂。

　　 • **20 世纪 80 年代中后期 ~90 年代中期**：以美国国家空天飞机 (NASP) 计划
为代表，掀起了新一轮超燃冲压发动机研究的热潮，代表了第二个高峰。

　　 • **20 世纪 90 年代后期 ~**：模型发动机和工程样机的研发阶段。俄罗斯、法国、
美国和澳大利亚单独或者合作进行了模型超燃冲压发动机的飞行试验[7,9~13]，日本和
德国也制订了模型超燃冲压发动机的飞行试验计划 [7,14]。

　　文献 [7] 和 [15] 详尽地综述了各国的超燃研究进展，下面将以此为基础，介绍
美国、苏联/俄罗斯、法国、日本和国内的超燃研究概况①。

1.1.2.1　美国的超燃研究

　　经过 40 多年的发展，美国已建成 60 余座高超声速试验设备 [16]，通过这些设
备，开展了大量的超燃冲压发动机部件和系统研究，一直处于超燃研究领域的技术
前沿。

　　20 世纪 50 年代，美国开始进行超燃概念研究 [7,17~21]。1958 年，A. Ferri 领导
布鲁克林工业学院空气动力实验室实现了 $Ma = 3.0$ 气流中无强激波情况下的稳
定燃烧，超燃的可行性得到了验证 [15,18]。同年，R. J. Weber 等 [15,19] 通过理论分
析，对氢燃料超燃冲压发动机和传统冲压发动机的性能进行了比较，指出 $Ma > 7$
时，超燃冲压发动机具有优势；为避免热壅塞，超燃冲压发动机燃烧室应设计为
扩张型。约翰·霍普金斯大学应用物理实验室 (Johns Hopkins University/Applied
Physics Laboratory，JHU/APL) 比较了煤油等截面燃烧室超燃冲压发动机和传统
冲压发动机的性能 [15,21]，得到与 R. J. Weber 相似的结论。

　　60 年代至 70 年代中期，美国开展了超燃理论研究和模型发动机研究。Ferri 阐
明了氢/空气反应的化学特性，对燃烧室形状与释热量的匹配、超燃冲压发动机性
能优化等问题进行了研究。通用应用科学实验室 (GASL)、Marquardt 公司等机构
设计加工了模型超燃冲压发动机。NASA 从 1964 年开始实施高超声速研究发动机
(HRE) 计划，试图在 X-15A-2 研究飞机上验证采用再生冷却方式、完全飞行重量

---

　　① 本节内容未注明来源处，均引自文献 [7] 和 [15]，特此说明。

的超燃研究发动机。后因 X-15 计划下马，飞行试验的计划被迫终止，研究重点转向两种全尺寸 HRE 模型发动机的地面试验。HRE 发动机为轴对称结构，采用中心伸缩整流锥实现 $Ma=4\sim8$ 范围内进气道的正常工作。研究发现 HRE 存在壁面冷却所需液氢流量大大高于燃烧需求量 (飞行 Ma 较高时)、外阻过大、无净推力等问题 [3]。随后 NASA 提出了一种矩形截面的机体/发动机一体化构型方案 [22]，前体下壁面和进气道侧板用于压缩高速来流，同时后体下壁面作为尾喷管的外膨胀型面，该构型后来被普遍采用。1962~1978 年，美国海军资助 JHU/APL 开展超燃冲压发动机导弹 (SCRAM) 计划，研制一种采用可储存推进剂、轴对称、短燃烧室的超声速舰射导弹 [23,24]。JHU/APL 做了大量试验，首次提出在进气道和燃烧室之间增设隔离段的设计方案 [25]。由于 SCRAM 导弹缺点太多，该项研究计划于 1978 年终止。

　　70 年代中期至 80 年代中期的超燃冲压发动机研究缺乏大规模的资金支持，研究规模较小，此间 JHU/APL 开展的研究受人注目。JHU/APL 认识到碳氢燃料才是高超声速导弹的最佳选择。为了满足碳氢燃料超燃的要求，JHU/APL 提出了双燃烧室超燃冲压发动机方案，并进行了大量的试验，提出了采用碳氢燃料双燃烧室超燃冲压发动机的大射程宽覆盖域防御导弹方案。导弹采用被动冷却方式，为降低冷却要求，飞行速度的上限为 $Ma=6$。

　　1986 年，美国启动了 NASP 计划，目标是发展 X-30 试验型单级入轨空天飞机，面临的核心技术问题是研制工作范围为 $Ma=4\sim15$ 的氢燃料超燃冲压发动机 [26]。1995 年，NASP 计划下马，主要原因是项目耗资过大，单级入轨和超燃冲压发动机等关键技术没有突破。但超燃冲压发动机技术仍然迈上了新的台阶：发展了发动机设计方法、理论分析方法和 CFD 模拟技术；建立起大量的试验设备，加强了地面试验模拟能力；通过大规模的大尺寸模型发动机试验，获得了大量试验数据；培养了大批专业人才；演示验证了一系列关键技术。在总结 NASP 计划经验与教训的基础上，美国采取了更为稳妥的研究策略，研究方向转为更加现实可行的应用目标，重点放在研制高超声速巡航导弹 [27~38] 和发展高超声速飞机与空天飞机 [39~45] 所需的关键技术突破上，开始实施多项先期技术演示计划。

　　20 世纪 90 年代中期至今，美国的超燃研究重点围绕高超声速飞行器试验 (Hyper-X) 计划、高超声速技术 (HyTech) 计划和高超声速飞行 (HyFly) 计划等技术演示计划展开。

　　Hyper-X 计划由 NASA 资助，主要研究工作由波音公司和 NASA Langley 研究中心承担 [41,45,46]。该计划的目标是通过 Hyper-X 研究飞行器的设计、制造和飞行试验，验证高超声速飞行器一体化设计方法及设计软件的有效性；得到双模态冲压发动机的操作特性和飞行性能；通过飞行试验进一步完善气动和推进性能数据库 [47]。整个计划中将要试验 X-43A、X-43B、X-43C 和 X-43D 四种飞行器。第一阶段主要进行飞行器/发动机的一体化设计、氢燃料超燃冲压发动机 $Ma=7$ 和 10 的地面与飞行试验，试验飞行器为 X-43A[47]。2001 年 6 月 2 日，X-43A 进行了第一次 $Ma=7$ 的飞行试验，由于 Pegasus 助推火箭出现故障，试验失败。2004 年 3 月 27 日，X-43A 进行了第二次 $Ma=7$ 的飞行试验，取得成功，首次实现了超燃冲压发动机推动下的高超声速飞行器自由飞行，超燃冲压发动机的工作时间持续了约 10 秒钟。NASA 认为，这次飞行试验成功的意义重大。它切实推动了超燃冲压发动机技术的发展，是美国近 50 年超燃冲压发动机研究成果的综合应用，标志着超燃冲压发动机技术正式从实验室研究阶段走向工程研制阶段。

美国空军在 1995 年推出了 HyTech 计划 [28,29]，并从 1996 年开始资助普惠公司开展 HySET 计划，研制 $Ma=4\sim8$ 的二维碳氢燃料双模态冲压发动机。发动机采用混合压缩进气道、燃料再生冷却流道方案，考虑了与导弹外形的一体化，并采用轻质材料减轻质量。HySET 计划的第一阶段完成了从系统级到部件级的任务需求分解，并根据任务需求完成高超声速导弹和超燃冲压发动机的初步设计。导弹侧边安装固体助推器，助推器将导弹加速到 $Ma=4$ 之后，双模态超燃冲压发动机开始工作，固体助推器随即抛掉，导弹加速到 $Ma=8$ 巡航。2000 年 4 月 ～2001 年 2 月，普惠公司采用吸热型碳氢燃料的裂解产物为燃料，完成了 $Ma=4.5$ 和 6.5 的铜热沉结构超燃冲压发动机的自由射流试验，得到了净正推力，首次实现了无辅助能量加入条件下的碳氢燃料超燃。普惠公司还对发动机的部件结构设计进行了研究，重点解决壁面与前缘的冷却结构设计和加工问题 [33]。

HyFly 计划由美国海军研究办公室 (ONR) 和美国国防高技术研究计划局 (DARPA) 联合支持，为期 4 年，目的是通过飞行试验验证以碳氢燃料超燃冲压发动机为动力，$Ma=6.5$，巡航高度 27km，射程 1100km 的高超声速导弹方案。2002 年 5 月，JHU/APL 领导的研究小组首次进行了常规液态碳氢燃料的全尺寸、完全一体化的高超声速巡航导弹发动机地面试验 [34]。HyFly 演示飞行器计划从 2004 年开始进行飞行试验。

1.1.2.2　苏联/俄罗斯的超燃研究

苏联是最早进行超燃冲压发动机研究的国家 (1957 年)，也是最早进行飞行试验的国家 (1991 年)。从 20 世纪 50 年代开始，第一科学研究所 (NII-1)、中央空气流体力学研究院 (TsAGI)、中央航空发动机研究院 (CIAM)、莫斯科航空学院 (MAI)、苏联科学院西伯利亚分院理论与应用力学研究所 (ITAM) 等研究单位对超燃冲压发动机技术进行了长期的深入研究，取得了大量技术成果。

1957~1972 年为早期基础研究阶段，重点从原理上验证超燃冲压发动机的可行性。1957 年，E. S. Shchetinlov 发明了超燃冲压发动机，并指出了超燃冲压发动机的优越性：偏离设计状态时，能比冲压发动机更有效地工作；静压低，热流小；结构强度要求低、重量轻等。为验证在合理长度内进行超燃的可行性, K. P. Vlasov、V. T. Zhdanov 和 A. A. Semenov 进行了一些探索性试验研究。随后苏联开始对碳氢燃料超燃进行研究, 1963 年, M. S. Volynsky 研究了不同燃料、不同喷射方式对超燃的影响。1963~1966 年, M. P. Samozvantsev 在 $Ma=1.8\sim2.8$, 长度 $L=0.6\sim0.9m$, 直径 $D=110mm$ 的管道内实现了煤油、氢、固体推进剂分解气的超燃。在进行可行性试验的同时, 建立了超燃冲压发动机试验台系统, 随后对超燃机理进行了深入研究。1961 年, V. I. Penzin 提出了双模态冲压发动机概念, 并得到了一种超燃冲压发动机优化流道。1964 年, R. A. Kolyubakin 设计了轴对称、扩张管道双模态冲压发动机, 采用固体推进剂分解气燃料, 进行了 $Ma=6$ 的自由射流试验。同年 B. P. Zaslavsky 和 S. V. Shteiman 在二维扩张燃烧室中实现了煤油的稳定燃烧。

1972~1996 年, 研究了超燃冲压发动机工作过程中的细节技术问题。整个 70 年代, 苏联的超燃冲压发动机研究处于冷寂阶段, 直到 80 年代中期, 超燃冲压发动机才开始重新受到重视。此时超燃研究的主要单位 NII-1 已经合并到了 TsAGI。

CIAM 对氢和煤油的双模态超燃冲压发动机进行了大量的试验研究。1991 年 12 月, CIAM 完成了世界上首次火箭搭载氢燃料双模态模型发动机飞行试验, 模型发动机实现了亚燃和超燃模态。1992 年 11 月, 与法国合作进行了第二次飞行试验, 在试验轨道段, 模型发动机持续工作了 23 秒, 在 $Ma=5.3$ 实现亚燃–超燃的稳定燃烧。1995 年 3 月, 与法国合作进行第三次飞行试验, 因箭上仪器故障, 试验失败。1998 年 2 月, 与 NASA 合作进行第四次飞行试验, 在 $Ma=3.5\sim6.4$ 范围内, 得到双模态燃烧数据 [77]。目前 CIAM 正在研制用于超燃冲压发动机飞行试验的高超声速飞行实验室及实验模型发动机 [78]。

TsAGI 研究了变几何条件下的超燃问题, 发现在扩张型燃烧室中存在热释放减少的现象。V. L. Zimont 等研究了氢燃料超声速稳定燃烧问题, 对后台阶和凹腔火焰稳定装置进行了分析。在机理研究方面, 开展了煤油超燃机理、气泡雾化喷嘴性能、氢和煤油自由射流试验和复合材料燃烧室氢超燃试验等研究。TsAGI 还与马拉诺夫中央航空发动机研究所联合进行 "IGLA" 计划, 开展军用高超声速试验飞行器研究, 目的是通过飞行试验验证 $Ma=6\sim14$ 的超燃冲压发动机工作性能, 考核发动机和机体结构耐热性。试飞器采用升力体外形, 翼下布置超燃冲压发动机, 运载器为 SS-19 洲际导弹, 2001 年进行了首次飞行试验。

MAI 在 1966 年成立超燃小组, 1979 年成立超燃实验室。在机理研究方面, 重点研究了圆管内伪激波燃烧模式、煤油气泡雾化混合增强等问题。试验表明: 利用集液腔和气泡雾化, 可以改善自动着火和提高燃烧效率。在模型发动机研究方面, 研制了无冷却的铌合金/抗氧化层矩形燃烧室, 燃料 (氢气或煤油) 通过支板喷射。

ITAM 于 1977 年成立超燃试验室, 主要进行基础研究; 设计了小型轴对称、后台阶突扩的双模态冲压发动机, 并进行了双模态冲压发动机试验。

1.1.2.3　法国的超燃研究

法国是欧洲最早发展超燃冲压发动机技术的国家，60 年代初就开始了超燃基本原理和模型发动机研究，先后完成了 ESOPE(1966～1973 年) 研究计划和 PREPHA (1992～1997 年) 研究计划，并与俄罗斯合作进行了超燃冲压发动机的飞行试验。

1962～1967 年为法国超燃的基础研究阶段，研究主要集中在激波诱导的预混气超燃和碳氢燃料的扩散火焰超燃两个方面，进行了大量的直联式试验。研究发现：流动边界层和喷射引起的激波使点火时间缩短；超燃更多的是混合问题，而不是化学动力学问题；燃烧室面积变化必须优化，在等截面段实现点火，扩张段的热量释放要保证大当量比且不壅塞；在同一燃烧室，通过高当量比产生热力壅塞，可以实现亚燃、超燃两种模态。

1966～1973 年，法国在 ESOPE 研究计划的框架下开展超燃研究。最初的目标是研制飞行 $Ma=7$ 的 STATALTEX 缩尺飞行器，考察超燃冲压发动机在实际条件下的空气阻力–推力平衡关系，并比较不同燃料在地面和飞行状态下的试验结果。在此过程中提出了亚燃/超燃的双模态冲压发动机。到 1968 年，目标调整为研制 $Ma=3\sim7$ 的双模态冲压发动机，亚燃/超燃的接力马赫数为 5.5。到 1969 年，决定集中研制 $Ma=6$ 的超燃冲压发动机，并研究在 $Ma=5.5$ 时的模态转换过程。

1992～1997 年，法国开展了 PREPHA 研究计划。PREPHA 计划瞄准的是用于运载器的大型氢燃料超燃冲压发动机研究。实际上，由于技术和研制经费的限制，该计划只完成了一部分，重点对超燃冲压发动机的进气道、燃烧室和喷射支板、尾喷管进行了大量试验研究，取得了一批成果。该计划后期与俄罗斯合作进行模型发动机飞行试验。

法国认识到双模态冲压发动机比单模态冲压发动机具有更广泛的应用前景。在 PREPHA 计划和法国国防部的支持下，Aerospatiale Matra 导弹公司与俄罗斯 MAI 合作开展了宽马赫数域冲压发动机 (WRR) 的研究。WRR 能够在 $Ma=3\sim12$ 的范围内工作；发动机流道型面可根据飞行条件进行变化；采用燃料冷却壁面和活动连接件 [7]。目前已经对缩比尺寸的 WRR 进行了试验 [48]。法国 ONERA 还与德国 DLR 合作进行高超声速飞行器设计研究，提出了采用双模态冲压发动机的 JAPHAR 高超声速飞行器方案，飞行 $Ma=4\sim8$。法国国防部从 1999 年开始支持一个新的研究计划，旨在提高碳氢燃料双模态冲压发动机的技术水平，应用对象为空对地高超声速导弹。该导弹称为 Promethee，采用变几何构型，工作 $Ma=1.8\sim8$[7]。目前已经完成了 Promethee 导弹的全尺寸发动机模型的直联式试验。

1.1.2.4　日本的超燃研究

20 世纪 70 年代，日本一些大学开始进行超燃基础研究，90 年代初，日本国家宇航实验室 (NAL) 建立了较大规模的自由射流试验系统，完成了 $Ma=4$、6、8

的氢燃料超燃发动机的缩比地面试验[49~53]，对超燃发动机部件、结构、材料和机体/发动机一体化等进行了深入研究[54~58]。日本虽然起步较晚，但是进展很快，在超燃冲压模型发动机研究方面已取得了重要突破。NAL 于 1993 年完成了 RJTF 超燃风洞建设，空气加热器采用储存加热空气和燃烧氢加热空气两种方式，试验舱采用蒸汽引射，能够模拟飞行高度 25~35km，Ma=4、6、8 的飞行条件。1994 年风洞开始模型发动机试验。1994~1998 年，风洞总共运行了 225 次，主要研究了燃烧模态、隔离段长度、支板、喷射方式、燃烧室和进气道相互作用等对燃烧性能的影响，通过测量发动机壁面压力、温度及推力来分析发动机性能。目前日本已经开始着手超燃冲压发动机飞行试验的准备，NAL 提出了具体的飞行试验方案[14]。另外，NAL 还对超燃冲压发动机再生冷却[59~62]、系统循环方式[63,64]，以及高超声速飞行器方案设计[65~67]等开展了研究。

1.1.2.5　国内的超燃研究

国内的超燃研究始于 20 世纪 80 年代后期，初期的研究工作主要是整理和吸收国外研究成果，建立超燃和超燃冲压发动机的基本概念，对超燃冲压发动机性能进行初步分析[4,5]等。刘陵教授的专著《超音速燃烧与超音速燃烧冲压发动机》[3]集中体现了这一时期的研究成果。

20 世纪 90 年代前期，研究集中在氢燃料超燃方面，研究目标是初步认识超燃的流场形态，主要的研究手段为数值模拟[68,69]和少量的小尺度试验[70]。朱守梅等[68]对超声速气流中横向喷氢冷态流场进行了数值模拟。刘兴洲院士等[71,72]和刘陵等[70]开展了少量的氢气超燃试验研究。胡欲立等[69]在文献[68]的基础上，采用两步化学反应模型，完成了二维超声速流场垂直喷氢流场的数值模拟，研究了自动着火和回流区特征，仿真结果得到了试验验证[70]。

90 年代中期，国内研究者开始关注喷射方式对氢/空气混合和火焰稳定的影响，混合增强技术[73]成为研究重点。刘陵等[74]模拟了超声速气流中横喷氢气的自动着火和火焰传播过程，发现高温附面层和喷嘴前回流区能促使氢气自动着火。通过对台阶后横喷氢气超声速流场的数值模拟，发现台阶的作用不仅能扩大火焰稳定性，而且能够增加氢射流对主流的穿透深度，提高燃烧效率[75]。梁剑寒等[76]对轴对称氢气后台阶垂直喷射和斜喷超燃流场进行了初步的数值模拟研究。杨爱国等[77]考虑了氢气平行超声速气流顺向喷射的方案，数值模拟表明支板后流场存在回流区，因喷氢的压力高于超声速空气流的压力和壁面附面层的影响，燃烧室内将出现斜激波和膨胀波，压力横向变化明显。刘敬华等[78]对后掠斜坡、多级喷射、振荡激波产生的氢/空气增强混合作用进行了试验对比，结果表明多级喷射的燃烧效率较高，扩张型后掠斜坡喷嘴的抗干扰能力强，总压损失低，液体喷射产生的振荡能够加强混合，提高燃烧效率。

90 年代后期至今，在 "863" 计划 (国家高技术研究发展计划)、国防预研的推动下，建立起一批基础试验设施 [79~84]，超燃研究进一步深入与细化。除继续研究氢超燃外 [85~100]，开始进行碳氢燃料的超燃研究 [101~111]；随着高超声速进气道 [112~120]、燃烧室 [121~139] 等部件研究的深入，全系统模型发动机的自由射流研究逐渐增多 [79~84]；开始考虑超燃冲压发动机的实用性，对双模态 [121~126] 和双燃式 [127~139] 两种超燃冲压发动机方案进行了初步研究；超燃冲压发动机部件和系统的优化设计技术开始受到关注 [140~143]。

在氢燃料超燃研究方面，李建国等 [85,86] 研究了氢气以声速平行喷入模型燃烧室中的自点火规律。在此基础上，俞刚等 [87~89,104] 对不同燃烧室尺寸与构型、燃料壁面喷射、支板喷射、凹腔火焰稳定结构的氢/空气超燃进行了系统的试验研究，研究表明对于飞行马赫数不超过 8 的超燃冲压发动机，垂直喷射是一种实用的混合增强方法。燃料的喷射位置应避免过于集中，最好按规律分散设置，使燃烧室静压分布尽量平直，以获得较高的燃烧效率。超燃冲压发动机内的流动是多组分高温高速气体的三维非定常化学反应流动，二维数值模拟难以准确地描述流场细节。梁剑寒等 [90~95]、杨晓辉等 [96]、刘难生等 [97]、岳朋涛等 [98,99] 和徐旭 [100] 等开展了包含较复杂化学反应模型的氢气超燃三维数值模拟。

在碳氢燃料超燃研究方面，围绕着火延迟较长、点火和稳定燃烧等问题开展了大量的研究工作。司徒明等 [101,102,130~133] 和孙英英等 [134~136] 等采用双燃式发动机构型完成了一系列煤油超燃试验。俞刚等 [103,105] 和黄庆生 [111] 采用煤油/氢双燃料方式实现煤油超燃，在试验中利用少量氢与来流空气自燃形成的引导火焰与煤油进行混合燃烧，煤油超燃所需的氢流量可控制在较低的范围内，并且对来流的温度要求不高。周进等 [8] 设计了多种喷嘴，利用水模拟煤油，开展了超声速气流下喷嘴流量特性和雾化特性的冷态试验研究。碳氢燃料化学反应机理比氢燃料复杂，唐亚林等 [107] 和刘宏等 [108] 分别提出了简化的甲烷燃烧的反应机理及反应动力学模型，并应用于甲烷超燃数值模拟。对氢引燃条件下甲烷和煤油的喷射混合的超燃进行了数值模拟，发现甲烷与煤油的扩散混合流场存在较大差异，与直通道燃烧室相比，后台阶直通道燃烧室增强混合的效果和引燃点火的可靠性较好 [99,109,110]。在众多的燃料增强混合和火焰稳定方案中，凹腔火焰稳定器是提高超燃冲压发动机性能、获得大的净推力最具潜力的一种。国内从 1997 年左右开始研究凹腔火焰稳定器，李建国和俞刚等 [86,104] 通过试验发现凹腔对氢气/空气的自点火极限有重要促进作用，大膨胀角燃烧室自点火困难的问题可用凹腔克服。黄庆生 [111] 则探索了不同凹腔火焰稳定器方案对煤油/氢双燃料超燃性能的影响。周进等 [8] 和刘卫东等 [79] 在模型超燃冲压发动机的设计和试验中大量应用了凹腔火焰稳定器，研究了凹腔长深比和后缘角对煤油超燃性能的影响。发现对于开式空腔而言，长深比越大，其火焰稳定范围更广，能力更强。数值模拟发现凹腔可扩大超燃燃烧室的火焰稳定工作范围,提高燃烧效率,凹腔的回流区可提供高温自由基,有助于超燃点火,火焰能在凹腔内和凹腔后斜坡的尾迹中驻定,当混气比接近恰当化学当量比时,凹腔对燃烧室性能影响最显著[109,110]。

乐嘉陵院士等[121,122]对高超声速飞行器的碳氢燃料双模态超燃冲压发动机方案进行了概念研究。路艳红等[123]采用一维模型分析了隔离段入口马赫数、加热比、喷油位置等因素比对燃烧室模态转变和性能的影响,计算表明采用气动热力调节实现燃烧室内模态的转变是可行的。刘敬华等[124]对亚燃到超燃的模态转换进行了试验探索,验证了氢燃料喷射位置和当量比对燃烧模态的影响。针对上述试验,文献[125]进行了数值模拟,提出了双模态超燃燃烧室的设计的改进意见。氢燃料双模态超燃冲压发动机试验结果表明,化学当量比在 0.35~0.8 的范围内氢气可自燃,燃烧室压力和推力增益随着化学当量比的增加而增加[126]。

张树道等[127~129]研究了激波与边界层相互作用对双燃式超燃冲压发动机进气道和燃烧室冷态内流场的影响,发现亚燃室的流动状态变化与激波-边界层相互作用密切相关。司徒明等[130]通过直联式试验验证了煤油双燃烧室超燃冲压发动机方案的可行性,并提出了一种采用预燃室的双燃式超燃冲压发动机方案,以解决煤油超燃点火延迟期较长的问题[131~133],试验表明该方案能可靠点火与稳定燃烧[132,133],具有可行性。孙英英等[134]研究了不同超声速主流总温状态下高温富油燃气当量比对双燃式超燃冲压发动机燃烧效率的影响,试验证实高温富油燃气作引导火焰能可靠地点燃超声速气流中的煤油射流[135]。双燃式超燃冲压发动机结构复杂,为了更好地了解流场细节,需要借助数值模拟,王春等[137,138]和岳朋涛等[139]结合双燃式超燃冲压发动机的冷热态试验,开展了部分数值模拟。

张堃元等[113,114,116]和杨进军等[115]对多种高超声速进气道及进气道-隔离段一体化方案 (Ma=3~6) 进行了试验研究,初步取得了高超声速进气道的设计经验。丁猛等[119,120]、赵桂萍等[117]和陈方等[118]在高超声速进气道及隔离段的流场数值模拟方面开展了研究。

随着超声速燃烧技术和超燃冲压发动机部件研究的深入,超燃冲压发动机部件和系统的设计与优化逐步受到重视。徐旭等[140]、陈兵等[141]、徐大军等[142]进行了超燃冲压发动机部件及系统的一体化优化设计研究。

经过多年的研究,我国主要超燃研究单位相继取得了技术突破,已经实现了碳氢燃料在超声速条件下的稳定燃烧,超燃冲压发动机技术水平得到了一定的提高,接近获得正推力。虽然我国在超燃领域取得了一定的成绩,但与先进国家相比,在基础理论研究、关键技术突破、试验测试技术和人才培养等方面都还存在较大差距。

1.2　高超声速飞行器设计技术

按采用的动力装置不同，可将高超声速飞行器 (hypersonic vehicle，HV) 分为吸气式高超声速飞行器 (air-breathing hypersonic vehicle，ABHV) 和火箭推进高超声速飞行器 (rocket-powered hypersonic vehicle，RPHV) 两类。早期的高超声速飞行器，如 X-15、X-20，都是以火箭发动机为动力的，属于 RPHV[144]。由于 RPHV 性能不理想，在 X-15、X-20 的研究终止后，几乎没有开展后续研究。随着超燃冲压发动机研究的深入，ABHV 日益受到关注，并已成为各航天大国的发展重点。为了叙述简便，在研究中常将 ABHV 直接简称为高超声速飞行器，本书以下部分，高超声速飞行器均特指 ABHV。ABHV 也是一个比较笼统的概念，包含吸气式运载器 (air-breathing launch vehicle，ABLV) 和高超声速巡航飞行器 (hypersonic cruise vehicle，HCV) 两类。ABLV 执行入轨任务，可采用单级或多级入轨方式，此类飞行器又称为空天飞机 (aerospace plane)；HCV 特指大气层内飞行，执行巡航任务的一类飞行器，可作为高超声速飞机、战略攻击机或者高超声速巡航导弹。ABLV 和 HCV 都采用超燃冲压发动机作为高速推进系统，在设计上有较多的相似之处，如都必须考虑机体与超燃冲压发动机的一体化设计问题。本书的出发点是发展具有普遍适用性的高超声速飞行器设计方法，未特别指明时，相应设计方法对两类飞行器均适用。

高超声速飞行器同时具有常规的航空飞行器和航天运载器的某些特征，但又与二者有着显著的区别。无论是飞行器的设计方法，还是运载器的设计方法都无法直接指导高超声速飞行器的设计。迫切需要结合高超声速飞行器本身的特点，发展一套简便可靠的高超声速飞行器设计方法。

1.2.1　高超声速飞行器的学科特点

1.2.1.1　学科分析复杂性

高超声速飞行器机体/发动机高度一体化和飞行速度域较宽的特性，导致其设计过程包含多个强耦合的学科和大量高灵敏度的设计变量，使得设计空间高度非线性。某些计算量在量级上明显小于相关量，为保证计算的正确性，需要计算模型精度足够高。以超燃冲压发动机净推力为例，其取值为推力与阻力之差。该差值相对于推力和阻力为小量，推力与阻力计算值较小的偏差都可能会影响到净推力计算的正确性。因此，为了准确地分析学科性能、反映学科间的联系，在概念设计阶段，高超声速飞行器大多数学科的分析精度就需要达到初步设计的水平 [145]，计算耗费较高。另外，总体性能分析 (优化) 需要进行大量的方案评估，要求学科分析的时间不能过长。因此需要各学科专家在建立学科分析模型时，平衡好计算精度和计算费用两方面的要求。

1.2.1.2 学科耦合复杂性

高超声速飞行器最显著的特点是子 (分) 系统之间的耦合较其他类型飞行器更加强烈, 其中以机体与发动机之间的耦合最为突出, 已打破了传统飞行器机体与发动机之间的专业分工关系。传统的飞行器设计组织体系要求将系统按专业分解为子系统, 学科专家仅负责本子系统的设计与分析。但人为地将耦合系统分解, 隔断子系统之间的联系, 极可能会失去最优设计方案, 甚至得不到可行设计方案。因此高超声速飞行器一体化设计的关键问题之一就是处理好学科之间的耦合关系。

1.2.1.3 性能评估复杂性

从模型属性看, 高超声速飞行器的性能评估首先需要将各学科的分析模型集成为总体性能分析模型, 而学科分析模型本身的复杂性、学科间耦合的复杂性、学科分析模型之间的兼容性以及总体性能分析模型的鲁棒性等问题, 必将导致飞行器性能计算十分复杂。从问题属性看, 高超声速飞行器总体优化设计的设计变量众多, 可能包含离散变量和整数设计变量 (如前体转折角的数目、超燃冲压发动机的台数等), 设计空间可能为非凸甚至不连通, 总体性能目标亦可能不止一个, 这类问题的求解十分困难。

1.2.2 高超声速飞行器的研究进展

1.2.2.1 高超声速飞行器的外形选择

高超声速飞行器设计首先需要选择合适的外形。J. L. Hunt 等 [144] 对如图 1.1 所示的四种可能的高超声速飞行器外形进行了比较, 外形 1 和外形 2 代表了两个极端。外形 1 为尖拱形圆柱翼体, 由于机翼位置靠下, 发动机尺寸受限; 前体对来流的压缩不足, 进气道捕获流量小, 因此加速性能差, 仅适合巡航。外形 2 为圆锥机身, 发动机沿机身全周向安装, 进气道可获得最大的捕获流量, 加速性能好, 但发动机的质量过大, 不适合用于执行入轨任务的高超声速飞行器。外形 3 和外形 4 是真正实用的高超声速飞行器外形。外形 3 为大长细比圆柱翼体, 发动机沿部分周长安装 (图 1.2(a)); 外形 4 为中长细比二维升力体外形, 该外形可使发动机具有二维流道, 安装性能良好 (图 1.2(b))。

乘波体 (waverider) 能够提供高升阻比, 是一种良好的高超声速巡航飞行器外形 [146~165]。但乘波体的容积利用率低, 在发动机与机体结合、内部布局和外形加工等方面都存在困难, 实际应用时需要整形 (如增大前缘钝化半径, 削去部分尾部等), 但整形后的乘波体气动性能明显降低, 高升阻比特性大打折扣; 另外, 乘波体在非设计状态时的气动性能较之设计状态也有大幅度的降低。基于上述原因, 本书选择二维升力体作为高超声速飞行器的气动外形，暂不考虑乘波体。

图 1.1　高超声速飞行器的外形选择

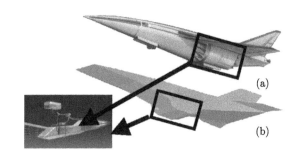

图 1.2　两种较优的高超声速飞行器外形

二维升力体外形包含多种机体/发动机一体化构型，不同构型在容积效率、气动性能、推进性能、一体化性能等方面存在着差异，并最终影响着高超声速飞行器的总体性能。

1.2.2.2　超燃冲压发动机性能评估

超燃冲压发动机的性能评估是进行高超声速飞行器机体/发动机一体化设计和高超声速飞行器总体设计的基础。如前所述，超燃冲压发动机净推力与推力和阻力相比为小量，为保证计算的正确性，即使在概念设计或者初步设计阶段，也需要有一套精度较高的超燃冲压发动机性能评估程序/软件。超燃冲压发动机内部为含化学反应的多组分高温高速三维流动，详细计算需要采用 CFD 技术；概念设计和初步设计阶段需要大量地分析推进系统的性能，数值模拟过于复杂和耗时，一般采用经过修正的一维流动模型来近似。一维流动模型具有原理清楚、计算简单、结果直观等优点[151]，并且超燃冲压发动机燃烧室的基本构型为"等截面段＋等角度扩张段"管道，一维模型比较适用。

M. J. Lewis 等[152]建立了超燃冲压发动机流动过程的一维复合流模型，通过不同流管的参数设置,可粗略地反映流场非均匀性对发动机性能的影响,但模型中燃烧释热规律以能量加入的方式表征,过于简单,难以反映燃烧的实际情况。M. V. Pulsonetti 等 [153] 和 T. F. O'Brien 等 [154] 建立了基于有限速率化学反应的超燃冲压发动机的准一维模型,模型考虑了面积变化、质量加入、燃料混合、壁面传热等因素,模型的分析精度得到了提高。其中 T. F. O'Brien 的模型在高超声速巡航导弹的设计中得到了应用 [155]。刘敬华等 [156] 对双模态超燃冲压发动机燃烧室流场进行了非定常准一维数值模拟,微分方程以时间作变量,可初步模拟双模态燃烧室的工作过程。张鹏等 [151] 对多种超燃燃烧室一维模型进行了深入分析,认为基于试验静压数据的一维模型,若不借助必要的流场数据或分析结果,或不借助经验性的处理方法,仅靠一维假设,无法获得较为完整的一维流场分析结果。

由于燃烧室燃烧不完全,尾喷管段燃气将继续进行化学反应。J. J. Sangiovanni 等 [157] 和 Q. Rizkalla 等 [158] 分析了氢/空气化学反应对超燃冲压发动机性能的影响,发现尽管尾喷管段燃气化学反应比较剧烈,但其对超燃冲压发动机比冲和推力的增加效益并不大。因此在对超燃冲压发动机性能初步评估时,可简单地将尾喷管段的燃气流动视为冻结流。

上述研究只关注了超燃冲压发动机某一部件的性能,无法对超燃冲压发动机的整体性能进行评估。P. J. Waltrup 等 [159]、H. Ikawa[160] 和 D. K. Schmidt 等 [38] 较早建立起包含进气道、燃烧室、尾喷管的一体化超燃冲压发动机性能估算模型,进气道和尾喷管流场均采用一维流动处理,以能量加入的方式表征燃烧释热。P. J. Waltrup 等 [159] 和 H. Ikawa[160] 分别引入压力-面积指数定律 ($PA^\varepsilon = \mathrm{const}$) 和面积扩张因子,对燃烧室一维流动方程积分得到燃烧室出口燃气参数;而 D. K. Schmidt 等 [38] 则直接给出燃烧引起的总温升,一维流动方程的求解更加简化,显然上述模型的精度较低。M. K. L. O'Neill 等 [163,164]、L. V. Rudd 等 [165] 和 R. P. Starkey 等 [155] 在乘波体高超声速飞行器的设计中建立了机体一体化超燃冲压发动机性能估算模型,进气道流动采用斜激波理论进行分析,燃烧室流动采用准一维模型,尾喷管性能分析采用特征线方法,模型的精度得到了一定提高。高超声速流动粘性大,前体较长,进气道吸入附面层可达进气道迎风高度的 30%,采用斜激波理论分析进气道性能误差较大。尾喷管为非对称型面二维喷管,且型面外形受机体尺寸和容积需求等因素限制,使用特征线方法计算尾喷管流场并不容易,且误差也较大,初步计算表明特征线方法对推力系数和升力系数的计算误差可达 30% 左右。S. Z. Pinckney 等 [166] 采用二维 Euler 方程模拟前体/进气道流场和燃烧室入口流场特性,燃烧室流动过程则采用平衡化学反应模型用一维循环分析程序计算,尾喷管流场也采用二维 Euler 方程模拟,发展了机体一体化氢燃料亚燃/超燃冲压发动机性能评估软件 SRGULL。SRGULL 的精度较高,目前已经集成到 NASA Langley 研究中心研制的吸气式高超声速飞行器设计分析平台 HOLIST 中 [167]。

1.2.2.3　机体/发动机一体化设计

经过长期的研究，人们认识到机体与发动机高度一体化是解决吸气式高超声速飞行的有效途径。"机体/发动机一体化"包含两层含义：一方面指在性能优化时兼顾机体的气动性能和发动机的推进性能，考虑二者的相互影响，反映的是优化设计思想；另一方面指在结构上将机体和发动机设计为一体，反映的是整体化的设计思想。

高超声速飞行器机体/发动机一体化设计的基本思路是：将超燃冲压发动机置于高升阻比机体下腹部，前体下壁面作为进气道外压缩段，后体下壁面作为喷管的外膨胀段。机体与发动机的高度集成具有很多优点 [3]：①可利用前体对来流进行预压缩，提高了进气道的来流压缩能力；②减少了发动机的迎风面积、飞行器阻力和重量；③飞行器的湿面积减少，大幅度降低飞行器的冷却流量需求；④超燃冲压发动机便于做成模块式，飞行器可按推力需要选装适当数目的模块发动机，增强了同一型号发动机的适应性。发动机尺寸缩小，对试验设备的要求随之降低。

高超声速飞行器采用非对称的机体外形，如图 1.3 所示，超燃冲压发动机对飞行器气动特性有显著影响 [168]；同时，飞行器前体气动外形和发动机在飞行器中的布局决定着推进系统吸入气流的品质，进而影响燃烧室的燃烧过程；后体气动外形影响着燃气膨胀程度，最终对发动机的部件和总体性能产生影响。因此将高超声速飞行器气动性能与推进系统性能进行一体化设计十分必要。为了达到总体性能指标，必须在高超声速飞行器概念设计阶段开始就考虑二者的相互影响 [168,169]，从而推动机体/发动机一体化设计与一体化性能分析技术的发展。

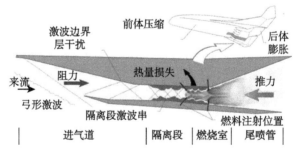

图 1.3　高超声速飞行器机体/发动机一体化设计模型概念

NASA Langley 研究中心在长期的研究中，开发了大量的针对升力体外形高超声速飞行器的机体/发动机一体化设计技术，并应用到 Hyper-X 研究飞行器 (Hyper-X research vehicle，HXRV) 的设计中。J. L. Hunt[170]、M. K. Lockwood[145,171]、C. R. McClinton[41] 和 P. L. Moses[42] 等对此进行了系统地总结和阐述。I. M. Blankson 等 [172] 对乘波体外形高超声速飞行器机体/发动机一体化设计应该研究的关键问题进行了分析。

在高超声速飞行器外形选定、机体几何参数模型建立之后,需要确定机体/发动机一体化构型。D. Akihisa 等 [54,55] 通过试验比较了三种机体/发动机一体化构型对超燃冲压发动机性能的影响;发现将进气道直接安装在楔形面上或者平行轴向安装在前体膨胀角之后的一体化构型均不利于进气道充分利用前体的来流压缩功能,良好的机体/发动机一体化构型需将进气道平行轴向安装在前体膨胀角之前。

如前所述,采用低精度模型 (如特征线方法、准一维等熵流动分析、斜激波理论等) 分析高超声速飞行器推进性能和气动性能时误差较大,需要采用高精度模型 (如 Euler、2D PNS、3D PNS、有限速率化学反应等)。但高精度模型的计算量大,耗时长,在飞行器的性能评估过程中需要大量地调用推进性能和气动性能计算模块,实时 (在线) 调用高精度模型不现实,可行的做法是在高超声速飞行器性能分析之前,先建立推进性能和气动性能的数据库,弹道仿真时按需调用数据库。NASA Langley 研究中心在 Hyper-X 研究飞行器的研究过程中就采用了这种方法 [47],C. E. Cockrell 等 [49] 对建立 Hyper-X 研究飞行器气动性能和推进性能数据库时采用的 CFD 方法进行了具体介绍。

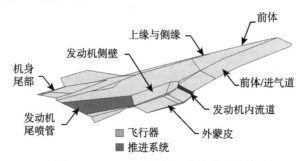

图 1.4 高超声速飞行器气动/推进算力体系 (外罩–尾部)

机体/发动机一体化设计需要准确地计算推力、阻力、发动机升力 (由发动机流道部件产生的升力)、俯仰力矩、热和压力载荷、燃料流量等参量。计算高超声速飞行器气动力和推进力之前,首先需要选择适当的算力体系 (force accounting system)。由于高超声速飞行器中发动机流道和飞行器机体在结构上是一体的,为避免双重计算,必须人为地将气动/推进界面 (aero-propulsion interface,API) 或者发动机/机体界面 (engine-airframe interface,EAI) 进行划分,以明确气动分析和推进分析各自的计算任务,不同的 API 对应不同的算力体系 [173~176]。G. A. Sullins 等 [173] 系统地研究了高超声速飞行器的算力体系,得到了各种算力体系对应的 API,图 1.4 描述了外罩–尾部算力体系的 API[47]。王占学等 [177,178] 介绍了空天飞机推进系统设计时 API 的划分和几何参数的选择方法,并给出了空天飞机推进力的计算方法。作者对高超声速飞行器机体/发动机一体化性能分析方法进行了系统研究,详细比较了不同机体/发动机一体化构型的容积效率、气动性能、推进性能和一体化性能,详见第 3 章。

从部件设计角度出发,机体/发动机一体化设计主要体现为前体与进气道的一体化设计和后体与尾喷管的一体化设计。

前体与进气道的一体化设计就是将前体下壁面作为进气道的预压缩面,为进气道内压段提供压力较高的入口流场,降低了进气道内压缩段的压缩要求,减少发动机进气道和总体布局在设计上的困难。为保证发动机稳定工作,除要求前体有高的预压缩效率外,还要求进气道能够在宽马赫数范围内具有良好的气动特性、较高的捕获流量系数、较高的总压恢复系数、良好的出口流场品质以及较高的抗反压能力[31]。高超声速流动粘性影响较大,利用一维分析方法进行进气道设计存在较大偏差[140]。传统的方法是在一维分析基础上进行粘性修正,但效果很有限。随着计算能力的提高,直接采用数值模拟技术对进气道进行分析越来越受到重视[140,179]。进气道的捕获流量随飞行条件的改变而显著变化,捕获流量的确定是进气道性能分析的重要内容。需要指出的是,机体一体化超燃冲压发动机的横向溢流比较显著,导致进气道的实际捕获流量减小,发动机推力减小。三维压缩进气道的横向溢流可使超燃冲压发动机推力降低约 15%[56],因此有必要在机体/发动机一体化设计时适当考虑前体/进气道流场的三维特性。

超燃冲压发动机燃气的膨胀分为内膨胀段和外膨胀段,尾喷管与后体的一体化设计就是将飞行器后体下表面作为发动机排气的外膨胀段,通过进一步膨胀,使燃气静压下降,动量增加,以获得净推力。尾喷管是飞行器推力的主要产生部件,如在飞行 $Ma=6$ 时,尾喷管产生的推力可达到发动机总推力的 70% 左右[141,180]。与亚燃冲压发动机喷管相比,超燃冲压发动机尾喷管没有喉道。后体下壁面外形直接决定了超燃冲压发动机净推力方向与飞行方向的夹角。一般而言,尾喷管的性能既取决于它的几何外形,又取决于飞行马赫数、动压和攻角的变化。另外,推力性能及其与飞行器配平的匹配,又影响着飞行器的飞行性能。因此尾喷管的设计目标是使燃烧室出口的高焓气流在尾喷管中充分膨胀,以产生尽可能大的推力;同时保证作用在后体下表面、垂直于飞行方向的分力即升力不能过大,以免产生过大的俯仰力矩,严重影响飞行器的配平[141]。如果后体喷管设计不当,为了调整飞行器配平,可能会增加相当大的配平阻力,因此在设计尾喷管时必须重点考虑推力的产生和配平[141,180]。

1.2.2.4 超燃冲压发动机的优化设计

随着研究的深入和设计水平的提高,优化技术开始引入超燃冲压发动机部件和总体的设计中。

在超燃冲压发动机进气道优化设计方面，P. Safarik 等 [181]、M. K. Smart[182] 以总压恢复系数为目标，对超燃冲压发动机进气道几何参数进行了优化，进气道流场采用斜激波理论分析，精度较低，误差较大。随着计算机运算速度的提高和 CFD 应用技术的逐渐成熟，学者们开始在超燃冲压发动机的部件和总体的优化设计中引入 CFD 方法，性能分析的精度得到大幅提高。J. J. Korte 等 [183] 采用基于 Euler 方程的 CFD 模型对三维侧压式进气道进行了优化设计，模型没有计及粘性，仅考虑了两个设计变量。徐旭等 [140] 以楔角为变量，分别采用斜激波理论和 NS 方程进行流场分析，完成了混合压缩高超声速进气道的一维和二维设计优化。在实际的设计中，通常要求超燃冲压发动机进气道：提供发动机所需要的空气流量；在进气道内完成气流减速增压过程，气流总压损失尽可能小；进气道的阻力小；进气道出口流场均匀，流速和流场畸变满足发动机的工作要求。因此超燃冲压发动机进气道的设计是一个多目标优化设计问题。近年来高超声速进气道的多目标优化设计开始受到重视，Y. Kergaravat[184] 发展了一种基于遗传算法 (genetic algorithm，GA) 的多目标优化分析方法，对超声速导弹的进气道/弹身一体化设计进行了初步研究，所用的模型精度较低。G. Carrier 等 [185] 和 A. Gaiddon 等 [186] 引入 CFD 模型，采用遗传算法对冲压发动机混合压缩进气道进行了多目标优化设计，得到了 Pareto 最优前沿。

超燃冲压发动机尾喷管优化设计研究始于 20 世纪 70 年代，C. L. Q. Edwards 等 [180] 将后体简化为斜平面，以喷管推力系数为性能目标，几何参数为设计变量，完成了尾喷管简化构型的优化设计。以平面作为喷管膨胀面必然导致较大的动量损失，实际的尾喷管一般不采用这种构型。进入 90 年代，O. Baysal、G. W. Burgreen 等 [188~190] 将 CFD 技术引入尾喷管的优化设计领域，尝试采用常规优化方法，以轴向推力为目标，对二维尾喷管构型几何参数进行优化。但研究的侧重点是发展适合 CFD 模型的优化方法，对于优化对象本身，并未给予过多关注。P. A. Jacobs 等 [191] 采用 Simplex 方法对弹用轴对称超燃冲压发动机的尾喷管推力面外形进行了优化，其中 CFD 模型是基于 Euler 方程的，没有考虑粘性影响，存在一定的误差。陈兵等 [141] 进一步建立起基于 NS 方程的优化设计模型，运用复合形优化方法，选择喷管推力系数作为性能目标，对尾喷管型面进行了优化，所得的优化设计方案精度较高。前述的尾喷管优化设计均停留在单一目标的优化上，只强调了尾喷管的推力性能，对尾喷管引起的飞行器俯仰力矩变化和产生的升力考虑不够。如前所述，后体下壁面既是重要的推力产生型面，同时又是飞行器升力和俯仰力矩的主要产生型面，影响着整个飞行器的配平。合理的超燃冲压发动机尾喷管设计目标是产生尽可能大的推力和升力，但产生的俯仰力矩不能过大，以免严重破坏飞行器的配平，使得配平阻力增加。因此超燃冲压发动机尾喷管的优化设计也是一个多目标优化设计问题。

上述优化设计仅仅针对单一部件, 在超燃冲压发动机总体优化设计方面, P. J. Waltrup[27] 等最早建立起完整的超燃冲压发动机性能分析模型, 并将其应用于超声速导弹的超燃冲压发动机优化设计, 所用的分析模型和优化方法都很简单。P. D. McQuade 等 [192] 基于 CFD 模型, 采用非线性规划完成了二维超燃冲压发动机的优化设计, 优化过程中引入了全局–局部近似和 Tayler 近似来减少计算量, 模型精度和优化性能大大提高。该方法虽然有效, 但由于采用了近似分析技术, 仅适合简单流场的优化。C. S. Craddock 等 [179] 基于三维抛物型 NS 方程的 CFD 模型, 利用 Nelder-Mead 优化方法, 对轴对称超燃冲压发动机的流道几何外形进行了优化设计。为简化优化设计过程, 将设计任务分解为两步, 首先以阻力最小为目标, 进行前体/进气道的优化设计; 然后在前体/进气道的优化设计结果的基础上, 以最大轴向推力为目标, 完成燃烧室/推力面 (尾喷管) 几何外形的优化。虽然将前体/进气道设计与燃烧室/推力面 (尾喷管) 设计分开优化不理想, 无法获得全局最优方案, 但可以大大降低计算量, 这对于采用 CFD 模型的优化问题, 至关重要。M. A. Hagenmaier 等 [193] 采用试验设计方法和 CFD 对超燃冲压发动机的进气道和燃烧室分别进行了优化, 试验设计方法用于探索设计空间, 选取试验点, 建立 RSA 模型, 通过对 RSA 模型的优化得到优化方案。这种思路大大降低了计算负荷, 后来被包括作者在内的不少研究者采用 [143,194]。徐大军等 [142] 也采用 CFD 模型, 在进气道 [140] 和尾喷管 [141] 优化设计的基础上, 基于遗传算法对二维超燃冲压发动机一体化设计进行优化。为提高计算效率, 在优化设计中采用了基于并行虚拟机 (PVM) 的并行计算技术, 计算中也存在着将前体/进气道、燃烧室和后体/尾喷管分开优化的缺陷。两层集成系统综合 (BLISS) 是一种通过分解策略进行复杂系统优化设计的方法, 它将复杂系统的优化分为系统级优化和子系统级优化。基于 BLISS, 可并行开展子系统级的优化, 并通过灵敏度信息与系统级优化相联系。徐旭等 [143] 将 BLISS 引入超燃冲压发动机的优化设计, 将部件优化与系统优化联系起来, 建立了部件性能的多精度计算模型。首先采用试验设计方法初步探索设计空间, 建立性能目标响应面, 通过对响应面的优化得到近似优化设计; 然后利用 GA 完成了超燃冲压发动机优化设计。结果表明, 试验设计方法和 GA 均是进行超燃冲压发动机优化设计的有效方法, GA 能够得到比试验设计方法略好的结果, 但计算花费大大增加。若时间和经费有限, 试验设计方法不失为一个好的折衷方法。

1.2.2.5 机体/发动机一体化冷却需求分析

高超声速飞行器的飞行动压高, 气动加热对飞行器壁面形成很强的热载荷, 尤其是头部驻点、机翼前缘、超燃冲压发动机侧板等位置 [195]。超燃冲压发动机内部是高超声速气流减速后继续燃烧的高速、高温气流, 壁面附近燃气总温可达 2500～3000K, 对流传热严重。高超声速飞行器机体/发动机一体化构型的工作环境热载荷大, 超过了非烧蚀辐射型热防护材料的承热能力, 必须采用主动冷却方式。最常用的主动冷却方式为再生冷却, 采用再生冷却一方面可以减少热防护材料的使用量, 降低高超声速飞行器结构质量; 另一方面, 燃料吸收一部分热量, 能提升燃料喷射温度, 提高能量的利用率。相对于火箭发动机, 超燃冲压发动机推进剂只含燃料 (如液氢), 可用来作冷却剂的推进剂量大大减少, 而冷却面积反而大大高于火箭发动机, 这些都给高超声速飞行器机体/发动机一体化构型的热管理带来了更大的困难。在高超声速飞行器机体/发动机一体化构型的冷却过程中, 冷却剂的流量不能大于燃料流量, 要求在给定的冷却流量下通过合理设计冷却结构来达到冷却效果。对于煤油燃料来说, 还要求煤油吸热达到合适的温度, 以便产生相变, 形成气态燃料, 或裂解成甲烷、乙烯、氢等小分子, 有助于燃料高效燃烧[196]。普惠公司在碳氢燃料超燃冲压发动机燃烧室壁面冷却流道的设计方面开展了大量研究[33]。

A. Z. Al-Garni 等[197]对空天飞机机身、机翼、发动机侧板/唇口前缘冷却需求进行了分析, 对比了利用液氢和甲烷作为冷却剂时所需的冷却流量, 结论是两者的燃烧室燃料流量均可满足冷却需求, 液氢相对较优。由于上述研究没有考虑燃烧室壁的冷却, 而气动加热部件的冷却流量需求与燃烧室壁的冷却流量需求相比是小量[198], 因此 A. Z. Al-Garni 等的分析模型存在严重的缺陷。A. R. Wieting 等[199]以 NASA Langley 研究中心的三维超燃冲压发动机为研究对象, 对氢燃料机体一体化超燃冲压发动机的再生冷却热结构进行了设计与分析, 重点考察了超燃冲压发动机流道受热严重的地方的热载荷和热应力, 结果表明在 $Ma = 4\sim10$ 的范围内, 再生冷却方式可以保证发动机满足热结构要求; $Ma = 10$ 时, 冷却流量系数已经达到 0.98, 接近再生冷却性能的极限。S. J. Scotti 等[200]对槽道式和钉式 (pin fin) 冷却通道进行了分析; 引入优化技术, 以最小冷却流量需求为目标, 以发动机工作参数和冷却通道结构参数为优化变量, 完成了上述两种冷却通道的优化设计, 结果发现槽道式冷却通道性能大大优于钉式冷却套。A. R. Wieting 等和 S. J. Scotti 等的研究局限于超燃冲压发动机流道的再生冷却, 没有涉及飞行器头部、机翼前缘等部件的冷却。T. Kanda 等对高超声速飞行器机身和超燃燃烧室的流道壁面 (主要是燃烧室) 的冷却热防护需求做了大量的理论分析[201,204], 考虑了再生冷却[201,202]、薄膜冷却[203,204]等冷却方式; 计算表明飞行马赫数大于 10 之后, 再生冷却方式已无法满足冷却需要, 建议采用由再生冷却与薄膜冷却两种冷却方式构成的组合冷却方式[203], 并开展相关试验研究薄膜冷却对燃气流动的影响[205,206]。T. Kanda 还将燃烧室壁面的再生冷却性能与发动机系统循环方式[198,207,208]和一体化飞行器性能[207,208]分析结合起来, 分析了飞行马赫数、飞行动压和燃料/空气动压比对燃烧室性能的影响, 研究证实再生冷却能够提高推力。但 T. Kanda 等的研究对飞行器头部、机翼、支板以及发动机侧板和外罩前缘的冷却关注不够, 所建立的冷却性能模型仍不全面。

1.2.2.6　超燃冲压发动机系统循环方案分析

超燃冲压发动机的系统循环方式与火箭发动机的系统循环方式并没有本质区别，所用到的分析方法基本相同。但高超声速飞行器高速度、大空域和机动飞行对燃料供应系统提出了更高要求。目前对超燃冲压发动机系统循环方案的研究开展不多，公开发表的文献很少。T. Kanda[198,202,207] 等最早开始超燃冲压发动机系统循环方案选择的研究，针对膨胀循环、分级燃烧循环、冷却剂排放循环和燃气发生器循环，分析了飞行马赫数、飞行动压等因素对泵出口压力、氢流量、比冲和总推力的影响，并对膨胀循环和燃气发生器循环的冷却需求进行了参数研究 [202]。但上述研究过程分析模型过于简化，没有考虑除流道壁面以外的其他部件的冷却需求，超燃燃烧室壁面冷却时将燃气侧壁温按定温处理也不合理。

给定飞行状态、燃料流量、燃烧室压力、喷注器的喷射压降、系统部件参数等条件，即可完成超燃冲压发动机的系统循环分析。由前体外形尺寸和飞行条件确定出进气道捕获流量，然后根据发动机燃烧的化学当量比 ER 计算出燃烧所需的燃料流量 $\dot{m}_{\text{fuel}}$；由飞行状态、机体和机翼/侧板/外罩唇口/支板前缘的外形尺寸可计算出各处气动加热的热流密度和所需的总冷却剂流量 $(\dot{m}_{\text{cooling}})_{\text{aeroheating}}$；由 $\dot{m}_{\text{fuel}}$、$(\dot{m}_{\text{cooling}})_{\text{aeroheating}}$ 和未用于再生冷却直接喷入燃烧室的燃料流量可得到超燃冲压发动机流道壁面再生冷却的冷却剂流量 $(\dot{m}_{\text{cooling}})_{\text{flowpath}}$；根据 $(\dot{m}_{\text{cooling}})_{\text{flowpath}}$、燃烧室壁面附近燃气温度分布、流道和冷却套尺寸可计算出冷却套压降 ΔP_{ch}；已知冷却套压降 ΔP_{ch}、燃烧室最大压力 P_{cm}、喷注器的喷射压降 ΔP_{inj}、系统部件参数、管路压降，由系统参数平衡方程可确定出燃料泵和氧化剂泵 (若有) 的出口压力 P_{pf} 和 P_{po}；由机体和流道外形尺寸、$\dot{m}_{\text{fuel}}$ 和燃烧室入口流场参数计算超燃冲压发动机流道获得比冲 $I_{\text{sp,cm}}$ 和推力 T_{cm}。由此可见，超燃冲压发动机的系统循环分析需要和机体、发动机、气动热和冷却系统的分析结合起来，进行一体化分析。

1.2.2.7　高超声速飞行器总体性能分析与优化

高超声速飞行器的总体性能取决于推进性能、气动力性能、气动热性能、弹道控制、飞行器质量等因素，总体性能的优化通过各学科/系统参数和最优飞行控制来实现。高超声速飞行器总体性能分析首先需要确定总体性能指标，选定设计变量，通过反复协调与迭代，获得满足任务需求和约束条件的优化方案。高超声速飞行器常用的总体性能指标有航程、有效载荷、起飞重量 (GLOW)、飞行时间、全寿命周期费用 (LCC) 等，约束条件有最大热载荷、最大过载、最大动压、机体部件及整体外形尺寸限制等 [145]。诸种约束条件最终决定了高超声速飞行器的实际飞行走廊。

目前高超声速飞行器的总体性能分析与优化技术仍处在不断的发展中，还没有形成一套成熟的方法[41]。

L. H. Schindel[209] 将高超声速飞行器的设计分为三步：第一步，建立性能指标；第二步，通过改变发动机和机体参数优化总体性能；第三步，寻求满足参数理想值的飞行器外形。根据上述设计流程，建立了比较粗略的高超声速飞行器总体设计模型，并应用于 $Ma = 6$ 的高超声速巡航导弹的设计。但该模型过于简单，难以揭示高超声速飞行器学科间强耦合的特征。

NASA Ames 研究中心从 1965 年开始发展高超声速飞行器综合优化程序 (HAVOC)[210]。HAVOC 包含一个外形数据库，气动、推进和结构等学科的分析均建立在外形数据库基础上。HAVOC 考虑了高超声速飞行器学科间的相互影响，已被大量地应用于高超声速飞行器的最优弹道和最优推进系统操作方法的研究[210,211]。

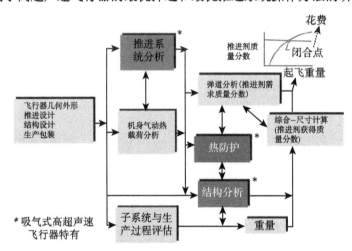

图 1.5　NASA Langley 研究中心 SAO 的高超声速飞行器总体性能分析方法

为了发展高超声速飞行器的总体性能分析与优化技术，NASA Langley 研究中心的系统分析办公室 (SAO) 专门成立了高超声速飞行器办公室 (Hypersonic Vehicle Office)[145,171]。经过多年研究，SAO 建立了一套高超声速飞行器的总体分析方法，并应用到 Hyper-X 研究飞行器的设计中。该方法的流程如图 1.5 所示，首先定义飞行器外形，包括超燃冲压发动机流道、结构和机体包装 (packaging) 方案。然后按特定的任务，进行全飞行弹道的推进和气动性能计算，将计算结果存入数据库。基于推进和气动性能数据库及初始飞行器质量估算进行弹道分析，得到推进剂需求质量分数 (propellant fraction required, PFR)。弹道分析得到的气动、推进、热载荷用于进行飞行器结构和热防护系统设计。由结构和热分析可估算出飞行器质量、推进剂储箱、有效载荷及其他子系统的容许体积。根据推进剂储箱容许体积和飞行器质量可得推进剂装载质量分数 (propellant fraction available, PFA)。PFR 和 PFA 随起飞质量的变化过程代表了特定任务下飞行器设计分析的过程, 若 PFR 大于 PFA, 说明完成任务所需的推进剂量大于高超声速飞行器的推进剂容许装载量, 则需要扩大飞行器的尺寸, 以增加推进剂装载量; 反之, 可缩小飞行器的尺寸, 减少推进剂装载量。上述过程多次反复, 直至 PFR 与 PFA 相等, 设计完成。M. K. Lockwood 等将上述方法称为综合–尺寸计算–封闭 (synthesis, sizing and closure)[145]。SAO 已经将上述分析方法与各学科的分析程序集成, 构建了高超声速飞行器设计分析平台 HOLIST[145,171]。

作者认为, 高超声速飞行器的总体性能分析包括如下步骤: 确定任务目标、确定性能目标、选择燃料类型、选择低速推进系统、确定设计变量、选择外形及建立机体几何参数模型、确定机体/发动机一体化构型、划分 API、建立学科分析模型、估算起飞重量、通过弹道仿真 (此过程要不断地调用各学科分析模型) 得到对应方案的总体性能。至此仅完成了一次方案总体性能分析, 若方案满足任务要求, 则该方案可行; 反之, 则该方案不可行, 需要修改飞行器外形参数或燃料装载量, 重新计算, 直至获得可行方案。高超声速飞行器总体性能的优化可简单地理解为在所有可行方案中选择性能目标最优的方案。

1.3 多学科设计优化对高超声速飞行器的重要性

1.3.1 高超声速飞行器现有设计方法的缺陷

高超声速飞行器设计技术经过 40 多年的发展, 尽管已经提出了一些总体综合设计或一体化设计方法 [7,209], 但目前这些方法还很不成熟。在进行高超声速飞行器设计时, 设计者普遍感到缺乏理论指导 [42,43], 主要原因有:

(1) 高超声速飞行器与常规的运载器和飞行器都有较大的区别, 后两者的成熟设计方法都不能够直接应用, 导致高超声速飞行器设计方法 "先天不足"。设计者需要根据高超声速飞行器的特点, 自行开发适合的设计方法。

(2) 现有的高超声速飞行器设计方法一般为几个子系统的一体化设计方法, 针对全系统的设计方法还较少, 且采用的学科模型往往比较简单。多数方法只能进行分析, 不具备优化能力, 无法进行优化设计。因此现有高超声速飞行器设计方法存在 "后天发育不良" 的状况。

(3) 现有的一体化设计为了减少计算量, 通常人为地割裂子系统之间的联系, 以牺牲子系统之间的耦合性为代价来实现若干个子系统的一体化优化设计, 提高优化计算效率。这样处理对于子系统间耦合较弱的飞行器尚可, 而高超声速飞行器设计是一个典型的多学科强耦合的复杂系统设计问题, 必须充分探索和利用学科间的相互耦合关系, 借助优化技术才能完成优化设计。若仍沿用现有的一体化设计方法, 则无法充分利用子系统间的协同效应, 很可能会失去系统的全局最优解, 从而降低高超声速飞行器的总体性能。

(4) 设计者关心的高超声速飞行器总体 (或者部件) 性能指标通常不止一个, 这就需要设计方法具备多目标优化能力。但现有的高超声速飞行器一体化设计方法都是针对单个系统设计点进行迭代, 不能很好适应多目标优化问题求解 Pareto 最优集的要求。

(5) 现有飞行器设计方法由于采用串行设计模式导致发展周期较长, 开发成本较高。

为了能够全面地提高高超声速飞行器的设计水平, 满足应用部门对高超声速飞行器性能的更高要求, 必须利用复杂工程系统设计理论和方法发展的最新成果, 对高超声速飞行器总体设计进行新理论方法研究, 从系统整体性能最优的角度出发, 对各学科进行设计与优化, 同时还要能够在系统层次上协调各学科设计之间的耦合关系。

1.3.2 高超声速飞行器 MDO 的引入

20 世纪 80 年代, 美国等先进技术国家提出了多学科设计优化 (MDO), 并首先应用于航空航天领域 [212]。MDO 的定义有多种, 常用由 AIAA 给出的定义: MDO 是一种充分探索和利用系统中相互作用的协同机制来设计复杂工程系统和子系统的方法论 [213]。对 MDO 概念的理解, 关键之处在于: 第一, MDO 要求在设计中考虑学科之间的耦合效应; 第二, MDO 关注的是系统整体 (全局) 性能最优; 第三, MDO 是一种设计方法论, 而不是具体的设计优化方法。

MDO 可以形象地描述为 [214]

$$\Delta_{\text{Design}} = \sum_i \Delta_{\text{Discipline},i} + \Delta_{\text{MDO}} \tag{1.1}$$

其中, Δ_{Design} 表示设计的总效益, $\sum_i \Delta_{\text{Discipline},i}$ 表示采用单学科设计的效益之和, Δ_{MDO} 表示采用 MDO 方法并考虑了各学科间相互影响之后效益的增量。此式的含义表明采用 MDO 方法进行设计可进一步挖掘设计潜力, 使系统达到最优。

MDO 将单个学科的分析与优化同整个系统中相互耦合的其他学科的分析与优化结合起来, 帮助设计者将并行工程的基本思想贯穿到整个设计阶段, 其主要思想是在复杂系统的整个设计过程中利用分布式计算机网络技术来集成各个学科的知识、分析方法和求解工具, 应用有效的优化策略来组织和管理整个优化设计过程。MDO 改变了传统设计过程, 其目的是通过充分利用各学科之间相互作用所产生的协同效应，来挖掘设计的潜力，获得系统的整体最优解；通过各个学科的并行设计，来缩短设计周期，减少设计成本[215]。

MDO 采用精确的学科分析模型，在具有较大设计自由度的设计初期就对系统做较详细的分析，获得更多更精确的信息，有助于设计者发现更优的设计方案，弥补了传统设计中精确学科分析模型仅仅作为分析工具的遗憾[216]。

采用 MDO 可以将传统设计方法需要在设计初期确定的设计变量保留到后期来确定，以利用在设计过程中通过创造性思维、学习、分析和试验等途径获得的新信息，作出更好的决策。采用 MDO 方法可以保证多学科知识的综合集成与系统的分析优化在整个设计过程中是一致的，随着设计过程的推进，分析不断地深入，系统设计细节逐渐明晰，整个设计过程体现了循序渐进的特点。

综上所述，可以总结出 MDO 的内涵[217]：

- 主要研究复杂系统的设计，在这一过程中将尽可能地平衡各种设计目标的需求；
- 以系统的整体最优为目标，从系统的观点来看待各个子系统；
- 不将系统中互相耦合的子系统人为分割，体现了对于复杂系统多学科本质的尊重；
- 更加注重对现有学科研究成果的利用，如高精度模型和方法等；
- 强调更加有效地利用各类信息技术，如高性能计算环境、计算机网络等；
- 是并行工程的有力支撑工具。

从 MDO 的定义和内涵可见，MDO 特别适合用于高超声速飞行器的优化设计。AIAA 在 "MDO 的研究现状" 白皮书中将高超声速飞行器作为高度耦合飞行器系统的典型例子，对其设计过程中学科间相互影响的协调过程进行了初步分析，并指出高超声速飞行器设计采用 MDO 方法的必要性[211]。

目前已经有不少研究者在高超声速飞行器的设计中尝试采用 MDO 方法[210,211,218~220]。SAO 开发的高超声速飞行器设计分析平台 HOLIST 就是一个高超声速飞行器的 MDO 环境。HOLIST 的前身是 McDonnell Douglas 公司开发的飞行器一体化设计程序 PICTOS，该程序曾用于 NASP 的设计[167]。目前 HOLIST 仅仅支持利用电子表格程序进行学科间的交互，限制了学科间的数据传递与学科分析模块调用的灵活性[145,171]。SAO 计划对 HOLIST 进行改进，使其具备快速完成多学科分析、设计变量灵敏度计算、飞行器设计与弹道优化等能力[167]。美国空军研究实验室目前正在致力于开发面向高超声速飞行器设计与综合过程的一体化建模环境，该建模环境构建在 TechnoSoft 公司提供的自适应建模语言 (AML) 的基础上，通过集成各学科相对成熟的分析软件 (如 SRGULL、DATCOM、POST 等) 来实现高超声速飞行器的 MDO[218]。

目前在高超声速飞行器及其部件的设计中应用较多的是基于试验设计理论

(DOE) 的 MDO 方法 [143,193,219,220]，文献 [220] 系统地介绍了试验设计方法在 Hyper-X 研究飞行器 (HXRV) 的试验、模型设计和飞行器性能优化中的应用。文献 [143、193、219] 采用试验设计方法对超燃冲压发动机部件进行了优化设计，克服了采用高精度模型带来的计算成本增加的问题，取得了良好的效果。其他的 MDO 方法也有一些应用。例如，K. G. Bowcutt[168] 采用 Nelder-Mead 优化方法完成了高超声速巡航导弹的 MDO，通过对几何外形参数的优化，得到了航程比初始方案远 46% 的优化方案。

可以预见，作为高超声速飞行器设计方法的发展趋势，MDO 必将会得到越来越多的研究与应用。

1.3.3 高超声速飞行器 MDO 的特殊性

前面侧重分析了现有高超声速飞行器设计方法的不足，并没有深入论述高超声飞行器设计与其他类型飞行器设计相比所具有的特殊性。正是这种特殊性，使得高超声飞行器对 MDO 有更加迫切的需求 [168]。

传统的飞行器设计方法具有类比 (analogy) 设计和专业独立设计的特点。应用部门提出新的任务需求之后，设计部门首先选择一种相近的现有飞行器作为原准飞行器，在其基础上进行改进，直到改进后的飞行器能够满足新的任务需求为止。在设计过程中，不同子系统 (学科) 的专家采用本领域的分析模型、评估方法和设计工具对飞行器某一部分进行设计，很少关注其他子系统的要求。当所有子系统的设计完成之后，总体设计人员再设法整合各子系统的设计结果，评估飞行器的总体性能，然后根据飞行器的总体性能对各子系统的设计进行协调，各子系统按总体人员的反馈信息重新进行设计，如此反复，逐渐使各子系统的设计能够相容。显然，这种非自动的循环过程，只能得到可行设计或者次优设计。事实上，由于总体的协调过程是通过一次一个变量 (one variable at a time, OVAT) 的权衡方式来实现的，需要经历大量的设计循环才能使设计过程收敛，因此设计周期通常很长。另外，OVAT 方式无法反映几个变量的组合对飞行器总体性能的影响。概括而言，传统的飞行器设计方法是一种串行的、依靠经验的、子系统相对独立的、通过不停地 "试—改" 迭代来达到逼近设计目标的设计方法。这种设计方法的优点是应用简单，经验丰富，各子系统领域已经积累了大量经过验证的设计方法和工具。但其缺点很突出：无法获得全局最优设计，若基准 (初始) 设计点选择不好，甚至无法获得可行设计；即使能够完成设计，其设计周期一般也很长。

与传统的飞行器设计相比，高超声速飞行器设计的特殊性主要体现在如下几个方面：

(1) 高超声速飞行器作为一种新型的飞行器，在外形、推进系统和飞行条件等方面与现有飞行器存在很大差异，不可能找到一种相近的飞行器作为原准飞行器，因此无法开展类比设计。

(2) 高超声速飞行器不同学科的设计变量之间存在强烈的非线性耦合, 几个设计变量共同作用的结果往往与单个设计变量作用的结果大相径庭, 因此不能采用 OVAT 方式进行学科间的协调。

(3) 高超声速飞行器的设计空间高度非线性, 性能目标对设计变量灵敏度高, 设计变量取值裕度必须足够小, 才能保证获得可行设计。如果仍然采用学科独立设计模式, 或者在设计过程中采用低精度的学科分析模型, 则很可能无法获得可行设计; 即便能够得到可行设计, 耗时也会太长。

(4) 由于高超声速飞行器学科间耦合比传统的飞行器紧密, 设计过程更加复杂, 采用串行设计模式必然会导致计算效率低, 设计周期长, 开发成本高。因此需要采取并行设计模式。

(5) 高超声速飞行器作为一种新型的飞行器, 所涉及的多个学科领域尚处于研究与发展的初级阶段 (如超燃冲压发动机), 没有积累多少比较完善的学科的分析模型、方法和工具。这种全新的局面, 在客观上为尝试新的设计方法创造了条件。

高超声速飞行器设计的特殊要求, 正是 MDO 致力解决的问题, 二者有良好的适应关系, 见表 1.1。因此在高超声速飞行器的设计中引入 MDO 是十分必要的, 在某种意义上讲, 甚至是必需的。

表 1.1　高超声速飞行器设计的特殊性要求与 MDO 的适应关系

高超声速飞行器设计的特殊性	MDO 的适应能力
高超声速飞行器不同学科的设计变量之间存在强烈的非线性耦合, 几个设计变量共同作用的结果往往与单个设计变量作用的结果大相径庭, 不能采用 OVAT 方式进行学科间的协调	旨在探讨系统间相互耦合现象的协同作用, 要求设计者必须要能够同时考察多个学科的协同效应对系统性能的影响
在设计过程中采用了低精度的学科分析模型, 很可能无法获得可行设计	强调在设计中采用精度较高的学科分析模型, 为设计过程提供更多更精确的信息, 帮助设计人员尽快发现更好的设计方案, 从而缩短设计周期, 降低设计费用
如果采用学科独立设计模式, 在设计过程中忽略学科设计部门间的协同, 很可能无法获得可行设计	强调多学科之间的协同, 通过应用有效的设计/优化策略和分布式计算机网络, 来加强不同学科设计部门间的联系
高超声速飞行器的设计空间高度非线性, 性能目标对设计变量灵敏度高, 设计变量取值裕度必须足够小, 才能保证设计的可行性	通过考虑学科间的耦合来挖掘设计潜力, 通过各学科的综合考虑来提高设计可行性

续表

高超声速飞行器设计的特殊性	MDO 的适应能力
高超声速飞行器学科间耦合紧密，设计过程更加复杂，采用串行设计模式必然会导致计算效率低，设计周期长，开发成本高	通过各学科的并行设计来缩短设计周期，通过探索和利用系统中相互作用的协同机制来提高设计效率，降低开发成本
现有设计方法割裂学科间的耦合关系，极可能失去系统的整体最优解，从而降低飞行器的总体性能	通过充分利用各个学科之间相互作用所产生的协同效应，以获得系统的整体最优解，从而提高飞行器的总体性能
设计者通常同时关心多个总体或者部件的性能指标，而现有的高超声速飞行器设计方法都是针对单个系统设计点进行迭代，不能很好地适应求解多目标优化问题 Pareto 最优集的要求	新发展的一些 MDO 算法，如 R. V. Tappeta 的多目标协作优化、陈琪锋的分布式协同进化 MDO 方法都具备求解多目标优化问题的 Pareto 最优集能力

1.3.4 高超声速飞行器 MDO 研究的构想

根据高超声速飞行器设计的特殊性，结合 MDO 的特点与要求，以及目前的研究现状，初步确定了如下的高超声速飞行器 MDO 研究思路。

- 计算框架：松散型、紧密型；
  本书选择：紧密型；
  选择理由：由于大多数学科的设计与分析程序都由作者自行编制 (个别由合作者提供程序，作者也拥有源代码和修改权)，因此可以很方便地按较紧密的方式将各学科的设计与分析程序集成为一个综合程序。紧密型计算框架的好处在于执行效率高。
- 研究策略：单级式、多级式；
  本书选择：多级式；
  选择理由：高超声速飞行器的设计很复杂，对于飞行器学科间的相互影响规律认识还有很多不清楚的地方。因此按 "毕其功于一役" 的想法进行高超声速飞行器 MDO 研究是不恰当的，宜分阶段、循序渐进地进行。
- 复杂模型：直接集成、间接集成；
  本书选择：间接集成；
  选择理由：采用 RSM 和 VCM 将 CFD 模型间接集成到 MDO 过程中，可以减少数值噪声，降低计算复杂度。
- 优化方法：参数方法、基于梯度的优化方法和随机搜索方法；
  本书选择：根据实际情况，分别选择三种优化方法；
  选择理由：在参数方法中，RSM 能够很方便地获得梯度信息，因此采用基于梯度的优化方法效率很高；随机搜索方法具有全局搜索能力，能够保证获得整体最优设计。

- 计算环境：单机串行、多机并行；

  本书选择：多机并行；

  选择理由：体现 MDO 的本质要求，缩短设计周期，解决 MDO 计算复杂度问题。

根据上述研究思路，提出了如图 1.6 所示的高超声速飞行器 MDO 研究的总体

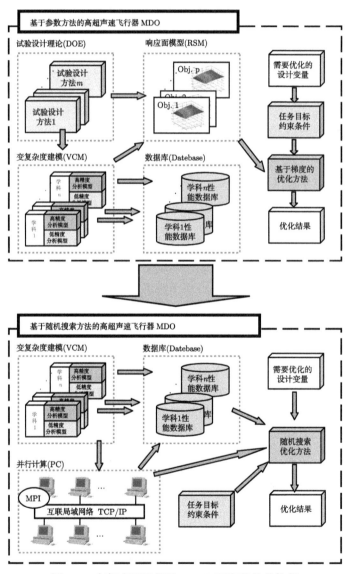

图 1.6　高超声速飞行器 MDO 研究的总体构想

构想,研究分两步进行。第一步首先进行基于参数方法的高超声速飞行器 MDO 研究,研究用到试验设计理论和 VCM,在构造了飞行器总体性能目标与设计变量之间的 RSM 之后,采用基于梯度的优化方法得到近似的最优设计方案。第二步进行基于随机搜索的高超声速飞行器 MDO 研究,基于局域网的并行计算环境,采用改进的混合遗传算法得到高超声速飞行器的最优设计方案。

1.4 本书主要内容

本书将以超燃冲压发动机为动力的高超声速飞行器作为研究对象,以弥补现有高超声速飞行器设计方法的不足为出发点,对高超声速飞行器机体/发动机一体化和总体设计优化中涉及的多个问题进行了研究;主要目的是分析机体一体化超燃冲压发动机的工作过程、机体与发动机之间的耦合关系,揭示高超声速飞行器各学科间的相互影响规律,探索出一套简便可靠的高超声速飞行器的一体化设计方法,为高超声飞行器的初步设计奠定基础。

本书研究工作围绕着两条线展开:建模与优化,分析与综合。

建模与优化

● 一方面,深入研究高超声速飞行器学科之间的耦合关系,开展包括两个或者多个学科的一体化设计研究,如机体/发动机一体化、发动机/气动热/冷却系统一体化、发动机/气动热/冷却系统/循环方式一体化。   (建模)

● 另一方面,从系统的层次进行高超声速飞行器的性能优化,开展高超声速飞行器的多学科设计优化研究。   (优化)

分析与综合

● 一方面,进行单一学科的性能分析。在相对较小的学科设计空间内,比较精确地确定学科性能指标的变化域,以及对其他学科相关性能指标的影响和要求。

(分析)

● 另一方面,进行全系统的综合分析。在系统设计空间内,对涉及多个学科的设计变量进行权衡,获得系统的全局的优化解。   (综合)

本书共分七章,第 1,2 章是全书的基础;第 3~6 章围绕学科级问题开展建模与分析研究,其中第 3 章是核心内容;第 7 章针对全系统进行优化与综合研究。各章主要内容如下:

第 1 章介绍了超燃冲压发动机的研究背景和国内外研究进展;对高超声速飞行器设计技术的研究现状进行了综述;指出了现有高超声速飞行器设计方法的缺陷,对高超声速飞行器 MDO 所具有的特殊性进行了分析,在此基础上提出了高超声速飞行器 MDO 研究的总体构想。

　　第 2 章系统地建立了高超声速飞行器的一体化设计方法和一体化设计框架；根据当前的技术水平，建立了推进系统性能分析模型、气动力计算模型、气动热计算模型、冷却性能分析模型、质量估算模型、全寿命周期费用估算模型、弹道与控制系统模型；在此基础上，按照高超声速一体化设计框架的要求，建立了高超声速飞行器一体化设计优化模型，为后续章节的研究奠定了基础。

　　第 3 章对高超声速飞行器机体/发动机一体化性能进行了全面研究，揭示了推进系统性能和飞行器机体气动性能之间的相互影响规律；提出了机体/发动机一体化性能分析方法，编制了分析程序；对三种典型的机体/发动机一体化构型的气动、推进和一体化性能进行了对比分析，得到了三种一体化构型的选择准则；对一体化构型在设计状态与非设计状态下的气动、推进和一体化性能进行了比较；通过机体/发动机一体化设计参数灵敏度分析，得到了对飞行器总体性能影响比较显著的设计参数；开展了相关的机体/发动机一体化构型气动实验，验证了分析方法和计算程序的可靠性。

　　第 4 章从超燃冲压发动机部件多目标优化设计要求出发，发展了一种基于排序机制和多方法并联协作策略的并行多目标混合遗传算法 (PMOHGA)；并将 PMOHGA 与 CFD 方法相结合，采用变复杂度建模技术，借鉴多级设计思想，提出了二维超燃冲压发动机进气道多级多目标优化设计方法；采用试验设计方法和响应面近似，发展了二维超燃冲压发动机尾喷管多目标优化设计方法；通过多目标优化得到了优化设计方案。采用遗传算法，完成了某试验超燃冲压模型发动机燃烧室构型的优化设计。

　　第 5 章建立了包含头部、机翼/侧板/外罩前缘、支板边缘和超燃燃烧室壁面冷却需求的机体/发动机一体化高超声速飞行器冷却分析模型。对 $Ma \leqslant 12$ 条件下，在等高度和等动压两种飞行条件下，对高超声速飞行器的冷却流量需求分别进行了计算；并分析了飞行 Ma、巡航高度和飞行动压对冷却流量的影响，得到了满足冷却需求的最大飞行 Ma。

　　第 6 章系统地分析了机体一体化超燃冲压发动机的系统方案。首先根据超燃冲压发动机机体/发动机一体化的特点，定义了综合比冲概念；然后针对各种超燃冲压发动机系统方案，建立了系统参数平衡方程，在超燃冲压发动机各部件设计和分析模型的基础上，以富燃燃气发生器循环和富燃分级燃烧循环方案为例，进行了系统参数平衡分析；分别以质量、推力/推重比、燃料比冲、推进剂比冲和综合比冲为性能评价指标，对各种系统循环方案进行了比较。

　　第 7 章将参数方法引入高超声速飞行器 MDO，建立了高超声速巡航飞行器的多学科设计优化模型；选择同时影响机体和超燃冲压发动机性能的优化变量，以飞行器起飞质量和全寿命周期费用为优化目标，分别利用 D-Optimal 设计、Taguchi 设计和均匀设计三种试验设计方法，结合 RSA 和 VCM 技术，在局域网上并行实现了高超声速巡航飞行器的 MDO,并对三种试验设计方法得到的结果进行了比较。然后从高超声速飞行器 MDO 问题本身的特点出发,分析了高超声速飞行器 MDO 对优化方法的要求,按照多方法协作优化的思想,构造了多方法并联协作优化方法,并将其应用于高超声速飞行器 MDO,得到了最优设计方案,并与基于参数方法得到的最优方案进行了比较。

第 2 章　高超声速飞行器一体化设计

作为航空技术与航天技术相结合的产物，高超声速飞行器同时具有航空飞行器和航天运载器的某些特征，同时又与二者有着显著区别。无论是飞行器，还是运载器的设计方法都无法直接指导高超声速飞行器的设计。迫切需要结合高超声速飞行器本身的特点，借鉴现有飞行器和运载器的设计经验，发展一套简便可靠的高超声速飞行器设计方法。高超声速飞行器多学科 (子系统) 强耦合的特性要求在设计中必须充分考虑学科 (子系统) 间的相互影响，采用涵盖全系统的一体化设计技术。

本章研究了高超声速飞行器的一体化设计方法和一体化设计框架，根据当前的技术水平，建立了各学科的性能分析模型。在此基础上，按照高超声速一体化设计框架的要求，建立了高超声速飞行器一体化设计优化模型。为了满足后续章节对气动性能和推进性能的深入分析和开展高超声速飞行器多学科设计优化的需要，本章对推进系统性能和气动力计算分别建立了两种复杂度的分析模型。

2.1　高超声速飞行器一体化设计方法

设计方法必须要与设计对象的特点相适应。高超声速飞行器最显著的特点是子系统之间的耦合较其他类型飞行器更加强烈 [145,171](如图 2.1 所示)，尤以机体与超燃冲压发动机之间的耦合最为突出，完全打破了传统飞行器机体与发动机之间的分工关系。以火箭发动机为动力的传统飞行器 (运载器)，将推进系统作为独立系统设计，在进行机身和内部布局设计时，只须为其预留一定的安放空间即可。而高超声速飞行器的前体和后体下壁面既是主要的气动型面，又是超燃冲压发动机进气道的外压段型面和尾喷管的膨胀型面。机体与超燃冲压发动机的相互耦合作用对飞行器推力、升力、阻力、俯仰力矩、气动加热、机身冷却、稳定性、控制特性和总体性能都有直接影响。多学科强耦合特性要求高超声速飞行器的设计必须采用一体化设计技术，而且只有从概念研究阶段开始就全面深入地开展一体化设计，才能切实减少后期出现方案颠覆性问题的可能性。一体化设计的主要任务是在限定条件下加强各学科间的匹配关系，最佳地解决高超声速飞行器各学科之间的协调关系，从系统性能最优的角度对单个子系统设计提出要求、实施设计。

按照一体化设计思想，各专业设计组不用按串行模式进行性能分析与优化设计，而是采用并行设计模式，同时考虑多个子系统间的相互影响，完成飞行器总体性能的设计优化。与传统设计方法相比，一体化设计方法更加完整与科学，能以更大的可能跳出局部最优，全局寻优能力得到了增强；而且，高性能计算机和专家型设计软件的应用大大缩短了设计周期，提高了设计质量。由于高超声速飞行器目前尚无成功的设计范例，因此其设计面临着更大的困难，必须进行多种方案的综合比较，如飞行器的不同布局方案和超燃冲压发动机的不同构型方案等。从飞行器系统工程的角度看，高超声速飞行器一体化设计应当是从最重要的子系统逐步扩展到相对不重要的子系统，从较少的子系统一体化设计扩展到全机的一体化设计，最终确定飞行器的机体外形、主要设计参数以及对子系统的指标要求。

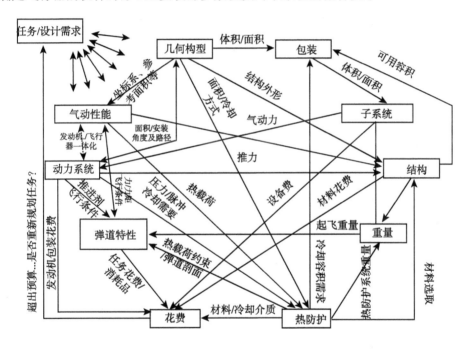

图 2.1　高超声速飞行器各学科间的耦合关系

按从简单到复杂、从局部到整体、循序渐进的研究理念，可以将高超声速飞行器的一体化设计技术分解为如下一些研究内容：

- 机体/发动机一体化；
- 发动机/循环方式/气动热/冷却系统一体化；
- 总体/机体/发动机/循环方式/气动热/冷却系统/弹道一体化；
- 总体/气动/发动机/循环方式/气动热/冷却系统/弹道/结构一体化；
- 总体/气动/发动机/循环方式/气动热/冷却系统/弹道/费用一体化。

上述研究内容解决的主要问题可分别简单概括为：

- 机体和发动机外形能否兼顾气动和推进的高性能要求;
- 超燃冲压发动机燃烧所需燃料流量能否满足发动机结构和机身结构的冷却需要;
- 高超声速飞行器能否实现正常飞行;
- 高超声速飞行器能否实现最轻结构质量下的最佳飞行;
- 高超声速飞行器能否实现最低费用下的最佳飞行。

图 2.2 描述了高超声速飞行器一体化设计技术研究内容的渐进关系, 本书的研究工作将遵循此思路展开。部分学科 (子系统) 的一体化设计是全系统一体化设计的基础, 高超声速飞行器一体化设计本质上是一个加强各学科的匹配关系, 协调各学科设计, 恰当地采用部分学科的一体化设计研究成果的过程。大量的研究实例表明 [41,42,145,169,171], 一体化设计已经成为高超声速飞行器总体方案研究的核心内容。

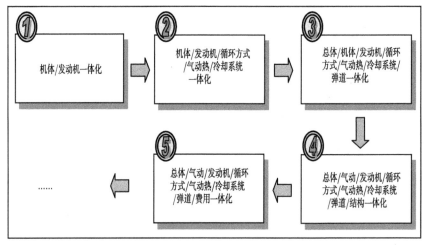

图 2.2   高超声速飞行器一体化设计技术研究内容的渐进关系

2.2   高超声速飞行器一体化设计框架

高超声速飞行器一体化设计是各学科设计不断交互、反复迭代的过程。各学科按照一体化设计思想, 根据总体设计的要求构成一个整体, 即一体化设计框架。总体设计过程中并不关心某一学科如何进行具体设计, 而主要关注某一学科的改变会对其他学科的设计造成什么影响, 以及在设计中如何反映和处理这种耦合关系来提高飞行器整体的性能指标。飞行器一体化设计并不严格地规定各学科的设计顺序和设计起止点, 整个设计过程是一个学科相互要求、相互适应, 最终达到协调匹配的过程, 同时也是一个优化逼近的过程。

2.2.1 学科间的耦合关系

如前所述，高超声速飞行器的一体化设计涉及外形、推进、气动力、气动热、冷却、结构、质量、费用、控制和弹道等多个相互耦合学科，是典型的复杂系统设计问题。若要达到复杂系统的总体性能最优，就必须在系统的设计过程中，充分考虑各学科之间的相互影响和耦合作用。图 2.1 指出了高超声速飞行器各学科间的耦合关系，下面对这些耦合关系的细节进行分析。高超声速飞行器的设计结构矩阵 (design structure matrix，DSM) 如图 2.3 所示，通过它可以比较清晰地表示高超声速飞行器一体化设计框架中各学科之间的耦合关系。本书将学科间的耦合关系分为强耦合、弱耦合和不耦合三种。DSM 对角线右上的数据链接关系表示初始分析时，学科之间的关系；DSM 对角线左下的数据链接关系代表迭代循环，迭代前需要给出初始估计值，然后通过反复迭代才能得到两个学科的分析结果。

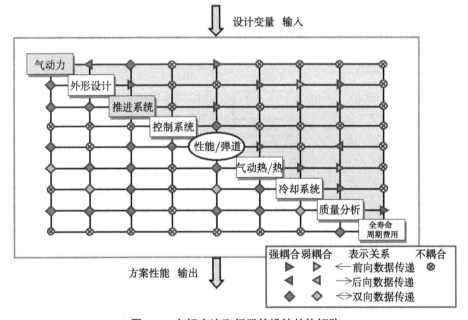

图 2.3 高超声速飞行器的设计结构矩阵

学科之间的耦合通过特定参量的传递来实现，比如气动性能计算的入口条件是外形设计确定的机身、翼型等型面几何参数；气动力和气动热计算得到的飞行器各表面气动力载荷和热载荷，是进行飞行器结构和冷却系统设计的入口条件；气动力计算得到的气动力和力矩，推进系统性能计算得到的推力，飞行器外形、结构和冷却系统设计得到的飞行器质量共同耦合到弹道分析中，得到飞行器的总体性能。图 2.4 详细地描述了高超声速飞行器一体化设计中学科间耦合量的传递关系。

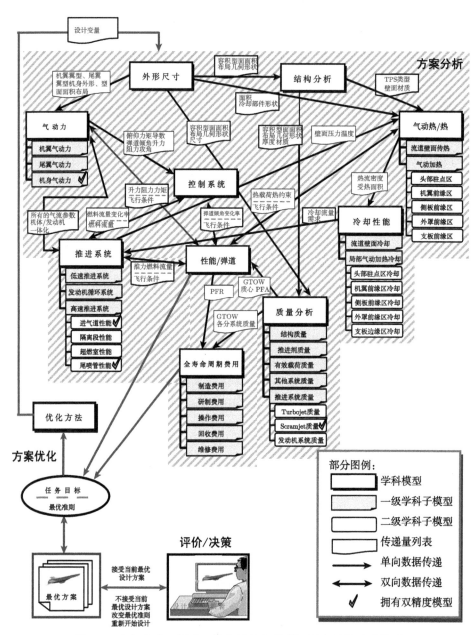

图 2.4　高超声速飞行器一体化设计中学科间耦合量的传递关系

2.2.2　一体化设计框架

如前所述，高超声速飞行器一体化设计包含多个强耦合学科和大量灵敏度较高的设计变量，致使设计空间高度非线性。在此条件下，为了准确反映学科间的相互影响关系,要求高超声速飞行器一体化设计中大多数学科分析具有较高的精度水平;另外,由于高超声速飞行器一体化设计涉及的学科较多,若在一体化设计框架中涵盖所有学科设计及学科耦合势必造成维数灾难,因此在构建高超声速飞行器一体化设计框架时,还应该根据目前的计算能力和任务需要,选择适当的一体化设计程度,即一体化模型中应当包括哪些学科、哪些学科应当重点设计、应当考虑哪些学科间的耦合等。

根据高超声速飞行器一体化设计中各学科分析、各学科间的耦合关系和总体性能的分析与优化过程,构造了如图 2.5 所示的高超声速飞行器一体化设计框架。

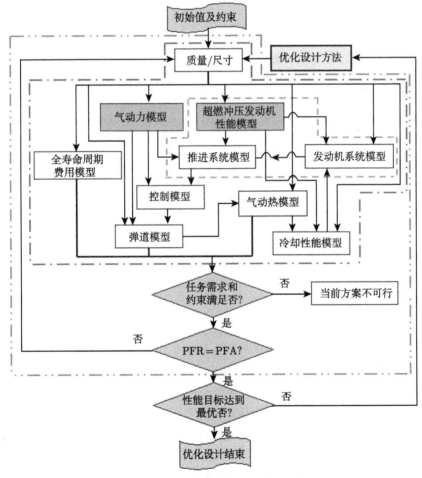

图 2.5 高超声速飞行器一体化设计框架

首先根据高超声速飞行器的任务需求和当前关心的设计细节,确定设计变量的初始值及约束,常选的设计变量包括超燃冲压发动机流道的几何参数、某些部件的设计状态参数、结构和机体几何参数等。根据设计参数的取值进行高超声速飞行器尺寸计算和质量估算,得到 PFA 和 GLOW 的最初估计值,然后按飞行器的任务类型进行弹道分析,弹道仿真过程按需要调用推进性能计算模型和气动力计算模型,同时计算气动热、冷却性能和 LCC,弹道仿真结束得到 PFR,至此完成一次高超声速飞行器一体化性能分析 (点划线框内部分)。若飞行器不能够满足任务需求和约束,则当前方案为不可行方案;反之,则当前方案为可行方案。进一步判断 PFR 是否等于 PFA,若 PFR 大于 PFA,说明完成任务所需的推进剂量大于高超声速飞行器的推进剂容许装载量,需要增大飞行器的尺寸,以提供更大的推进剂装载量;反之,可缩小飞行器的尺寸,或者减少推进剂装载量。上述过程多次反复,直至 PFR 与 PFA 相等,设计封闭。至此完成了一次高超声速飞行器方案设计 (双点划线框内部分)。接下来判断当前方案是否达到飞行器性能目标最优的条件,若满足条件,则整个优化设计过程结束;否则优化设计方法基于当前信息,确定搜索方向,进行新方案设计,直至获得满足飞行器性能目标最优条件的高超声速飞行器方案。

本章的重点是将各学科的分析模型按照耦合关系集成在一起,构造一体化性能分析模型。高超声速飞行器一体化设计所采用的优化设计方法将在后面的章节逐步介绍。下面先简要介绍本书采用的高超声速飞行器学科分析模型。

2.3　高超声速飞行器的学科分析模型

根据高超声速飞行器一体化设计的需求,本书分别建立了高超声速飞行器外形参数模型、推进系统性能分析模型、气动力计算模型、气动热/热计算模型、冷却性能分析模型、质量估算模型、全寿命周期费用估算模型和弹道与控制系统模型。

2.3.1　外形参数模型

高超声速飞行器机体采用二维升力体外形,该外形有利于超燃冲压发动机与机体进行一体化设计 (图 2.6)。高超声速飞行器机身长 30m,最大机身宽度 5.5m,翼展 13m,机翼梢根比为 0.2。前体下壁面由 4 级楔形面组成,4 级楔形体的总转折角为 13.0°。为了增加机体的容积效率,机体上壁面略有扩张,扩张角为 1.0°。采用一对梯形翼,以提高升力;加装一对垂直尾翼,以增加操控性。多模块超燃冲压发动机并排安放在机体腹下。

为了方便方案设计与分析,将高超声速飞行器外形定义为参数模型,主要的形状和尺寸参数作为参数模型的输入变量。输入变量给定,高超声速飞行器的外形即确定。本书选择的外形参数包括前体占机身总长的比例 $R_{forebody}$、发动机占机身总长的比例 R_{engine}、等截面段占燃烧室总长的比例 $R_{com\text{-}con}$、第一楔形体转折角

α_1、第二楔形体转折角 α_2、第三楔形体转折角 α_3、燃烧室扩张段扩张角 θ_{cmexp}、后体/喷管膨胀角 θ_{noexp} 和底部高度占机身高度的比例 R_{base}。为了确定机体的高度，还需要知道进气道的设计马赫数 Ma_{design}。

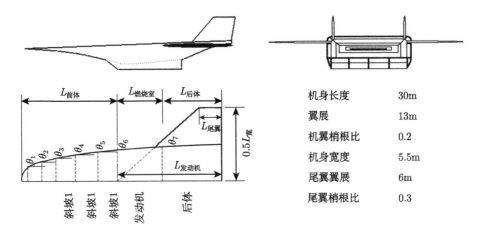

机身长度	30m
翼展	13m
机翼梢根比	0.2
机身宽度	5.5m
尾翼翼展	6m
尾翼梢根比	0.3

图 2.6　高超声速飞行器参考外形简图

2.3.2　推进系统性能分析模型

高超声速飞行器需要采用某种低速推进系统加速到超燃冲压发动机的工作条件 $(Ma \geqslant 5.5)$。本书考虑了涡轮冲压发动机和火箭发动机两种低速推进系统[222]。由于本书的研究重点是分析超燃冲压发动机性能对飞行器性能的影响，因此涡轮冲压发动机和火箭发动机的性能仅采用经验公式近似计算。

2.3.2.1　涡轮冲压发动机性能工程估算模型

涡轮冲压发动机的性能可由下式简单估算[223]：

$$C_{T\max}(Ma,\alpha) = 0.4736Ma^{1.5} + 1.6947Ma^{-2} \tag{2.1}$$

$$T = sqC_{T\max} \quad (0 \leqslant s \leqslant 1) \tag{2.2}$$

$$I_{sp}(h,Ma) = 4500 - 0.01(h - 20000) \tag{2.3}$$

这里，s 为燃料喷注器节流系数，q 为飞行动压，h 为飞行高度，T 为推力。

2.3.2.2　火箭发动机性能工程估算模型

火箭发动机性能由下式简单估算[222]：

$$I_{sp}(h) = 3900 + 16.11h - 0.0926h^2 \tag{2.4}$$

$$T = m_c I_{\mathrm{sp}} \tag{2.5}$$

其中, m_c 是推进剂的消耗率, 高度 h 的单位是 km, T 是推力。

2.3.2.3　超燃冲压发动机性能低精度工程估算模型

按部件将一体化设计的超燃冲压发动机分为前体/进气道、隔离段、燃烧室、尾喷管/后体, 分别计算, 如图 2.7 所示。来流由状态 0 经过前体/进气道外压段斜激波系压缩到状态 a, 流向经外罩唇口反射激波折为平行飞行器轴线状态 3, 经过隔离段的减速到达燃烧室入口状态 4, 气流经过燃烧室到达燃烧室出口状态 5, 最后经后体/尾喷管加速到状态 6。

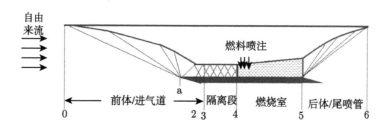

图 2.7　机体一体化超燃冲压发动机部件简图

1) 前体/进气道

采用二维混合压缩高超声速进气道, 不同飞行状态对应着不同的最佳进气道面积收缩比, 实际设计时只能采取一种折衷方案。进气道面积收缩可按经验取为 [224]

$$A_0/A_{\mathrm{inlet\text{-}throat}} = -3.5 + 2.17 Ma_0 - 0.017 Ma_0^2 \tag{2.6}$$

前体可视为由多级二维楔形体构成, 下壁面的楔形体转折角产生多道斜激波。一旦外形确定, 各道斜激波的波后气动参数可由斜激波理论求出 [225]。高超声速进气道的设计要确定设计马赫数 Ma_{design} 和楔形体转折角 $\alpha_i\,(i=1,\cdots,4)$ 的组合, 组织斜激波系, 设对应的激波角为 $\beta_i\,(i=1,\cdots,4)$。设计状态进气道外压段的状态如图 2.8 所示。为了确定楔形体与进气道外罩前缘的相对位置、设计通道几何尺寸和型面, 还需要给定前体的长度 L_{forebody}、外罩相对于前体的前伸长度 $L_{\mathrm{cowl\text{-}extend}}$。飞行器的总体任务要求基本确定飞行器的大小, 进而确定飞行器的头部到外罩唇口的长度 $L_{1\mathrm{cowl}}$。在设计状态下, 前体/进气道各楔形体转角产生的斜激波汇聚于发动机外罩唇口, 由此可以确定发动机外罩唇口的位置。

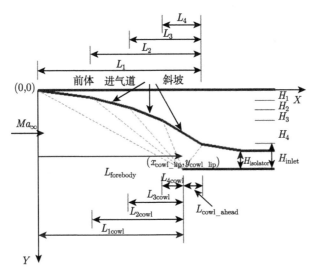

图 2.8 二维进气道外形和尺寸

$$x_{\text{cow\_lip}} = L_{1\text{cowl}} \tag{2.7}$$

$$y_{\text{cow\_lip}} = x_{\text{cowl\_lip}} \tan \beta_1 \tag{2.8}$$

利用各道斜激波均汇于外罩唇口的关系, 可以得到各段尺寸:

$$L_{2\text{cowl}} = \frac{y_{\text{cowl\_lip}} - x_{\text{cowl\_lip}} \tan \alpha_1}{\tan (\beta_2 + \alpha_1) - \tan \alpha_1} \tag{2.9}$$

$$H_1 = y_{\text{cowl\_lip}} - L_{2\text{cowl}} \tan (\beta_2 + \alpha_1) \tag{2.10}$$

$$L_{3\text{cowl}} = \frac{L_{2\text{cowl}} \tan (\beta_2 + \alpha_1) - L_{2\text{cowl}} \tan (\alpha_1 + \alpha_2)}{\tan (\beta_3 + \alpha_1 + \alpha_2) - \tan (\alpha_1 + \alpha_2)} \tag{2.11}$$

$$H_2 = L_{2\text{cowl}} \tan (\beta_2 + \alpha_1) - L_{3\text{cowl}} \tan (\beta_3 + \alpha_1 + \alpha_2) \tag{2.12}$$

$$L_{4\text{cowl}} = \frac{L_{3\text{cowl}} \tan (\beta_2 + \alpha_1 + \alpha_2) - L_{3\text{cowl}} \tan (\alpha_1 + \alpha_2 + \alpha_3)}{\tan (\beta_3 + \alpha_1 + \alpha_2 + \alpha_3) - \tan (\alpha_1 + \alpha_2 + \alpha_3)} \tag{2.13}$$

$$H_3 = L_{3\text{cowl}} \tan (\beta_2 + \alpha_1 + \alpha_2) - L_{4\text{cowl}} \tan (\beta_3 + \alpha_1 + \alpha_2 + \alpha_3) \tag{2.14}$$

其中, $H_i(i = 1, \cdots, 4)$ 为第 i 楔形体的高度, $L_{i\text{cowl}}(i = 1, \cdots, 4)$ 为第 i 楔形体与外罩唇口的水平距离。外罩前伸距离 $L_{\text{cowl\_ahead}}$ 由设计状态下进气道外罩唇口的斜激波位置确定, 唇口斜激波对应的楔形体压缩角 θ_{cowl} 为前体各楔形体转折角之和。为了避免边界层分离, 楔形体的转折角不能设计得过大, 工程上可采用如下的边界层分离近似判断准则[226]:

$$(Ma_2/Ma_1)_{\text{laminar}} < 0.898, \quad (Ma_2/Ma_1)_{\text{turbulent}} < 0.762 \tag{2.15}$$

其中，Ma_1 为斜激波波前马赫数，Ma_2 为波后马赫数。

高超声速进气道的工作马赫数范围宽，必须考虑非设计状态下的工作性能，在非设计状态下，进气道/前体的各道激波将偏离进气道外罩唇口，捕获流量发生变化。飞行马赫数和攻角决定着进气道的实际流量系数。进气道流量系数的计算方法参见文献 [227]。

2) 隔离段

隔离段设计的关键在于确定隔离段长度。根据文献 [228] 的试验结果，拟合出如下的隔离段长度工程估算公式：

$$L_{\text{isolator}} = 0.01 \left[0.971875 \left(A_0/A_{\text{inlet-throat}} \right)^2 - 24.0875 A_0/A_{\text{inlet-throat}} + 162.3 \right] \tag{2.16}$$

3) 燃烧室

超燃燃烧室构型简化为 "等截面段＋等角度扩张段" 的二维管道，如图 2.9 所示。借鉴 T. F. O'Brien 发展的超燃燃烧室准一维模型，该模型考虑了燃烧室通道面积变化、向外散热、壁面摩擦、燃料喷射、燃气组分变化、比热比变化对流动过程的影响。下面简要给出主要的流动方程，具体推导参见文献 [154] 和 [229]。

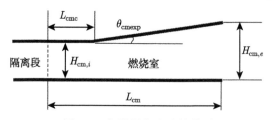

图 2.9   超燃燃烧室计算模型

$$\frac{\mathrm{d}\rho}{\mathrm{d}x} = \rho \left(\frac{1}{\dot{m}} \frac{\mathrm{d}\dot{m}}{\mathrm{d}x} - \frac{1}{U} \frac{\mathrm{d}U}{\mathrm{d}x} - \frac{1}{A} \frac{\mathrm{d}A}{\mathrm{d}x} \right) \tag{2.17}$$

$$\frac{\mathrm{d}P}{\mathrm{d}x} = -\gamma P M^2 \left(\frac{1}{U} \frac{\mathrm{d}U}{\mathrm{d}x} + \frac{1}{2} \frac{4C_f}{D} + \frac{1}{\dot{m}} \frac{\mathrm{d}\dot{m}}{\mathrm{d}x} \right) \tag{2.18}$$

$$\frac{\mathrm{d}T}{\mathrm{d}x} = T \left(\frac{1}{p} \frac{\mathrm{d}p}{\mathrm{d}x} - \frac{1}{\rho} \frac{\mathrm{d}\rho}{\mathrm{d}x} + \frac{1}{\overline{MW}} \frac{\mathrm{d}\overline{MW}}{\mathrm{d}x} \right) \tag{2.19}$$

$$\frac{\mathrm{d}\overline{MW}}{\mathrm{d}x} = -\overline{MW}^2 \sum_i \frac{1}{MW_i} \frac{\mathrm{d}Y_i}{\mathrm{d}x} \tag{2.20}$$

$$\frac{\mathrm{d}Y_i}{\mathrm{d}x} = \frac{\omega_i MW_i}{\rho U} + \frac{1}{\dot{m}} \frac{\mathrm{d}m_{i,\text{added}}}{\mathrm{d}x} - \frac{Y_i}{\dot{m}} \frac{\mathrm{d}\dot{m}}{\mathrm{d}x} \tag{2.21}$$

$$\frac{\mathrm{d}U}{\mathrm{d}x} = \frac{1}{\alpha} \left\{ -\frac{1}{A}\frac{\mathrm{d}A}{\mathrm{d}x} + \frac{1 + \gamma M^2\left(1 - \varepsilon\right) - \left(h_0/\hat{h}\right)\frac{\mathrm{d}\dot{m}}{\dot{m}}}{\dot{m}} \frac{\mathrm{d}\dot{m}}{\mathrm{d}x} \right.$$

$$+ \frac{1}{\hat{h}} \left[-\sum_i h_i \frac{\mathrm{d}Y_i}{\mathrm{d}x} + \frac{1}{\dot{m}} \sum_i \left(h_i \frac{\mathrm{d}\dot{m}_i}{\mathrm{d}x} \right)_{\mathrm{added}} \right]$$

$$\left. -\frac{1}{\overline{MW}}\frac{\mathrm{d}\overline{MW}}{\mathrm{d}x} + \left[\gamma M^2 - \frac{C_p\left(T_{\mathrm{aw}} - T_w\right)}{\hat{h}Pr^{2/3}A} \right] \frac{2C_f}{D} \right\} \tag{2.22}$$

其中

$$\alpha \equiv (1/U)\left(1 - \gamma M^2 + U^2/\hat{h}\right) \tag{2.23}$$

$$h_0 \equiv h + U^2/2 \tag{2.24}$$

$$C_p = \sum_i C_{pi}Y_i \tag{2.25}$$

$$h = \sum_i C_{pi}TY_i \tag{2.26}$$

$$\hat{h} = \left(C_p + \sum_i T\left(R_u/MW_i\right)\left(a_{2i} + 2a_{3i}T + 3a_{4i}T^2 + 4a_{5i}T^3\right)Y_i \right.$$

$$\left. -\frac{1}{\dot{m}}\left\{ \sum_i \left[\dot{m}_i\left(C_{pi} + \tilde{C}_{pi}T\right) \right]_{\mathrm{added}} \right\} \right) T \tag{2.27}$$

$$C_{pi} = (R_u/MW_i)\left(a_{1i} + a_{2i}T + a_{3i}T^2 + a_{4i}T^3 + a_{5i}T^4\right) \tag{2.28}$$

其中，U 是速度，P 是静压，T 是静温，ρ 是密度，$\dot{m}$ 是质量流率，$\dot{m}_{\mathrm{added}}$ 是喷入组分的质量流率，Y_i 是组分 i 的质量分数，A 是燃烧室截面积，x 是轴向位置，T_{aw} 是壁面绝热温度，C_f 是摩擦系数，D 是燃烧室截面水力直径。

$$T_{\mathrm{aw}} = T\left[1 + Pr^{1/3}\left[(\gamma - 1)/2\right]M^2 \right] \tag{2.29}$$

$$C_f = 0.0018 + 0.0019\left(\mathrm{ER}\cdot\eta\right) + 0.00597\left(\mathrm{ER}\cdot\eta\right)^2 - 0.00469\left(\mathrm{ER}\cdot\eta\right)^3 \tag{2.30}$$

其中，ER 为化学当量比，η 为燃烧效率。

假定化学反应为混合控制型，近似认为燃烧效率 η 等于氢气混合效率 η_m。采用 Henry 和 Anderson 提出的氢/空气超声速燃烧混合模型[22]：

$$\dot{m}_r = \dot{m}_f \frac{a\bar{x}^b\exp\left(c\bar{x}\right)}{d\bar{x} + f} \tag{2.31}$$

$$\bar{x} = x/L_{\mathrm{mix}} \tag{2.32}$$

其中，L_{mix} 为氢/空气混合长度，$a = 1.1703$，$b = 0.62925$，$c = 0.42632$，$d = 1.4615$，$f = 0.32655$。

燃烧过程采用一步化学反应模型，假设来流成分为 78% 氮气、21% 氧气和 1% 的氩气。给定单元入口组分摩尔分数，则可求得每一控制单元各组分的摩尔生成率 ϖ_i。

$$\mathrm{H_2} + 0.5\eta\mathrm{O_2} \longrightarrow \eta\mathrm{H_2O} + (1-\eta)\mathrm{H_2} \tag{2.33}$$

给定燃烧室截面面积变化规律 $\mathrm{d}A/\mathrm{d}x$ 和燃料喷入规律 $\mathrm{d}\dot{m}/\mathrm{d}x$，采用 4 阶 Runge-Kutta 方法可积分求解上述微分方程组，得到超燃燃烧室中燃气的一维流动参数。

4) 后体/尾喷管

高超声速飞行器的后体下壁面作为超燃冲压发动机的喷管外膨胀型面，如图 2.10 所示。为避免流动分离，喷管上壁面取为凹型面。本书考虑了两种喷管上壁面型面，其型线分别由两次和三次方程描述。尾喷管段流动可近似为冻结流，采用特征线方法计算 [154,230]。尾喷管外形的设计参数有后体长度 L_{no}、外罩后伸长度 $L_{co,aft}$、外罩后伸长度等直段长度 $L_{co,con}$、喷管扩张角 θ_{noexp}、外罩后掠角 $\theta_{co,aft}$ 和喷管出口切向角 θ_{exit}。设计参数在一定范围内变化以获得喷管的最优性能，优化设计过程中，设计参数需要满足一定的约束。θ_{noexp} 受后体高度的限制；L_{no} 占飞行器总长的比例小于 35%；$L_{co,aft}$ 越大，喷管产生的推力越大，但喷管重量也越大，因此 $L_{co,aft}$ 需要合理确定。

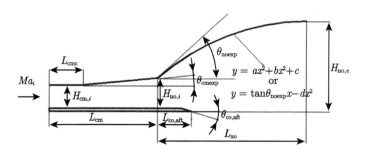

图 2.10 超燃冲压发动机二维尾喷管设计模型

5) 超燃冲压发动机性能的计算

超燃冲压发动机推力和比冲取值与 API 的划分相关，第 3 章将详细推导计算表达式，此处不赘述。

2.3.2.4 超燃冲压发动机性能高精度数值分析模型

超燃冲压发动机进气道流场存在多波系及波系间的相交与反射，以及进气道内部激波与附面层的强干扰。进气道壁面对气流的摩擦将在进气道内产生相当厚的附面层，即使气流不分离，附面层对进气道性能也会产生显著影响。流经混合压缩进气道外罩唇口前缘的气流会发生转折，产生一道入射激波，激波打在进气道楔面上，必然形成楔面上的激波反射与附面层的相互干扰。高超声速进气道来流马赫数较高，入射激波强度较大，由于附面层压力前传效应，在激波入射点之前，附面层内层便开始隆起涡流鼓包，并形成反射激波，这种强激波与附面层相互干扰构成复杂的流型，因此超燃冲压发动机进气道–隔离段流场结构十分复杂，基于一维流模拟的低精度的工程估算模型很难准确地反映实际流动过程，有必要建立高精度的分析模型来深入研究进气道–隔离段流场结构。

超燃冲压发动机尾喷管流场也比较复杂，存在两个转折点，流经后体下壁面与燃烧室上壁面的交叉点 (第一个转折点) 后，流场会呈扇形膨胀。在外罩后伸段结束点 (第二个转折点，即内喷管下壁面出口处)，气流发生转折，流场的膨胀进一步加剧，产生一系列膨胀波，致使整个尾喷管流场存在着相互交叉的膨胀波系。超燃冲压发动机尾喷管是典型的非对称喷管，按一维流计算误差很大，有必要建立高精度的分析模型，以便深入研究超燃冲压发动机尾喷管流场。

本书分别建立了超燃冲压发动机进气道–隔离段流场和尾喷管流场的数值仿真程序，两程序采用相同的数值方法。下面对此做简要介绍，详细描述参见文献 [119]。

高超声速流动粘性影响较大，因此流场控制方程采用二维雷诺平均的 NS 方程，通过有限体积法进行离散。粘性项采用二阶中间差分，为了提高激波捕捉的分辨率，无粘项的离散采用了二阶精度的基于 Roe 平均的 OC-TVD 格式求解，湍流模型为 Baldwin-Lomax 代数模型。对于粘性问题，由于附面层内网格雷诺数的限制，计算网格较多，求解时需要消耗大量机时，而且要达到定常所需的迭代次数太多，为加速收敛，采用隐式求解方法非常有必要，但一般的隐式方法包含大量的矩阵求逆运算，计算效率受限。采用 S. Yoon 和 A. Jameson 在 LU 分裂方法基础上提出的 LU-SGS 方法 [231]，先后在两个方向上递推求解，用块追赶法求解三对角块矩阵方程，避免了矩阵求逆，大大减少了计算量，提高了收敛速度。入口边界为来流条件，附面层厚度为零；出口边界条件为压力条件，按当地流动判定，若为超声速流动，则无需解析边界条件，数值边界条件采用一阶外推；若为亚声速流动，则指定出口反压，其余状态参数采用一阶外推方法计算。壁面取绝热、无滑移物面条件，对称面取对称条件。本数值仿真程序是在单级压缩超声速进气道–隔离段流场数值模拟程序的基础上发展而来，原始程序的正确性得到了 P8 进气道模型实验结果的验证 [119]。

2.3.2.5 超燃冲压发动机系统模型

超燃冲压发动机性能需要和超燃冲压发动机的系统循环方案联系起来。第 6

章将专门分析超燃冲压发动机系统循环方案，此处不赘述。

2.3.3　气动力计算模型

高超声速飞行器外形近似为矩形截面机身、梯形机翼和梯形尾翼的组合体，可采用部件组合法计算高超声速飞行器的气动力。部件之间的干扰因子的计算方法参见文献 [232] 和 [233]。

2.3.3.1　机翼与尾翼气动力计算

高超声速飞行器机翼与尾翼的气动力计算采用成熟的工程估算方法。机翼与尾翼呈 "+" 字形布置，机翼的安装角 φ 为 0。机翼的升力系数 C_{yyi} 随攻角的变化一般可认为是线性的，即

$$C_{yyi} = C_{yyi}^{\alpha} \cdot \alpha \tag{2.34}$$

其中，C_{yyi}^{α} 是机翼的升力线斜率，α 是攻角。下标 "yi" 表示尾翼的气动力参数。C_{yyi}^{α} 按下式计算：

$$C_{yyi}^{\alpha} = f(\lambda, \lambda\beta, \lambda\tan\chi_{1/2}, \xi) \tag{2.35}$$

其中，λ 是机翼展弦比，$\beta = \sqrt{|Ma_{\infty}^2 - 1|}$，$Ma_{\infty}$ 是来流的无穷远处马赫数，$\chi_{1/2}$ 是机翼 1/2 弦线后掠角，ξ 是机翼梢根比，计算过程中还需给定机翼的相对厚度 $\overline{C}$。

机翼阻力系数 C_{xyi} 为机翼零升阻力系数 C_{x0yi} 与机翼诱导阻力系数 C_{xiyi} 之和

$$C_{xyi} = C_{x0yi} + C_{xiyi} \tag{2.36}$$

其中，C_{x0yi} 包括机翼的剖面粘性阻力 C_{xpyi}、厚度波阻 C_{xbyi} 和弯扭阻力 C_{xwyi}，即

$$C_{x0yi} = C_{xpyi} + C_{xbyi} + C_{xwyi} \tag{2.37}$$

C_{xiyi} 按亚声速流和超声速流分别计算，计算方法参见文献 [232] 和 [233]。

尾翼气动力计算与机翼气动力计算采用相同的公式，只是其中必须加入速度阻滞系数 k_q，尾翼的速度对应的马赫数为 $Ma_{wy} = Ma_{\infty}\sqrt{k_q}$。以下标 "$wy$" 表示尾翼的气动力参数。由于尾翼采用完全垂直安置方式，不产生升力，故尾翼升力系数 C_{ywy} 为 0。尾翼零升阻力系数 C_{x0wy} 与机翼零升阻力系数 C_{x0yi} 的计算方法类似。尾翼的诱导阻力系数 C_{xiwy} 与尾翼的迎角有关。正常式飞行器的尾翼区的有效迎角通常很小，因此 C_{xiwy} 可以忽略不计。

2.3.3.2 机身气动力计算

高超声速飞行器机身为不规则的二维升力体外形，在高超声速条件下可利用激波和膨胀波理论求得机身各壁面的压强系数[232]，通过壁面压力积分估算气动力。亚声速和低超声速条件下，目前还没有针对这类外形的比较好的工程估算方法。本书借鉴 NASA Langley 研究中心思路[47]，通过 CFD 方法计算建立这类机身的气动性能数据库。具体应用时根据机身几何参数调用数据库，通过插值得到当前机身的气动力。

2.3.3.3 组合体气动力计算

高超声速飞行器实际上是一个翼身尾组合体，其气动力的计算必须考虑机身与机翼的相互干扰、机身与尾翼的相互干扰、机翼与尾翼之间的干扰。

翼身尾组合体升力系数 C_y 为

$$C_y = C_{ysh} \frac{S_{sh}}{S} + K_{\alpha\alpha} \alpha \cdot C_{yyi}^{\alpha} \frac{S_{wl}}{S} \tag{2.38}$$

$$K_{\alpha\alpha} = K_{sh(yi)} + K_{yi(sh)} \tag{2.39}$$

其中，S 是毛机翼面积，C_{ysh} 是单独机身的升力系数，S_{sh} 是最大机身截面积，$K_{\alpha\alpha}$ 是 "$\alpha\alpha$" 条件下翼身升力干扰因子，$K_{sh(yi)}$ 是机翼对机身的升力干扰因子，$K_{yi(sh)}$ 是受机身影响下的外露机翼的升力与单独外露翼升力之比；C_{yyi}^{α} 是单独外露翼的升力线斜率，S_{wl} 是外露翼面积。下标 "wl" 表示外露翼的气动力参数。

翼身尾组合体阻力系数 C_x 由零升阻力系数 C_{x0} 和诱导阻力系数 C_{xi} 组成，即

$$C_x = C_{x0} + C_{xi} \tag{2.40}$$

翼身尾组合体零升阻力系数 C_{x0} 为

$$C_{x0} = k_s \left(C_{x0sh} \frac{S_{sh}}{S} + C_{x0wl} \frac{S_{wl}}{S} + C_{x0wy} k_{qcw} \frac{S_{cw}}{S} \right) \tag{2.41}$$

式中，C_{x0wl} 是单独外露翼的零升阻力系数，C_{x0sh} 是单独机身的零升阻力系数，C_{x0wy} 是尾翼外露段的零升阻力系数，k_s 是安全系数，k_{qcw} 是垂尾处的阻滞系数。

翼身尾组合体诱导阻力系数 C_{xi} 为

$$C_{xi} = C_{xish} \frac{S_{sh}}{S} + C_{xiyi(sh)} \frac{S_{wl}}{S} + C_{xish(yi)} \frac{S_{wl}}{S} + C_{xiwy(sh)} \frac{S_{wy}}{S} + + C_{xish(wy)} \frac{S_{wy}}{S} \tag{2.42}$$

其中，C_{xish} 是单独机身的诱导阻力系数，$C_{xiyi(sh)}$ 是有机身干扰时外露翼的诱导阻力系数，$C_{xiwy(sh)}$ 是有机身干扰时计入弹翼下洗作用后，尾翼外露段的诱导阻力系数，S_{wy} 是尾翼阻力系数的参考面积，$C_{xish(yi)}$ 是由机翼对机身干扰产生的升力而引起的诱导阻力系数，$C_{xish(wy)}$ 是由尾翼的干扰对机身产生的升力所引起的诱导阻力系数。

2.3.3.4　机身气动力数值计算方法

高超声速飞行器机身外形比较复杂，因此采用非结构化计算网格对高超声速飞行器机身气动力进行数值模拟。流动控制方程为二维非定常 Euler 方程，采用有限体积格心格式离散方程。引入通量矢量分裂技术，对于亚跨声速问题采用 van Leer 分裂 [234,236]，对于超声速问题采用 Steger 分裂 [235,236]，计算得到控制体边界上二阶精度的通量值。时间方向的积分采用二阶精度的显式四步 Runge-Kutta 方法。物面边界采用无粘流的无穿透条件；超声速入口边界给定边界上的来流参数；超声速出口边界面上的所有流动参数都由其所属的网格单元中心点的参数外推求得；对称边界在流场对称面另一侧构造镜像流场区域，将对称边界面认为是内部网格表面，按对称条件给出流动参数。本数值计算程序从文献 [236] 发展的数值方法的基础上发展而来，程序的正确性得到了多个典型算例的验证。

为了高超声速飞行器的机身气动力计算方便，将机身简化为两种外形：一种外形将整个机体/发动一体化构型当作一个区；另一种将机身和发动机外罩分开，当作两个区。两种简化外形分别用于进气道关闭和进气道开启状态下的高超声速飞行器机体/发动机一体化构型气动特性计算 (参见第 3 章)。

2.3.4　气动热/热计算模型

本书关注了头部驻点、机翼前缘、外罩前缘等气动加热严重的区域和超声速燃烧室高温燃气对流传热严重区域的壁面受热问题，计算方法为工程中常用的估算方法。

采用 M. E. Tauber 给出的轴对称驻点热流密度计算公式 [237]：

$$\dot{q}_{s,\text{axis}} = C\rho^N V^M \tag{2.43}$$

$$M = 3,\ N = 0.5,\ C = 1.83 \times 10^{-4} R_N^{-0.5} \left(1 - g_w\right),\ g_w = h_w/h_s \tag{2.44}$$

高超声速飞行器头部近似为非轴对称的三维驻点，引入了以下关系式 [238]：

$$\dot{q}_{s,3D} = \sqrt{\frac{1+K}{2}} \dot{q}_{s,\text{axis}} \quad (0 \leqslant K \leqslant 1) \tag{2.45}$$

当 $R_z \leqslant R_x$ 时，$K = R_z/R_x$；当 $R_z \geqslant R_x$ 时，$K = R_x/R_z$。

机翼、发动机侧板和外罩等前缘存在着较强的气动加热，需要进行冷却。前缘的气动加热最严重的区域在激波附着线上，可以按后掠圆柱理论将前缘的气动加热近似分解为有限长度圆柱翼和倾斜平板的一种气动加热综合效应 [238]。

$$\dot{q}_{\text{le}} = \left[(\dot{q}_{\text{cyl}})^2 + \sin^2 \Lambda \left(\dot{q}_{\text{fp}}\right)^2\right]^{1/2} \cos \alpha \tag{2.46}$$

其中，Λ 为前缘后掠角，α 为攻角。有限长度圆柱翼的热流密度 $\dot{q}_{\rm cyl}$ 和倾斜平板热流密度 $\dot{q}_{\rm fp}$ 计算公式参见文献 [238]。

超声速燃烧室壁面高温燃气对流传热计算将在第 5 章结合再生冷却的分析来介绍，此处从略。

2.3.5 冷却性能分析模型

高超声速飞行器需要主动冷却的部件包括气动加热比较严重的头部驻点区、机翼/侧板/外罩/支板前缘区和高温燃气对流传热比较严重的超燃冲压发动机流道壁面等。

冷却表面的热平衡方程为

$$\dot{q}_{\rm cond} = \dot{q}_w - \sigma \varepsilon T_w^4 \tag{2.47}$$

$$\dot{q}_{\rm rad} = \sigma \varepsilon T_w^4 \tag{2.48}$$

$$\dot{q}_c = \dot{q}_{\rm cond} \tag{2.49}$$

其中，$\dot{q}_{\rm cond}$、$\dot{q}_w$、$\dot{q}_c$、ε、σ 分别为传入壁面的热流密度、壁面的总气动加热热流密度、冷却系统吸收的热流密度、壁面黑度和黑体辐射常数，取 $\varepsilon = 0.825$。

设高超声速飞行器壁面温度 T_w 为

$$T_w = \left(\frac{\dot{q}_w - \dot{q}_{\rm cond}}{\varepsilon \sigma} \right)^{0.25} \tag{2.50}$$

A. Z. Al-Garni 等在计算中假设 [239]：$T_w \leqslant 1500{\rm K}$ 时，所有的气动加热热流被辐射，即 $\dot{q}_w = \sigma \varepsilon T_w^4$，$\dot{q}_c = 0$，此时无需冷却；辐射热流密度在 $T_w = 1500{\rm K}$ 时最大，记为 $(\dot{q}_{\rm rad})_{\max}$；如果壁温 $T_w > 1500{\rm K}$，则辐射热流仍保持为 $(\dot{q}_{\rm rad})_{\max}$，$\dot{q}_c > 0$，需要进行冷却。上述假设虽然不甚合理，但计算方便。本书仍沿用 A. Z. Al-Garni 的假设进行计算，并将最大辐射热流密度 $(\dot{q}_{\rm rad})_{\max}$ 对应的温度 $(T_w)_{\max}$ 降为 1350K，以降低对材料耐热性的要求。

受热表面的冷却流量由下式确定：

$$(\dot{m}_{\rm cooling})_i = \frac{(\dot{q}_c)_i (A_h)_i}{h_{\rm ev} + C_p (T_i) (\Delta T)_i} \tag{2.51}$$

这里，$h_{\rm ev}$ 是冷却流体的汽化热，$\Delta T = T_G - T_L$，T_G 是冷却流道出口处流体的温度，T_L 是冷却流道入口处流体的温度。i 分别代表上述计算的三个受热区域。定压比热 C_p 是温度的函数 [240]：

$$C_p (T) = \frac{R_u}{MW} \left(a_1 + a_2 T + a_3 T^2 + a_4 T^3 + a_5 T^4 \right) \tag{2.52}$$

其中，$a_i(i=1,\cdots,5)$ 的取值可查相关的化学能量学参考书 [240]。

通常采用冷却流量系数 $(\phi_{\text{cooling}})_i$ 来评估冷却流量的相对大小：

$$(\phi_{\text{cooling}})_i = (\dot{m}_{\text{cooling}})_i / (\dot{m}_{\text{fuel}})_{\text{st}} \tag{2.53}$$

其中，$(\dot{m}_{\text{fuel}})_{\text{st}}$ 是发动机按恰当化学当量比燃烧时需要的燃料流量，即为发动机系统能够提供的最大冷却剂流量。

2.3.6 质量估算模型

采用了 A. J. Chaput[241] 提出的质量估算方法，将高超声速飞行器的起飞总质量分为推进系统质量、结构质量、推进剂质量、子系统质量、起落架质量和有效载荷质量：

$$m_{\text{takeoff}} = m_{\text{propulsion}} + m_{\text{structural}} + m_{\text{propellent}} + m_{\text{subsystem}} + m_{\text{payload}} + m_{\text{gear}} \tag{2.54}$$

推进系统质量由低速推进系统质量和高速推进系统质量组成：

$$m_{\text{low-speed-propulsion}} = (T/W)_0 \, (T/W)_{\text{lss}} \, m_{\text{takeoff}} \tag{2.55}$$

$$m_{\text{high-speed-propulsion}} = \text{ESF}_{\text{hss}}(\text{UWF}_{\text{hss}}) \tag{2.56}$$

其中，$(T/W)_0$ 是飞行器起飞推重比，$(T/W)_{\text{lss}}$ 是低速推进系统推重比，ESF_{hss} 是发动机比例因子，$\text{UWF}_{\text{hss}} = 2325.568\text{kg}$。为了更精确地估算超燃冲压发动机系统的质量，本书还采用应力分析法建立了精度较高的质量模型，参见附录 A。

其余系统的质量估算方法参见文献 [241]。

2.3.7 全寿命周期费用估算模型

本书研究的高超声速飞行器属于可重复使用飞行器，其全寿命周期费用由运载器总研制费用、运载器制造费用、维修费用、回收费用、操作费用和其他费用构成 [242~246]。

$$\text{LCC}^R = C_{\text{De}}^R + n_1 C_{\text{Ve}}^R + n_2 \left(C_{\text{Ref}}^R + C_{\text{Rec}}^R + C_{\text{Ops}} \right) + C_{\text{Other}}^R \times Y \tag{2.57}$$

其中，LCC^R 为全寿命周期费用，n_1 为完成任务所使用的飞行器架数，n_2 为单架运载器重复使用的次数，Y 是全寿命周期 (单位为年)，C_{De}^R 是总研制费用，C_{Ve}^R 是单架运载器制造费用，C_{Ref}^R 是单次发射的修复费用，C_{Rec}^R 是单次发射的回收费用，C_{Ops}^R 是单次发射的操作费用，C_{Other}^R 是每年的其他费用。然后建立各部分费用与质量的关系式，通过飞行器质量分析结果计算 LCC。C_{De}^R、C_{Ve}^R、C_{Ref}^R、C_{Ops}^R 和 C_{Other}^R 的具体计算方法参见文献 [244]~[246]。

2.3.8 弹道与控制系统模型

将高超声速飞行器看作可控质点,考虑飞行器在垂直平面内的运动,则高超声速飞行器的运动方程组如下 [247~251]:

$$
\begin{cases}
m\dfrac{\mathrm{d}V}{\mathrm{d}t} = T\cos\alpha - D - mg\sin\theta \\[2mm]
mV\dfrac{\mathrm{d}\theta}{\mathrm{d}t} = T\sin\alpha + L - mg\cos\theta \\[2mm]
\dfrac{\mathrm{d}x}{\mathrm{d}t} = V\cos\theta \\[2mm]
\dfrac{\mathrm{d}y}{\mathrm{d}t} = V\sin\theta \\[2mm]
\dfrac{\mathrm{d}m}{\mathrm{d}t} = -m_f \\[2mm]
\theta = \vartheta + \alpha
\end{cases}
\tag{2.58}
$$

其中,V 是飞行器飞行速度,α 是攻角,T 是发动机推力,$T = I_{sp} \cdot m_f$,m_f 是燃料消耗率,m 是飞行器质量,θ 是弹道倾角,ϑ 是飞行器俯仰角,L 是升力,$L = C_y q S_{ref}$,D 是阻力,$D = C_x q S_{ref}$,C_y 是升力系数,C_x 为阻力系数,动压 $q = \rho V^2/2$,S_{ref} 为参考面积,x 是水平距离,y 是高度,g 为重力加速度。空气密度是高度的函数 $\rho = \rho(y)$。

限于精力,本书采取的控制系统很简单,只对飞行器俯仰角 ϑ 和燃料流量 $\dot{m}_f$ 进行了控制。

$$
\vartheta = \frac{H_{cruise} - H}{H_{cruise} - H_0}\vartheta_0
\tag{2.59}
$$

$$
\dot{m}_f = a_1\left(Ma - Ma_{cruise}\right) + a_2\frac{\mathrm{d}V}{\mathrm{d}t}
\tag{2.60}
$$

其中,ϑ_0 为飞行器初始航迹角,H 为飞行高度,H_0 为起飞高度,H_{cruise} 为任务巡航高度,Ma_{cruise} 为任务要求的巡航马赫数,a_1 和 a_2 为控制参数。

2.4 高超声速飞行器一体化设计优化模型

到目前为止,公开发表的一些高超声速飞行器的设计与优化模型,要么过于简单,不能很好地评估设计参数对飞行器总体性能的影响 [209,229];要么过于复杂,不适于在高超声速飞行器概念设计和初步设计阶段采用 [145,171]。本书基于本章构建的一体化设计框架和学科分析模型,建立起一套高超声速飞行器一体化设计优化模型,采用该模型可以使方案设计人员较快地分析设计变量对总体性能的影响和进行方案的优化设计。

2.4.1   优化目标函数

高超声速飞行器一体化设计优化的目标函数应能够反映高超声速飞行器的性能指标，如航程、起飞质量 (GLOW)、有效载荷和全寿命周期费用 (LCC) 等。本书选择 GLOW 和 LCC 作为高超声速飞行器一体化设计优化的目标函数。GLOW 是飞行器一项重要的总体性能指标，间接地影响整个飞行器系统的成本。飞行器的干质量和飞行器的固化费用有关 (研制费用、制造费用、维修费用等)，燃料质量和飞行器的运行费用 (操作费用、管理运营费用等) 相关，GLOW 越小，对应的飞行器费用也越小。LCC 是一个比较优越的衡量飞行器总体性能的指标，LCC 越小，代表飞行器的经济性越好。

2.4.2   参考任务及基准外形

巡航型高超声速飞行器的参考任务为携带 5500kg 有效载荷，以 $Ma = 6.0$、$H = 25km/30km$ 巡航，目标飞行航程为 3000km。高超声速飞行器的飞行轨迹包括起飞助推段、高速巡航段和着陆段，着陆段轨迹比较复杂，暂不考虑。

超声速飞行器基准外形参考了 NASA Hyper-X 计划 X-43A 的一体化外形 [9,10]，如图 2.6 所示。高超声速飞行器机身长 30m，最大机身宽度 5.5m，翼展 30m，机翼梢根比为 0.2，尾翼翼展 6m，尾翼梢根比为 0.3。机翼和尾翼的前缘后掠角均为 60.0°。

2.4.3   约束条件

高超声速飞行器的一体化设计优化模型中的约束条件包括：
- 设计变量的取值范围；
- 壁面温度 ≤1300K；
- 飞行时间 ≤2100s；
- 飞行的过载 ≤3g。

2.4.4   设计变量

由于本书开展高超声速飞行器一体化设计研究的重点是机体/发动机一体化对飞行器总体性能的影响，因此选择同时对气动力和超燃冲压发动机起重要作用的设计参数作为设计变量，以充分考虑飞行器总体和超燃冲压发动机的一体化关系，且设计变量主要是一些确定机体/发动机一体化几何构型的参数，如前体占机身总长的比例 $R_{forebody}$、发动机占机身总长的比例 R_{engine}、等截面段占燃烧室总长的比例 $R_{com-con}$、楔形体转折角 α_i $(i = 1, \cdots, 4)$ 等。设计变量的描述将在后面章节中具体进行高超声速飞行器一体化设计优化时介绍。

2.5 本 章 小 结

本章对高超声速飞行器一体化设计方法进行了研究,主要的工作如下:

(1) 首先分析了高超声速飞行器设计的特点,指出了高超声速飞行器必须进行一体化设计的本质要求。

(2) 采用设计结构矩阵细致分析了高超声速飞行器一体化设计中学科间耦合关系,并以此为基础构建了高超声速飞行器一体化设计框架,基本厘清了各学科之间的数据传递关系和高超声速飞行器一体化设计流程。

(3) 根据当前的技术水平和高超声速飞行器一体化设计的要求,建立了推进系统性能模型、气动力计算模型、气动热/热计算模型、冷却性能模型、质量估算模型、全寿命周期费用模型、弹道与控制系统模型。

(4) 在高超声速飞行器一体化设计框架和学科分析模型的基础上,建立了高超声速飞行器一体化设计优化模型,确定了性能指标、参考任务及基准外形、约束条件,并指出了选择设计变量的基本考虑。与公开发表的高超声速飞行器设计模型相比,本章建立的高超声速飞行器一体化设计优化模型精度适中,考虑的学科及学科间耦合较全面,能够较迅速和准确地反映设计变量对飞行器总体性能的影响,适合用于优化设计。

本章是后续研究的基础,所构建的一体化设计框架和建立的学科分析模型,将在后面的章节中得到具体应用。

第3章 高超声速飞行器机体/发动机一体化性能分析

深入理解飞行器机体气动性能和超燃冲压发动机推进性能之间的相互影响规律，充分利用机体/发动机几何外形高度一体化带来的好处是解决高超声速飞行器一体化设计最关键的问题 [47]。高超声速飞行器的设计空间高度非线性，设计变量的取值裕度小，只有从飞行器的设计初期开始就充分考虑发动机与机体的一体化，才可能获得满足任务要求的高超声速飞行器设计方案 [47,145,171]。因此高超声速飞行器机体/发动机一体化性能研究一直备受关注，是整个高超声速飞行器总体设计研究的核心。

高超声速飞行器的机体/发动机一体化性能分析是一个多学科强耦合问题，发动机部件内部存在着复杂的物理与化学过程，而复杂的物理与化学过程又和飞行器气动力特性耦合在一起，进而影响飞行性能。高超声速飞行器机体/发动机一体化性能研究涉及的内容较多，至少包括：机体/发动机一体化部件的设计、机体/发动机一体化性能分析方法与程序 (包括一体化性能指标的确定、算力体系的选择和分析程序的建立等内容)、机体/发动机一体化构型性能对比与选择、设计状态与非设计状态条件下的机体/发动机一体化性能分析、机体/发动机一体化设计参数灵敏度分析和相关试验研究等。在第 2 章推进系统性能分析模型中已经对机体/发动机一体化部件的设计做了简要介绍，本章将围绕着余下的几个问题进行理论分析和实验研究，揭示推进系统性能和飞行器机体气动性能之间的相互影响规律。

3.1 机体/发动机一体化性能分析方法

3.1.1 基准分析外形

高超声速飞行器机体/发动机一体化基准分析外形如图 3.1 所示，只考虑二维外形。超燃冲压发动机置于高升阻比机体下腹部，整个机身下壁面都作为超燃冲压发动机流道的一部分。假设机身下壁面两侧边缘安装了侧墙 (side fence)，侧向溢流可以忽略。图 3.1 中粗线条标示的壁面为机体和发动机共有，确定这些壁面形状 (包括尺寸与角度) 的几何参数对气动性能和推进系统性能都有着直接的影响。本章将以此外形为基准，对机体/发动机一体化性能进行研究。

图 3.1 高超声速飞行器机体/发动机一体化基准分析外形

3.1.2 一体化性能指标

进行机体/发动机一体化性能分析，首先需要确定一体化性能指标。机体/发动机一体化性能指标不能简单地选用推进系统或者气动的性能指标，合理的机体/发动机一体化性能指标必须能够同时反映推进系统性能和气动性能对飞行器总体性能的影响，体现二者性能的综合效应。高超声速飞行器按任务类型的区别，可分为加速型高超声速飞行器和巡航型高超声速飞行器，不同类型的高超声速飞行器其总体性能侧重也不同。

对于执行入轨任务的加速型高超声速飞行器，有效比冲 $I_{\mathrm{sp,eff}}$ 是最关键的性能指标。$I_{\mathrm{sp,eff}}$ 越大，飞行器加速度越大，获得的速度增量也越大。有效比冲定义为

$$I_{\mathrm{sp,eff}} = I_{\mathrm{sp}}\left(1 - D/T\right) \tag{3.1}$$

其中，I_{sp} 为比冲 (对于吸气式发动机，为燃料比冲)，D 为阻力，T 为推力。

巡航型高超声速飞行器的航程 R 可由著名的 Brequet 航程公式近似计算：

$$R = V_0\left(L/D\right) I_{\mathrm{sp}} \ln\left(W_{\mathrm{initial}}/W_{\mathrm{final}}\right) \tag{3.2}$$

其中，W_{initial} 是巡航段开始时的高超声速飞行器质量，W_{final} 是巡航段结束时的高超声速飞行器质量。由式 (3.2) 可知，$(L/D)\,I_{\mathrm{sp}}$ 越大，航程 R 越大 [145,171]，因此可将 $(L/D)\,I_{\mathrm{sp}}$ 选择为巡航型高超声速飞行器的性能指标。$(L/D)\,I_{\mathrm{sp}}$ 具有比冲的量纲，为了叙述方便将其称为巡航比冲。

3.1.3 算力体系

目前有多种高超声速飞行器气动/推进系统的受力计算方法，不同的方法得到的气动和推进系统性能指标的数值及代表的物理意义可能相去甚远。有必要选择合适的算力体系 [173~175]，将一体化高超声速飞行器和超燃冲压发动机的受力计算标准化，以方便交流和不同算例间进行比较。算力体系的确定包括两项内容：划分气动/推进界面 (API) 和发动机/机体界面 (EAI)、确定气动力/力矩和推进力/力矩的计算方法。

3.1.3.1 气动/推进界面和发动机/机体界面的划分

高超声速飞行器机体与发动机流道是一体的，必须人为地进行 API 和 EAI 划分，明确气动分析和推进分析各自的计算任务。API 划分的目的是将作用在飞行器

表面的力 (压力和剪切力) 逐一划归推进或者气动学科，K. Numbers[175] 指出了各种 API 的优缺点，详细结果见表 3.1。为了确定发动机产生的推力，需要选取一个控制体。控制体的边界确定了 EAI，各种 EAI 的优缺点对比见表 3.2[175]。API 定义的是整个推进系统的性能；而 EAI 定义的是发动机的性能，这与发动机和机身设计者各自承担的设计任务相对应。

表 3.1　各种 API 的优缺点对比

推进系统受力型面定义	描述	优点	缺点
API-1	整个流道 (nose-to-tail)	可从均匀流开始分析；推进系统包含了后体推力型面	气动没有包含主要的升力面
API-2	第 i 楔形面以后的流道 (ramp-to-tail)	气动包含了部分前体的升力面；推进系统包含了后体推力型面	气动没有包含喷管型面；分析从复杂入口流场开始；气动没有包括楔形面和进气道内压段型面
API-3	外罩唇口以后的流道 (cowl-to-tail)	气动包含了整个前体的升力面；推进系统包含了后体推力型面	气动没有包含喷管型面；分析从复杂的入口流场开始；气动没有包含进气道内压段型面
API-4	发动机迎面以后的流道	气动包含了整个前体的升力面；边界定义较规则；推进系统包含了后体推力型面	气动没有包含喷管型面；分析从复杂的入口流场开始
API-5	发动机迎面到喷管喉道	气动包含了主要的升力面；边界定义较规则	气动没有包含喷管型面；分析从复杂的入口流场开始

表 3.2　各种 EAI 的优缺点对比

控制体边界的定义	描述	优点	缺点
EAI-1	上游：自由来流 下游：喷管出口	分析从均匀流开始；机身设计者最简单	需要跟踪流线；发动机研制部门需要深入知道进气道性能；机身设计者不能优化主要的气动面
EAI-2	上游：自由来流 下游：喷管外罩唇口	分析从均匀流开始；喷管没有虚边界；机身设计者可以优化部分后体型面	需要跟踪流线；发动机设计者需要深入知道进气道性能；发动机设计者不能充分评估推进系统性能
EAI-3	上游：进气道外罩唇口 下游：喷管出口	不需要跟踪流线；机身设计者最简单	分析从复杂的非均匀流开始；发动机研制部门需要深入知道进气道性能

续表

控制体边界的定义	描述	优点	缺点
EAI-4	上游：进气道外罩唇口 下游：喷管外罩唇口	不需要跟踪流线；机身设计者可以优化部分后体型面；控制体边界规则，喷管没有虚边界	分析从复杂的非均匀流开始；发动机研制部门需要深入知道进气性能；发动机设计者不能充分评估推进系统性能
EAI-5	上游：进气道外罩唇口 下游：喷管喉道	不需要跟踪流线；机身设计者可以优化主要气动型面；控制体边界规则	分析从复杂的非均匀流开始；发动机研制部门需要深入知道进气性能；发动机设计者不能充分评估推进系统性能
EAI-6	上游：发动机迎面 下游：喷管外罩唇口	不需要跟踪流线；机身设计者可以优化主要气动型面；控制体边界规则，喷管没有虚边界	分析从复杂的非均匀流开始；发动机设计者不能充分评估推进系统性能

API/EAI 的选择主要取决于三个因素：① 系统的外形；② 分析数据的特性；③ 分析目标。其中系统的外形和分析目标对于 API 相对重要一些，而数据特性通常用于确定最佳的 EAI。选择 API 时，升力面是否计为推进系统受力面是最难决断的问题之一。如果分析目标是确定气动参数对飞行性能的灵敏度，那么主要升力面应由气动分析计算，API-5 是不错的选择。如果分析目标是确定推进参数对飞行性能的灵敏度，那么主要升力面应由推进分析计算，选择 API-1 最佳。高超声速飞行器处于研究初期阶段时，气动分析和推进分析应该紧密配合，K. Numbers[175]建议采用 API-2 以兼顾气动分析和推进分析两方面的需求。本书采用图 3.2 所示的算力体系进行机体/发动机一体化性能分析，忽略头部曲率的影响，将头部的压缩等效为楔形体压缩，记为第一级楔形体压缩，因此前体下壁面含四级楔形体压缩，后体下壁面为曲面。由于第二级楔形体转折点距离头部位置较近，若仍然采用 API-2，则前体下壁面的大部分划为推进学科受力面；气动分析所承担的计算任务过轻，由于不包含主要的升力面，计算出来的气动系数很可能显得"异常"，如气动升力系数为负等。结合本书的研究目标和确定的基准外形，将前三级楔形体对应的前体下壁面受力计算划归气动学科，喷管型面的受力计算划归推进学科。选择如图 3.2 所示的算力体系的另一个原因是和超燃冲压发动机的研制相适应，方便发动机设计者评估超燃冲压发动机的性能。研制过程中由于受到地面试验设备尺寸的限制，不可能试验带有全尺寸前体的机体一体化超燃冲压发动机，只能设计部分长度前体下壁面压缩的超燃冲压发动机。

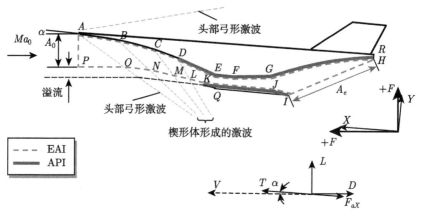

图 3.2　算力体系

3.1.3.2　气动力和推进力的计算方法

如图 3.2 所示，EAI-1 规定的控制体边界为 $A-B-C-D-E-F-G-H-$ $I-J-K-L-M-N-O-P-A$。由动量定理可知，作用在控制体上的力等于控制体内动量的变化率，取飞行器飞行方向为正。

$$
\begin{aligned}
\sum F = & -\int_{P-A} P\mathrm{d}A + \int_{A-B} P\mathrm{d}A + \int_{A-B} \tau_w \mathrm{d}A_w + \int_{B-C} P\mathrm{d}A + \int_{B-C} \tau_w \mathrm{d}A_w \\
& + \int_{C-D} P\mathrm{d}A + \int_{C-D} \tau_w \mathrm{d}A_w + \int_{D-E} P\mathrm{d}A + \int_{D-E} \tau_w \mathrm{d}A_w \\
& + \int_{E-F} P\mathrm{d}A + \int_{E-F} \tau_w \mathrm{d}A_w - \int_{F-G} P\mathrm{d}A \\
& + \int_{F-G} \tau_w \mathrm{d}A_w - \int_{G-H} P\mathrm{d}A + \int_{G-H} \tau_w \mathrm{d}A_w + \int_{H-I} P\mathrm{d}A - \int_{I-J} P\mathrm{d}A \\
& + \int_{I-J} \tau_w \mathrm{d}A_w - \int_{J-K} P\mathrm{d}A + \int_{J-K} \tau_w \mathrm{d}A_w \\
& - \int_{K-L} P\mathrm{d}A - \int_{L-M} P\mathrm{d}A - \int_{M-N} P\mathrm{d}A - \int_{N-O} P\mathrm{d}A - \int_{O-P} P\mathrm{d}A \\
= & \int_{P-A} \rho_0 \boldsymbol{V}_0 (\boldsymbol{V}_0 \cdot \boldsymbol{n}) \mathrm{d}A - \int_{H-I} \rho_{\mathrm{ex}} \boldsymbol{V}_{\mathrm{ex}} (\boldsymbol{V}_{\mathrm{ex}} \cdot \boldsymbol{n})_{\mathrm{in}} \mathrm{d}A
\end{aligned}
\tag{3.3}
$$

作用在内壁面上的力 F_{int} 为

$$
F_{\mathrm{int}} = -\int_{A-B} P\mathrm{d}A - \int_{A-B} \tau_w \mathrm{d}A_w - \int_{B-C} P\mathrm{d}A - \int_{B-C} \tau_w \mathrm{d}A_w
$$

$$
\begin{aligned}
&- \int_{C-D} P\mathrm{d}A - \int_{C-D} \tau_w \mathrm{d}A_w - \int_{D-E} P\mathrm{d}A - \int_{D-E} \tau_w \mathrm{d}A_w \\
&- \int_{E-F} P\mathrm{d}A - \int_{E-F} \tau_w \mathrm{d}A_w + \int_{F-G} P\mathrm{d}A - \int_{F-G} \tau_w \mathrm{d}A_w + \int_{G-H} P\mathrm{d}A \\
&- \int_{G-H} \tau_w \mathrm{d}A_w + \int_{I-J} P\mathrm{d}A - \int_{I-J} \tau_w \mathrm{d}A_w + \int_{J-K} P\mathrm{d}A - \int_{J-K} \tau_w \mathrm{d}A_w
\end{aligned} \tag{3.4}
$$

由 (3.3) 式可将 (3.4) 式改写为

$$
\begin{aligned}
F_{\mathrm{int}} = &- \int_{P-A} P\mathrm{d}A + \int_{H-I} P\mathrm{d}A - \int_{K-L} P\mathrm{d}A - \int_{L-M} P\mathrm{d}A - \int_{M-N} P\mathrm{d}A - \int_{N-O} P\mathrm{d}A \\
&- \int_{O-P} P\mathrm{d}A - \int_{P-A} \rho_0 \boldsymbol{V}_0 \left(\boldsymbol{V}_0 \cdot \boldsymbol{n}\right) \mathrm{d}A + \int_{H-I} \rho_{\mathrm{ex}} \boldsymbol{V}_{\mathrm{ex}} \left(\boldsymbol{V}_{\mathrm{ex}} \cdot \boldsymbol{n}\right) \mathrm{d}A
\end{aligned} \tag{3.5}
$$

由自由来流条件, 可知

$$
\int_{P-A} P\mathrm{d}A = P_0 A_0 \tag{3.6}
$$

$$
\int_{P-A} \rho_0 \boldsymbol{V}_0 \left(\boldsymbol{V}_0 \cdot \boldsymbol{n}\right) \mathrm{d}A = \rho_0 V_0^2 A_0 \tag{3.7}
$$

则

$$
\begin{aligned}
F_{\mathrm{int}} = &- P_0 A_0 + \int_{H-I} P\mathrm{d}A - \int_{K-L} P\mathrm{d}A - \int_{L-M} P\mathrm{d}A - \int_{M-N} P\mathrm{d}A - \int_{N-O} P\mathrm{d}A \\
&- \int_{O-P} P\mathrm{d}A - \rho_0 U_0^2 A_0 - \rho_0 V_0^2 A_0 + \int_{H-I} \rho_{\mathrm{ex}} \boldsymbol{V}_{\mathrm{ex}} \left(\boldsymbol{V}_{\mathrm{ex}} \cdot \boldsymbol{n}\right)_{\mathrm{in}} \mathrm{d}A
\end{aligned} \tag{3.8}
$$

作用在飞行器机体/发动机一体化构型外部的力 F_{ext} 为

$$
\begin{aligned}
F_{\mathrm{ext}} = &\int_{A-R} P\mathrm{d}A - \int_{A-R} \tau_w \mathrm{d}A_w + \int_{R-H} P\mathrm{d}A - \int_{R-H} \tau_w \mathrm{d}A_w \\
&- \int_{I-Q} P\mathrm{d}A - \int_{I-Q} \tau_w \mathrm{d}A_w - \int_{Q-K} P\mathrm{d}A - \int_{Q-K} \tau_w \mathrm{d}A_w
\end{aligned} \tag{3.9}
$$

飞行器机体/发动机一体化构型所受的合力为

$$
F_T = F_{\mathrm{int}} + F_{\mathrm{ext}} \tag{3.10}
$$

合力 F_T 在飞行器机身轴向的分力 F_{TA} 为

$$
\begin{aligned}
F_{TA} = {} &-P_0 A_{0X} + \int_{H-I} P\mathrm{d}A_X - \int_{K-L} P\mathrm{d}A_X - \int_{L-M} P\mathrm{d}A_X \\
&- \int_{M-N} P\mathrm{d}A_X - \int_{N-O} P\mathrm{d}A_X - \int_{O-P} P\mathrm{d}A_X \\
&+ \int_{A-R} P\mathrm{d}A_X - \int_{A-R} \tau_w \mathrm{d}A_{wX} + \int_{R-H} P\mathrm{d}A_X \\
&- \int_{R-H} \tau_w \mathrm{d}A_{wX} - \int_{I-Q} P\mathrm{d}A_X - \int_{I-Q} \tau_w \mathrm{d}A_{wX} - \int_{Q-K} P\mathrm{d}A_X \\
&- \int_{Q-K} \tau_w \mathrm{d}A_{wX} - \rho_0 V_0^2 A_{0X} + \int_{H-I} \rho_{\mathrm{ex}} \boldsymbol{V}_{\mathrm{ex}} (\boldsymbol{V}_{\mathrm{ex}} \cdot \boldsymbol{n}) \mathrm{d}A_X
\end{aligned} \tag{3.11}
$$

习惯将静压表示为参考压力 P_0 的形式，则

$$
\begin{aligned}
F_{TA} = {} &-P_0 A_{0X} + \int_{H-I} (P - P_0)\mathrm{d}A_X - \int_{K-L} (P - P_0)\mathrm{d}A_X \\
&- \int_{L-M} (P - P_0)\mathrm{d}A_X - \int_{M-N} (P - P_0)\mathrm{d}A_X \\
&- \int_{N-O} (P - P_0)\mathrm{d}A_X - \int_{O-P} (P - P_0)\mathrm{d}A_X + \int_{A-R} (P - P_0)\mathrm{d}A_X \\
&- \int_{A-R} \tau_w \mathrm{d}A_{wX} + \int_{R-H} (P - P_0)\mathrm{d}A_X - \int_{R-H} \tau_w \mathrm{d}A_{wX} - \int_{I-Q} (P - P_0)\mathrm{d}A_X \\
&- \int_{I-Q} \tau_w \mathrm{d}A_{wX} - \int_{Q-K} (P - P_0)\mathrm{d}A_X - \int_{Q-K} \tau_w \mathrm{d}A_{wX} \\
&- \rho_0 V_0^2 A_{0X} + \int_{H-I} \rho_{\mathrm{ex}} \boldsymbol{V}_{\mathrm{ex}} (\boldsymbol{V}_{\mathrm{ex}} \cdot \boldsymbol{n}) \mathrm{d}A_X + \int_{H-I} P_0 \mathrm{d}A_X \\
&- \int_{K-L} P_0 \mathrm{d}A_X - \int_{L-M} P_0 \mathrm{d}A_X - \int_{M-N} P_0 \mathrm{d}A_X \\
&- \int_{N-O} P_0 \mathrm{d}A_X - \int_{O-P} P_0 \mathrm{d}A_X + \int_{A-R} P_0 \mathrm{d}A_X + \int_{R-H} P_0 \mathrm{d}A_X \\
&- \int_{I-Q} P_0 \mathrm{d}A_X - \int_{Q-K} P_0 \mathrm{d}A_X
\end{aligned} \tag{3.12}
$$

由于 $O\text{-}P$ 为自由边界，故

$$\int\limits_{O-P} (P - P_0)\,\mathrm{d}A_X = 0 \tag{3.13}$$

环境压力沿封闭路径积分为 0，其中飞行器机身轴向的分力也为 0，于是有

$$-\int\limits_{P-A} P_0\mathrm{d}A_X + \int\limits_{A-R} P_0\mathrm{d}A_X + \int\limits_{R-H} P_0\mathrm{d}A_X + \int\limits_{H-I} P_0\mathrm{d}A_X$$

$$-\int\limits_{I-Q} P_0\mathrm{d}A_X - \int\limits_{Q-K} P_0\mathrm{d}A_X - \int\limits_{K-L} P_0\mathrm{d}A_X$$

$$-\int\limits_{L-M} P_0\mathrm{d}A_X - \int\limits_{L-M} P_0\mathrm{d}A_X - \int\limits_{M-N} P_0\mathrm{d}A_X - \int\limits_{N-O} P_0\mathrm{d}A_X - \int\limits_{O-P} P_0\mathrm{d}A_X = 0$$

$$\tag{3.14}$$

则 (3.12) 式可简写为

$$F_{TA} = -\int\limits_{K-L} (P - P_0)\,\mathrm{d}A_X - \int\limits_{L-M} (P - P_0)\,\mathrm{d}A_X$$

$$-\int\limits_{M-N} (P - P_0)\,\mathrm{d}A_X - \int\limits_{N-O} (P - P_0)\,\mathrm{d}A_X$$

$$+\int\limits_{H-I} \{P + \rho_{\mathrm{ex}}\boldsymbol{V}_{\mathrm{ex}}(\boldsymbol{V}_{\mathrm{ex}} \cdot \boldsymbol{n})\}\,\mathrm{d}A_X - \left[P_0 + \rho_0 V_0^2\right] A_{0X} - P_0\left(A_{\mathrm{ex}} - A_{0X}\right)$$

$$+\int\limits_{A-R} (P - P_0)\,\mathrm{d}A_X - \int\limits_{A-R} \tau_w\mathrm{d}A_{wX} + \int\limits_{R-H} (P - P_0)\,\mathrm{d}A_X - \int\limits_{R-H} \tau_w\mathrm{d}A_{wX}$$

$$-\int\limits_{I-Q} (P - P_0)\,\mathrm{d}A_X - \int\limits_{I-Q} \tau_w\mathrm{d}A_{wX} - \int\limits_{Q-K} (P - P_0)\,\mathrm{d}A_X - \int\limits_{Q-K} \tau_w\mathrm{d}A_{wX}$$

$$\tag{3.15}$$

前体/进气道附加阻力 D_{add} 定义为

$$D_{\mathrm{add}} = \int\limits_{P-K} (P - P_0)\,\mathrm{d}A$$

$$= \int\limits_{K-L} (P - P_0)\,\mathrm{d}A_X + \int\limits_{L-M} (P - P_0)\,\mathrm{d}A_X$$

$$+ \int\limits_{M-N} (P - P_0)\,\mathrm{d}A_X + \int\limits_{N-O} (P - P_0)\,\mathrm{d}A_X \tag{3.16}$$

如果忽略外罩的影响, 可将前体/进气道附加阻力 D_{add} 视为溢流阻力 D_{spill}。

根据定义的 API, 可计算气动力在飞行器机身轴向的分力 F_{AA}:

$$
\begin{aligned}
F_{AA} = & \int_{A-D} (P - P_0)\, \mathrm{d}A_X + \int_{A-D} \tau_w \mathrm{d}A_w - \int_{A-R} (P - P_0)\, \mathrm{d}A_X + \int_{A-R} \tau_w \mathrm{d}A_{wX} \\
& - \int_{R-H} (P - P_0)\, \mathrm{d}A_X + \int_{R-H} \tau_w \mathrm{d}A_{wX} + \int_{I-Q} (P - P_0)\, \mathrm{d}A_X + \int_{I-Q} \tau_w \mathrm{d}A_{wX} \\
& + \int_{Q-K} (P - P_0)\, \mathrm{d}A_X + \int_{Q-K} \tau_w \mathrm{d}A_{wX}
\end{aligned}
\tag{3.17}
$$

由气动分析计算得到的前体下壁面受力 F_{fore} 为

$$
F_{\text{fore}} = \int_{A-D} (P - P_0)\, \mathrm{d}A_X + \int_{A-D} \tau_w \mathrm{d}A_w
\tag{3.18}
$$

飞行器机身轴向受到的合力 F_{TA} 应该为推力 T 与气动力轴向分力 F_{AA} 和前体/进气道附加阻力 D_{add} 之差。

$$
F_{TA} = T - F_{AA} - D_{\text{add}}
\tag{3.19}
$$

将 (3.15) 式 $\sim$(3.18) 式代入 (3.19) 式, 得到推力 T 的计算公式:

$$
T = \int_{H-I} [P + \rho_{\text{ex}} \boldsymbol{V}_{\text{ex}} (\boldsymbol{V}_{\text{ex}} \cdot \boldsymbol{n})]\, \mathrm{d}A_X - (P_0 + \rho_0 V_0^2)\, A_{0X} - P_0 (A_{eX} - A_{0X}) + F_{\text{fore}}
\tag{3.20}
$$

气动力在飞行器机身轴向的分力 F_{AA} 可由升力 L 与阻力 D 表示为

$$
F_{AA} = D \cos\alpha - L \sin\alpha
\tag{3.21}
$$

其中, α 是飞行攻角。下面推导升力 L 与阻力 D 的计算公式。仍采用上面的方法, 合力 F_T 在飞行器机身法向的分力 F_{TN} 为

$$
\begin{aligned}
F_{TN} = & \int_{K-L} (P - P_0)\, \mathrm{d}A_Y + \int_{L-M} (P - P_0)\, \mathrm{d}A_Y \\
& + \int_{M-N} (P - P_0)\, \mathrm{d}A_Y + \int_{N-O} (P - P_0)\, \mathrm{d}A_Y \\
& + \int_{H-I} \{P + \rho_{\text{ex}} \boldsymbol{V}_{\text{ex}} (\boldsymbol{V}_{\text{ex}} \cdot \boldsymbol{n})\}\, \mathrm{d}A_Y - (P_0 + \rho_0 V_0^2)\, A_{0Y} - P_0 (A_{eY} - A_{0Y}) \\
& - \int_{A-R} (P - P_0)\, \mathrm{d}A_Y - \int_{A-R} \tau_w \mathrm{d}A_{wY} + \int_{R-H} (P - P_0)\, \mathrm{d}A_Y - \int_{R-H} \tau_w \mathrm{d}A_{wY}
\end{aligned}
$$

$$+ \int_{I-Q} (P - P_0)\,\mathrm{d}A_Y - \int_{I-Q} \tau_w \mathrm{d}A_{wY} + \int_{Q-K} (P - P_0)\,\mathrm{d}A_Y - \int_{Q-K} \tau_w \mathrm{d}A_{wY}$$

$$\tag{3.22}$$

飞行器机身法向的分力 F_{TN} 可由升力 L 与阻力 D 表示为

$$F_{TN} = D \sin\alpha + L \cos\alpha \tag{3.23}$$

由 (3.19) 式和 (3.21) 式,可得

$$L = F_{TN} \cos\alpha - F_{AA} \sin\alpha \tag{3.24}$$

$$D = F_{TN} \sin\alpha + F_{AA} \cos\alpha \tag{3.25}$$

至此,本书推导出高超声速飞行器机体/发动机一体化构型推力 T、升力 L 和阻力 D 的计算公式。推导推力 T 计算公式的出发点是尽量避免对壁面压力和剪切力的积分,前体下壁面受力 F_{fore} 由气动分析给出。该计算公式还有一个优点:当气动分析和推进分析的划分界面在头部驻点 (A 点) 和前体终点 (E 点) 间协调变化时,可以保持形式不变,当 API 取到头部驻点 (A 点) 时,F_{fore} 为 0。

超燃冲压发动机入口质量流量 $\dot{m}_0$ 为

$$\dot{m}_0 = \rho_0 V_0 A_0 \tag{3.26}$$

假设燃烧室燃烧的化学当量比为 ϕ,燃料与空气的恰当油气比为 f_{st}。超燃冲压发动机燃料质量流量和出口质量流量 $\dot{m}_e$ 与入口质量流量 $\dot{m}_0$ 满足:

$$\dot{m}_f \equiv f \dot{m}_0 \equiv f_{\text{st}} \phi \dot{m}_0 \tag{3.27}$$

$$\dot{m}_e \equiv \dot{m}_0 + \dot{m}_f \equiv (1 + f_{\text{st}} \phi) \dot{m}_0 \tag{3.28}$$

超燃冲压发动机的比冲 I_{sp} 为

$$I_{\text{sp}} = \frac{1}{f_{\text{st}}\varphi} \int_{H-I} \{P + \rho_{\text{ex}} \boldsymbol{V}_{\text{ex}} (\boldsymbol{V}_{\text{ex}} \cdot \boldsymbol{n})\}\,\mathrm{d}A_X$$

$$- \frac{[P_0 + \rho_0 V_0^2] A_{0X}}{f_{\text{st}}\varphi} - \frac{P_0 (A_{eX} - A_{0X})}{f_{\text{st}}\varphi} + \frac{F_{\text{fore}}}{f_{\text{st}}\varphi} \tag{3.29}$$

加速型高超声速飞行器的机体/发动机一体化性能指标有效比冲 $I_{\text{sp,eff}}$ 为

$$I_{\text{sp,eff}} = I_{\text{sp}} (1 - D/T) \tag{3.30}$$

巡航型高超声速飞行器的机体/发动机一体化性能指标巡航比冲 $(L/D)\,I_{\mathrm{sp}}$ 可表示为

$$
(L/D)\,I_{\mathrm{sp}} = \frac{F_{TN}\cos\alpha - F_{AA}\sin\alpha}{F_{TN}\sin\alpha + F_{AA}\cos\alpha}\left\{ \frac{1}{f_{\mathrm{st}}\phi} \int_{H-I} \{ P + \rho_{\mathrm{ex}}\boldsymbol{V}_{\mathrm{ex}}\,(\boldsymbol{V}_{\mathrm{ex}}\cdot\boldsymbol{n}) \}\,\mathrm{d}A_X \right.
$$

$$
\left. - \frac{\left[P_0 + \rho_0 V_0^2 \right]A_{0X}}{f_{\mathrm{st}}\phi} - \frac{P_0\,(A_{eX} - A_{0X})}{f_{\mathrm{st}}\phi} + \frac{F_{\mathrm{fore}}}{f_{\mathrm{st}}\phi} \right\} \tag{3.31}
$$

3.1.4　一体化性能分析程序集成

基于第 2 章介绍的推进系统性能分析模型和气动力计算模型，编制了一体化推进系统性能评估程序 TFACIPP 2.0 和一体化气动性能评估程序 TFACIAP 1.0，具备自动进行机体/发动机一体化推进系统性能分析和机体/发动机一体化气动力计算的能力。TFACIPP 2.0 和 TFACIAP 1.0 均由多个可独立运行的子程序构成，参见图 3.3。

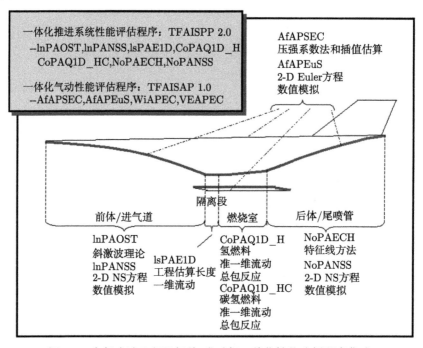

图 3.3　高超声速飞行器机体/发动机一体化性能分析程序集成

TFACIPP 2.0 包含基于斜激波理论的前体/进气道一维气动力学分析程序 InPAOST、基于二维 NS 方程的前体/进气道/隔离段流场数值模拟程序 InIsPANSS、采用一维流动分析和工程长度估算的隔离段性能计算程序 IsPAE1D、氢/碳氢燃料

超声速燃烧室准一维性能分析程序 CoPAQ1D_H/CoPAQ1D_HC、基于特征线法的后体/尾喷管性能分析程序 NoPAECH 和基于二维 NS 方程的后体/尾喷管流场数值模拟程序 NoPANSS。

TFACIAP 1.0 包含基于压强系数法和数值计算结果插值的机体/发动机一体化机身气动力计算程序 AfAPSEC、二维 Euler 方程的机体/发动机一体化机身气动力计算程序 AfAPEuS、机翼气动力工程估算程序 WinAPEC 和尾翼气动力工程估算程序 VEAPEC。

3.2 机体/发动机一体化构型性能对比

高超声速飞行器机体/发动机一体化构型有多种形式，但目前的高超声速飞行器总体性能与优化基本都是针对某一种特定的构型展开的，没有对其他可能的构型进行探讨，因此研究结果有较大的局限性。D. Akihisa 等 [54,55] 率先关注了这个问题，将高超声速飞行器机体/发动机一体化构型分为三种，并通过试验对三种一体化构型的性能进行了比较。但由于试验中所用的一体化构型模型过于简单，和实际的高超声速飞行器机体/发动机一体化构型差距较大，因此无法得到良好的定量结果。本书根据高超声速飞行器概念设计阶段总体研究对一体化构型性能分析的实际需要，进一步细化了三种一体化构型的定义。采用数值方法，分别计算了发动机未点火和发动机点火两种状态下三种一体化构型的二维容积、气动性能、推进性能和一体化性能，得到了三种一体化构型的选择准则，建立了机体/发动机一体化构型气动/推进性能数据库。

3.2.1 机体/发动机一体化构型的定义

三种机体/发动机一体化构型如图 3.4 所示，忽略了机翼、尾翼、超燃冲压发动机侧板等部件的影响。一体化构型 A：超燃冲压发动机外罩平行于飞行器机体轴向安装，超燃冲压发动机外罩前端 (唇口) 位于前体转折点之前；一体化构型 B：超燃冲压发动机外罩不平行于飞行器机体轴向，以一定的角度向外扩张，超燃冲压发动机外罩前端仍然位于前体转折点之前；一体化构型 C：与一体化构型 B 相似，超燃冲压发动机外罩与飞行器机体轴向之间不平行，但超燃冲压发动机外罩前端位于前体转折点之后。

高超声速飞行器机身长 30.0m，头部驻点到外罩唇口 (一体化构型 A 和一体化构型 B) 的距离为 12.0m，飞行器后体的长度为 9.0m，采用内外混合多级压缩进气道，由前体下壁面形成的四级外压楔形体的转折角分别为 4.212°、4.212°、4.212° 和 4.792°，由外罩前部形成的两级内压斜面的转折角分别为 8.032° 和 9.396°，各级转折角的取值源于进气道优化的计算结果 (参见第 4.2 节)。超声速燃烧室位于飞行器中部稍后位置，采用等直段 + 扩张段构型，扩张段的扩张角为 4.0°，等直段长度占燃烧室总长度的 0.35。外罩相对飞行器轴的纵向扩张角 θ_{coexp} 最大为 4.5°。为增大机身的容积和后体/尾喷管的膨胀面积比，机体上壁面略有扩张，扩张角为 1.0°。后体下壁面型线为三次方程曲线，两端点的切向倾角分别为 25.0° 和 2.0°。不失一般性，机体考虑了一定的底部高度，高度变化范围为 0～0.2 倍机体高度。机身宽度取为 5.5m。发动机的设计马赫数为 6.0，设计飞行高度为 25.0km。

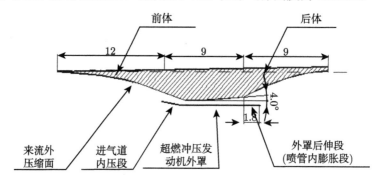

(a) 一体化构型A

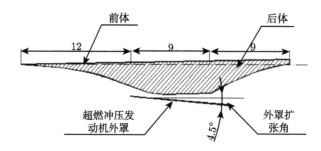

(b) 一体化构型B

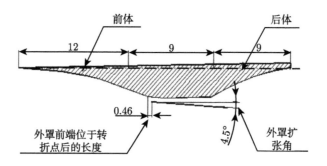

(c) 一体化构型C

图 3.4　高超声速飞行器机体/发动机一体化构型

3.2.2 机体/发动机一体化构型性能对比

采用作者编制的机体/发动机一体化机身气动力计算程序 AfAPEuS,分析三种一体化构型对升力、阻力、升阻比、进气道入口流场和机身容积的影响。高超声速飞行器外形比较复杂,并且随着设计变量的不同而变化,因此 AfAPEuS 程序采用非结构计算网格进行飞行器外流场的数值模拟。虽然高超声速飞行器的任务是在 $Ma = 6.0$ 时巡航,但是气动/推进一体化性能数据库需要提供从亚声速到高超声速全速度域的气动/推进一体化性能。假设高超声速飞行器采用火箭发动机作为低速推进系统,在飞行马赫数达到超燃冲压发动机的接力马赫数之前,进气道呈关闭状态;超燃冲压发动机开始工作之后,进气道打开。本书开发的机体/发动机一体化机身气动力计算程序 AfAPEuS 具有处理这两种状态的能力,并可根据飞行状态自动给定适用的边界条件。AfAPEuS 集成的二维非结构计算网格生成程序 (暂命名为 USGridGen) 功能强大:可支持多种壁面类型定义 (如直线、圆弧、任意曲线等);可以很方便地调节不同区域网格的疏密程度,能够较好支持不同一体化构型、不同设计参数外流场非结构计算网格生成。三种机体/发动机一体化构型外流场的非结构计算网格如图 3.5 和图 3.6 所示。

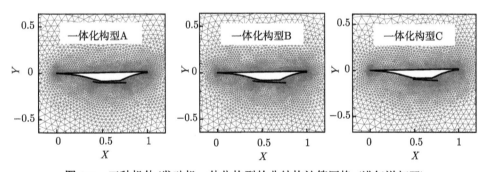

图 3.5 三种机体/发动机一体化构型的非结构计算网格 (进气道打开)

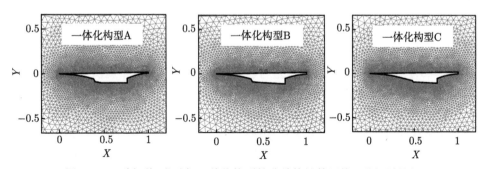

图 3.6 三种机体/发动机一体化构型的非结构计算网格 (进气道关闭)

飞行马赫数 $Ma = 6.0$，飞行高度 $H = 25.0\text{km}$，飞行攻角 $aoa = 2.0°$，外罩纵向扩张角 $\theta_{\text{coexp}} = 3.5°$(一体化构型 B 和 C)，底部高度为 0.1 倍机体高度条件对应的外流场压力等值线如图 3.7 和图 3.8 所示。从图中可以明显看出不管是在进气道打开，还是在进气道关闭状态下，外罩纵向扩张角 θ_{coexp} 和外罩前端相对于前体转折点的位置都对高超声速飞行器外流场的流场结构有显著影响。进气道关闭时，外罩前端形成较强的激波，阻力大幅增加。

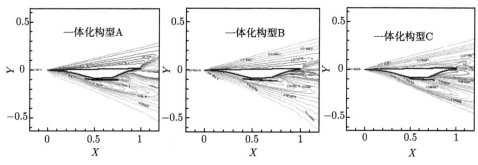

图 3.7　三种机体/发动机一体化构型的压力等值线 (进气道打开)

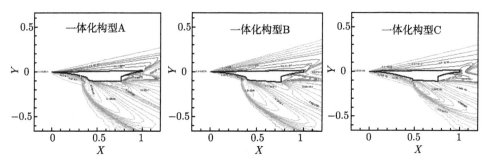

图 3.8　三种机体/发动机一体化构型的压力等值线 (进气道关闭)

本书研究的高超声速飞行器与 NASA 的 Hyper-X 研究飞行器 (简称 HXRV) 在外形上相似，在没有其他数据可供参考的前提下，暂时采用 HXRV 的实验与计算结果对本书发展的计算方法和程序进行验证。文献 [47] 和 [49] 提供的都是 HXRV 全机的气动特性，反映的是机体/发动机一体化构型、机翼、尾翼、控制舵面气动特性的综合效应。为了比较，采用部件组合法，在机体/发动机一体化构型基础上加上机翼、尾翼的气动特性，并考虑气动部件之间气动特性的相互影响。取机翼翼展为 13m，外露机翼根弦长为 12m，外露机翼梢根比为 0.2，机翼前缘后掠角为 60.0°，外露垂直尾翼半翼展为 3m，外露垂直尾翼根弦长为 6m，外露垂直尾翼的梢根比为 0.3，垂直尾翼后缘后掠角为 60.0°。机体/发动机一体化构型 A 与 HXRV 外形最接近, 因此采用该种机体/发动机一体化构型与 HXRV 进行比较 (文献 [47] 和 [49] 中没有对 HXRV 气动特性的参考面积进行说明, 为了能够在相同的标准上进行比较, 本书对气动特性计算值进行了粗略的换算, 认为 $aoa = 5.0°$ 时, 本书计算值与 HXRV 实验值相同, 由此确定出换算比例, 这样处理虽不合理, 但在没有其他准确数据的条件下, 只能如此), 结果如图 3.9 所示。图中数据显示, 本书设计的高超声速飞行器气动特性与 HXRV 比较接近, 说明所建立的一体化性能分析方法和编制的计算程序基本正确, 分析精度可以满足高超声速飞行器概念设计和初步设计的要求。

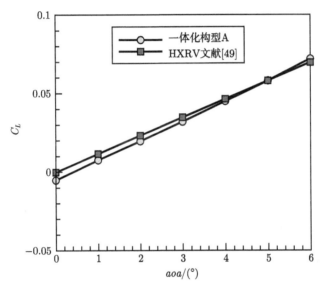

图 3.9 机体/发动机一体化构型 A 与 HXRV 升力系数对比

3.2.2.1 机体容积比较

机体容积与机体结构质量、燃料最大携带量有直接关系, 因此有必要分析机体外形参数对机体容积的影响。底部高度对机体容积有明显影响, 底部高度越大, 后体容积越大。通过对三种一体化构型的比较可以发现, 底部高度比例 R_{base}(底部高度与机体高度之比) 相同时, 一体化构型 A 的机体容积最小, 一体化构型 C 的机体容积最大。如图 3.10 所示, 机体容积几乎随 R_{base} 呈线性增长, 且三种一体化构型机体容积随 R_{base} 增加而增长的幅度几乎相同。外罩纵向扩张角 θ_{coexp} 对机体容积也有影响, 图 3.11 给出了一体化构型 B 和一体化构型 C 机体容积随 θ_{coexp} 的变化规律。从图中可以看出, θ_{coexp} 相同时, 一体化构型 C 的机体容积较大, 且机体容积随 θ_{coexp} 增加而增大的幅度较大。

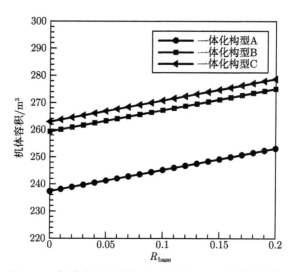

图 3.10 机体容积随底部高度比例 R_{base} 的变化规律

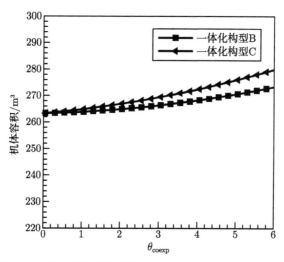

图 3.11 机体容积随外罩纵向扩张角 θ_{coexp} 的变化规律

3.2.2.2 气动性能比较

巡航型高超声速飞行器的典型飞行弹道如图 3.12 所示，不同的飞行阶段，超燃冲压发动机的工作状态不同。

本节将利用前面建立的一体化推进系统性能评估程序 TFACIPP 2.0 和一体化气动性能评估程序 TFACIAP 1.0，对"进气道打开＋发动机未点火"和"进气道打开＋发动机点火"两种状态下三种一体化构型的气动和推进性能进行深入分析。由于"进气道关闭"状态下的一体化构型气动性能分析不涉及专门的机体/发动机一体化性能分析技术，可借鉴常规的飞行器气动性能分析方法解决，因此本节将不对其开展研究。超燃冲压发动机工作状态不同，气动分析包含的机体/发动机一体化构型受力面不同。在进气道打开，发动机点火之前，机体/发动机一体化构型的所有受力面都是气动受力面；发动机点火之后，气动和推进系统的受力面划分由选择的 API 给定。

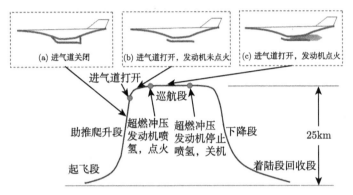

图 3.12 超燃冲压发动机工作状态沿巡航型任务典型飞行弹道的变化

1) 进气道打开＋发动机未点火状态的气动特性对比

"进气道打开＋发动机未点火" 状态对应的飞行速度域较小，因此只对 $Ma = 4.0 \sim 6.5$ 范围内三种一体化构型的气动特性进行分析。升力系数 C_L、阻力系数 C_D 和升阻比 L/D 随 Ma 的变化如图 3.13～图 3.15 所示。

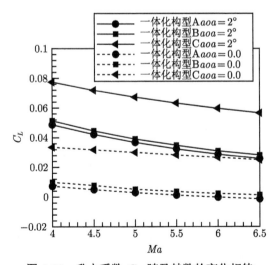

图 3.13 升力系数 C_L 随马赫数的变化规律

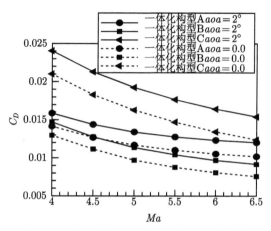

图 3.14 阻力系数 C_D 随马赫数的变化规律

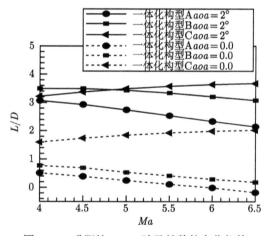

图 3.15 升阻比 L/D 随马赫数的变化规律

三种一体化构型的底部高度比例均为 0.1, 一体化构型 B 和一体化构型 C 的纵向扩张角 θ_{coexp} 取为 3.5°。从图中还可以看出, 相同的 Ma 条件下, 一体化构型 C 的 C_L 和 C_D 最大, 但其随 Ma 的增加而减小的幅度也最大。一体化构型 A 和一体化构型 B 的 L/D 随 Ma 的增加而减小, 一体化构型 C 的 L/D 随 Ma 的增加而增加。在 $aoa = 2°$ 条件下, $Ma \leqslant 4.75$ 时, 一体化构型 B 的 L/D 最大; $Ma > 4.75$, 一体化构型 C 的升阻比 L/D 最大。

三种一体化构型的 C_L 和 C_D 随 aoa 的变化规律如图 3.16 和图 3.17 所示。随 aoa 的增加, C_L 呈线性增加。aoa 较小 $(\leqslant 2°)$ 时, C_D 随 aoa 的增加而增加的幅度较小; $aoa > 2°$ 之后, C_D 几乎随 aoa 的增加呈线性增加。

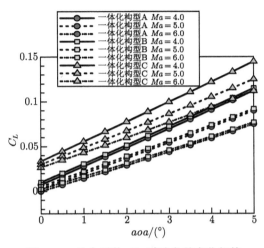

图 3.16 升力系数 C_L 随攻角的变化规律

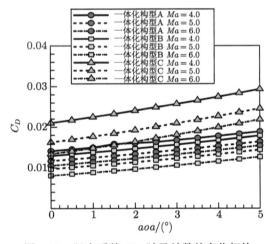

图 3.17 阻力系数 C_D 随马赫数的变化规律

2) 进气道打开＋发动机点火状态的气动特性对比

超燃冲压发动机点火后，燃烧室的高压燃气喷入后体/尾喷管流场，后体下壁面受力明显增大，一体化构型的气动特性与发动机未点火时相比有显著区别。

利用 InIsPANSS 程序对前体/进气道/隔离段流场进行数值模拟。通过数值模拟，可以比较准确地计算出燃烧室入口的气流参数和捕获流量。在获得了燃烧室入口的气流参数二维分布之后，对其进行质量平均，转化为一维参数，采用 CoPAQ1D_H 程序模拟超声速燃烧室的流动过程。燃料采取垂直喷射以增加穿透深度，喷射位置和喷射量随飞行条件的改变做相应调整。后体/尾喷管流场采用 NoPANSS 程序进行模拟。由 InIsPANSS 与 NoPANSS 可获得超燃冲压发动机流道的壁面压力分布，其他壁面的压力分布由 AfAPEuS 求出。整个计算的流程如图 3.18 所示，程序集成见图 3.19。

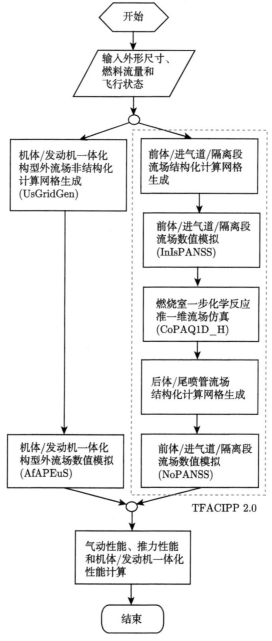

图 3.18   进气道打开＋发动机点火状态气动、推进和一体化性能计算流程

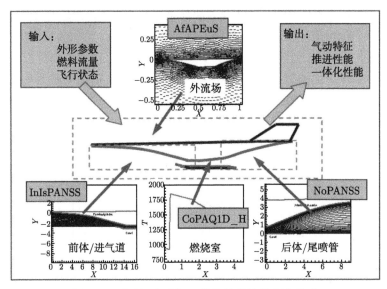

图 3.19 机体/发动机一体化性能计算程序集成

前体/进气道的外形尺寸按斜激波理论设计，要求设计状态下，前体各楔形面转折点形成的斜激波汇聚于外罩唇口。进气道的设计马赫数 $Ma_{\text{design}} = 6.000$，设计高度 $H_{\text{design}} = 25.000\text{km}$，头部楔形体的压缩角为 $4.212°$，对应捕获高度为 2.670m，$aoa = 0.0°$ 时，单位宽度的进气道理论捕获流量为 188.692kg/s。由于前体较长，附面层较厚 (见图 3.20)，在设计状态下，即存在着比较严重的溢流。以一体化构型 A 为例，$aoa = 0.0°$ 时，单位宽度的进气道实际捕获流量为 $167.666\ \text{kg/s}$，溢流流量达到理论流量的 11.143%。溢流减小了进气道的捕获流量，发动机推力随之降低。

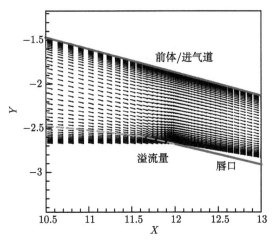

图 3.20 进气道的溢流 (一体化构型 A，飞行马赫数 $Ma = 6.0$，飞行攻角 $aoa = 0.0°$)

　　三种一体化构型在不同飞行状态下的理论捕获流量 (由斜激波理论计算) 与实际捕获流量对比如图 3.21 所示。当飞行 Ma 超过 Ma_{design} 之后，溢流流量随 Ma 的增大而减少；在 Ma 达到 6.5 之后，实际捕获流量几乎与理论捕获流量相同。一体化构型 A 和一体化构型 B 的溢流相同。一体化构型 C 的溢流最为严重，其进气道捕获流量还不及一体化构型 A 和一体化构型 B 的 35%，发动机推力因此大大减小。鉴于一体化构型 C 的推进性能远劣于另外两种一体化构型，没有必要再对其做进一步的分析。下面仅就一体化构型 A 和一体化构型 B 的气动与推进性能做深入的分析比较。

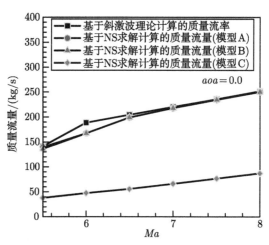

图 3.21　三种一体化构型理论捕获流量与实际捕获流量的对比

　　由于研究对象是巡航型高超声速飞行器的机体/发动机一体化性能，超燃冲压发动机工作速度域为 $Ma = 5.5 \sim 8.5$，因此对马赫数 $Ma \geqslant 8.5$ 的机体/发动机一体化性能未做分析，尽管本书建立的分析方法和分析程序对全工作域均适用。

　　等高度条件下，一体化构型 A 和一体化构型 B 的 C_L 和 C_D 随飞行 Ma 的变化分别如图 3.22 和图 3.23 所示。aoa 对气动特性影响比较显著，图中给出了两种构型在 $aoa = 0.0°$ 和 $aoa = 5.0°$ 时对应的 C_L 和 C_D。C_L 和 C_D 随着 Ma 的增大而逐渐减小，一体化构型 B 的气动系数减小的幅度相对较大，两种一体化构型气动特性的差异随着 Ma 的增大而减小，在 Ma 达到 8.5 时，两种一体化构型的气动特性已经比较接近。相同的 Ma 时，一体化构型 A 的 C_L 和 C_D 均小于一体化构型 B。

　　机体/发动机一体化构型各部件对气动力的贡献如图 3.24 和图 3.25 所示 (图中所示为单位宽度机体受力)。在所有的部件中，前体下壁面提供的升力最大。一体化构型 B 外罩壁面向外扩张，对来流进行压缩，所提供的升力和阻力均大于一体化构型 A；一体化构型 B 喷管壁面提供的升力也大于一体化构型 A，两种一体化构型喷管壁面提供的升力系数分别为 0.0161 和 0.0231。按照图 3.2 所示的 API，喷管流场计入推进学科，因此不考虑其提供的阻力。

等高度条件下，一体化构型 A 和一体化构型 B 的 L/D 随 Ma 的增加呈线性减小；相同 Ma 时，一体化构型 B 的 L/D 稍大于一体化构型 A，如图 3.26 所示。一体化构型 A 在 $Ma = 5.5$ 时的 L/D 比 $Ma = 6.0$ 时的 L/D 小，原因是 $Ma = 5.5$ 时的进气道溢流阻力较大 ($D_{\mathrm{add}} = 2870.531\mathrm{N}$)，致使 L/D 减小。等高度飞行时，飞行动压 q 随 Ma 的增大而快速增加 (图 3.27)。飞行器的结构设计和热防护系统要求限定了飞行器所能够承受的最大动压 $q_{\infty,\max}(\leqslant 150\mathrm{kPa})$，因此按等高度飞行的高超声速飞行器飞行 Ma 不能太大。25km 高度巡航时，飞行 Ma 的上限约为 9.0。

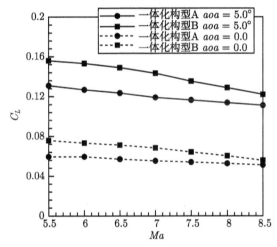

图 3.22 升力系数 C_L 随马赫数的变化规律 (等高度飞行，$H = 25\mathrm{km}$)

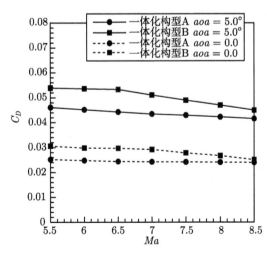

图 3.23 阻力系数 C_D 随马赫数的变化规律 (等高度飞行，$H = 25\mathrm{km}$)

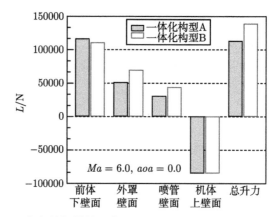

图 3.24   各部件提供的升力 ($Ma = 6.0, aoa = 0.0°, H = 25\text{km}$)

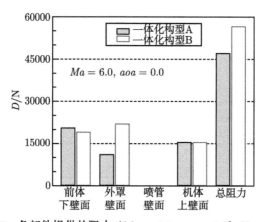

图 3.25   各部件提供的阻力 ($Ma = 6.0, aoa = 0.0°, H = 25\text{km}$)

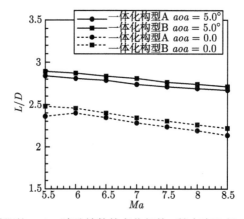

图 3.26   升阻比 L/D 随马赫数的变化规律 (等高度飞行, $H = 25\text{km}$)

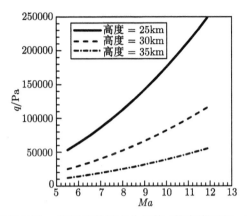

图 3.27 飞行动压 q 随马赫数的变化规律 (等高度飞行, $H = 25\mathrm{km}$)

对于加速型高超声速飞行器, 通常选择等动压或者动压越来越小的飞行弹道, 以避免高 Ma 时动压过高的问题。随着飞行 Ma 的增大, 飞行高度逐渐升高。为了便于和等高度飞行时的气动特性进行比较, 下面计算等动压飞行时两种一体化构型的气动特性。高超声速飞行器按动压 $q = 63.266\mathrm{kPa}$ 飞行时 (对应飞行高度 25km, $Ma = 6.0$ 时的飞行动压), 一体化构型 A 和一体化构型 B 的 C_L、C_D 和 L/D 随飞行 Ma 的变化如图 3.28~图 3.30 所示。与等高度飞行条件相似, 等动压飞行时两种一体化构型的 C_L、C_D 和 L/D 也都随飞行 Ma 的增大而减小。但必须注意的是两种飞行条件下, 气动力的变化规律明显不同, 等高度飞行时, 升力和阻力随 Ma 的增大而增大; 等动压飞行时, 升力和阻力随 Ma 的增大而减小。在 $Ma \leqslant 6.0$ 时, 等动压飞行的动压大于等高度飞行的动压, 一体化构型的升力和阻力也比等高度飞行时的升力和阻力大。两种飞行条件下的单位宽度机体的升力具体对比如图 3.31 所示。

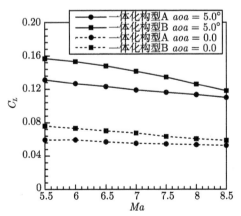

图 3.28 升力系数 C_L 随马赫数的变化规律 (等动压飞行, $q = 63.266\mathrm{kPa}$)

在等高度飞行条件下，以一体化构型 A 为例，对其在发动机点火和发动机未点火 (冷流) 状态的气动特性进行了对比，结果参见图 3.32 和图 3.33。飞行 $Ma \geqslant 6.5$ 时，发动机未点火状态的气动力系数根据 $Ma = 5.5 \sim 6.5$ 的数值外插得到，图中以虚线表示。发动机点火后，一体化构型的 C_L 和 C_D 显著增大，原因是点火后，喷管是后体下壁面压力升高，升力增大；发动机点火后，按照给定的 API 划分，燃烧室和尾喷管流道计入推进系统，后体下壁面受到的向前的分力，成为超燃冲压发动机推力的组成部分，而前体受力状况不变，因此一体化构型受到的阻力显著增加。

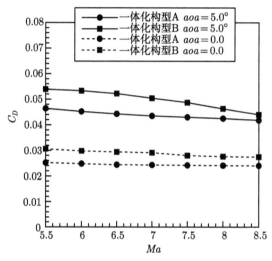

图 3.29　阻力系数 C_D 随马赫数的变化规律 (等动压飞行, $q = 63.266\text{kPa}$)

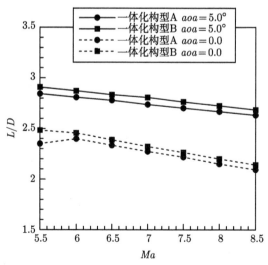

图 3.30　升阻比 L/D 随马赫数的变化规律 (等动压飞行, $q = 63.266\text{kPa}$)

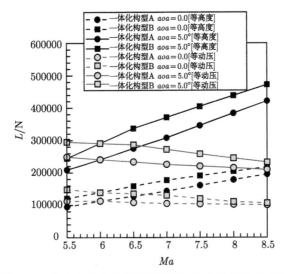

图 3.31 等高度飞行和等动压飞行一体化构型升力对比

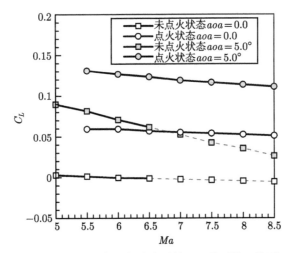

图 3.32 发动机点火状态与未点火状态升力系数 C_L 的对比 (构型 A, 等高度飞行)

3.2.2.3 推进性能比较

为了验证机体/发动机一体化性能计算程序的可靠性, 将两种一体化构型在等动压飞行条件下的超燃冲压发动机燃料比冲 I_{sp} 计算值与文献 [7] 和 [30] 给出的超燃冲压发动机燃料比冲 I_{sp} 进行对比, 结果显示本书的计算值与文献值比较接近 (图 3.34)。说明本书建立的机体/发动机一体化性能计算程序能够较好地进行一体化构型的推进性能分析。

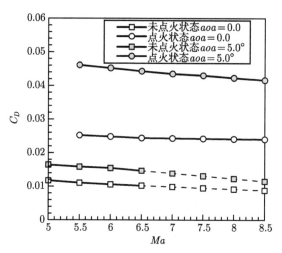

图 3.33　发动机点火状态与未点火状态阻力系数 C_D 的对比 (构型 A，等高度飞行)

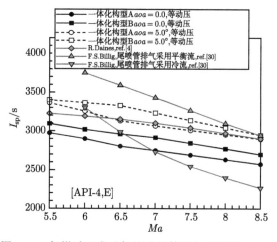

图 3.34　超燃冲压发动机比冲计算值与文献值的对比

　　机体一体化的超燃冲压发动机推力和燃料比冲 I_{sp} 的计算与 API 的划分紧密相关，选择不同的 API，计算得到的超燃冲压发动机推力 T 和燃料比冲 I_{sp} 也不同。以一体化构型 A 为例，若选择 API-2，将第四级楔形体之后的超燃冲压发动机流道划入推进学科 (推进学科包含 D 点之后的流道，参考图 3.2)，则 $Ma = 6.0$、$aoa = 0.0°$ 时的超燃冲压发动机燃料比冲 I_{sp} 为 2369.707s；若选择 API-3，将外罩唇口之后的超燃冲压发动机流道划入推进学科 (推进学科包含 K 点之后的流道)，则相同飞行状态下的超燃冲压发动机燃料比冲 I_{sp} 为 2634.035s；若选择 API-4，将隔离段入口之后的超燃冲压发动机流道划入推进学科 (推进学科包含 E 点之后的流道)，则相同飞行状态下的超燃冲压发动机燃料比冲 I_{sp} 为 2899.227s；若将 API 的分界点取在燃烧室的入口，则相同飞行状态下的超燃冲压发动机燃料比冲 I_{sp} 为 2938.616s。图 3.35 给出了等高度飞行条件和等动压飞行条件下，一体化构型 A 和 B 超燃冲压发动机燃料比冲 I_{sp}(分别选择 [API-2, D] 和 [API-4, E]) 随 Ma 和 aoa 的变化规律。超燃冲压发动机的比冲 I_{sp} 随 Ma 的增加而减小，随 aoa 的增加而增大。相同条件下，一体化构型 B 的比冲稍大于一体化构型 A 的比冲。按等动压飞行时获得的超燃冲压发动机比冲 I_{sp} 略大于按等高度飞行时的超燃冲压发动机比冲 I_{sp}，但相差不大 (小于 90s)，参见图 3.36。

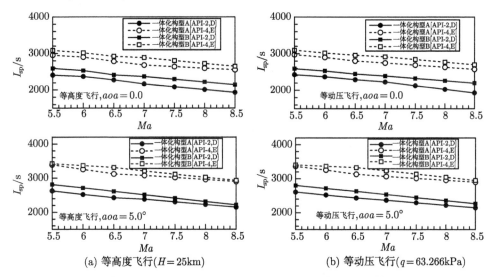

(a) 等高度飞行($H=25$km)　　(b) 等动压飞行($q=63.266$kPa)

图 3.35　构型 A 与构型 B 超燃冲压发动机比冲 I_{sp} 随飞行马赫数的变化规律

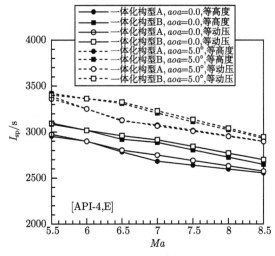

图 3.36　等高度飞行和等动压飞行超燃冲压发动机燃料比冲 I_{sp} 的对比

推力 T 是超燃冲压发动机重要的性能指标之一，推力的大小取决于燃料比冲 I_{sp} 和进气道的捕获流量。高超声速飞行器按等高度飞行时，进气道捕获流量随飞行 Ma 升高而增大；按等动压飞行时，进气道捕获流量随飞行 Ma 升高而减小。一体化构型 A 和 B 的进气道外压段的几何形状相同，捕获流量相同。图 3.37 给出了一体化构型进气道实际捕获流量随飞行马赫数 Ma 的变化规律，从图中可以看出，在设计马赫数 Ma_{design} ($Ma_{\text{design}} = 6.0$) 附近，按斜激波理论计算的进气道捕获流量与按 CFD 方法计算的进气道捕获流量之间存在较大的偏差。原因是在飞行状态为设计状态时，前体形成的斜激波系打到外罩唇口附近，在唇口处引起比较严重的激波–边界层分离，造成溢流；而按斜激波理论，则认为此时进气道不存在溢流。随着飞行 Ma 的增大，两种方法的计算结果趋于一致。为了方便分析，通常采用推力系数 C_T 来衡量超燃冲压发动机的推力水平。推力系数 C_T 定义为

$$C_T = \frac{T}{q_\infty S} \tag{3.32}$$

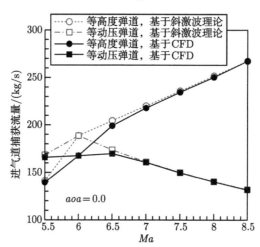

图 3.37　等高度飞行和等动压飞行进气道捕获流量的对比

其中，q_∞ 为来流动压，S 为参考面积，与气动系数的定义保持一致，仍然取机体长度为参考长度。不管是按等高度飞行，还是按等动压飞行，超燃冲压发动机推力系数 C_T 在飞行 $Ma = 7.0$ 之前的变化均很小，飞行 $Ma \geqslant 7.0$ 之后，推力系数 C_T 开始随着飞行 Ma 的增加而显著减小，飞行 $Ma = 6.0$ 与 $Ma = 8.5$ 对应的推力系数 C_T 间大致差 $0.017 \sim 0.020$。推力系数 C_T 随 aoa 的增加而增大，$aoa = 5.0°$ 时的推力系数 C_T 比 $aoa = 0.0°$ 时大 $0.021 \sim 0.03$。按等高度飞行时，推力 T 随着飞行 Ma 的增加而增加；按动压飞行时，推力 T 随着飞行 Ma 的增加而减小。飞行 $Ma \leqslant 6.0$ 时，超燃冲压发动机按等动压飞行得到的推力 T 比等高度飞行得到的推力 T 大；飞行 $Ma > 6.0$ 时，超燃冲压发动机按等高度飞行得到的推力 T 较大。飞

行 $Ma = 8.5$ 时,等高度飞行得到的推力 T 几乎是等动压飞行推力 T 的 2 倍。在相同条件下,一体化构型 B 的推力系数 C_T 和推力 T 均大于一体化构型 A,具体数值参见图 3.38。作为比较,图中还标出了文献 [160] 和文献 [55] 给出的推力系数值,文献 [160] 参考值的飞行动压为 48.683kPa(飞行攻角 $aoa = 4.0°$),小于计算动压 (63.266kPa),故推力系数也较小。文献 [55] 未具体说明高超声速飞行器的飞行动压,此处仅作参考。

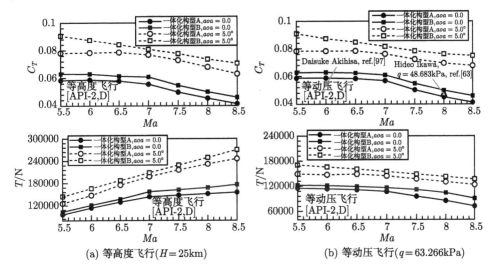

(a) 等高度飞行($H = 25$km)　　　(b) 等动压飞行($q = 63.266$kPa)

图 3.38　超燃冲压发动机推力系数 C_T 和推力 T 随飞行马赫数的变化规律

3.2.2.4　一体化性能比较

一体化构型 A 和一体化构型 B 的超燃冲压发动机有效比冲 $I_{sp,eff}$ 和巡航比冲 $(L/D)I_{sp}$ 随飞行 Ma 和 aoa 的变化规律如图 3.39 所示。一体化性能计算时,API 选择 [API-3, K],将外罩唇口之后的超燃冲压发动机流道划入推进学科,以保持和相关文献一致,便于比较。

在考察的 Ma 范围内 ($5.5 \leqslant Ma \leqslant 8.5$),超燃冲压发动机有效比冲 $I_{sp,eff}$ 在 1100.000~1700.000s 变化,且随着飞行 Ma 的增加而减小。以一体化构型 A 为例,在 $Ma = 8.5$ 时超燃冲压发动机的有效比冲 $I_{sp,eff}$ 为 1168.124s (按等高度飞行,飞行攻角 $aoa = 0.0°$),比马赫数 $Ma = 6.0$ 时的有效比冲 $I_{sp,eff}$ 降低了 483.322s。一体化构型 A 超燃冲压发动机的有效比冲 $I_{sp,eff}$ 随飞行 Ma 的增加而减小的幅度大于一体化构型 B,对于等高度飞行,飞行 $Ma \leqslant 6.80$ 时,一体化构型 A 超燃冲压发动机的有效比冲 $I_{sp,eff}$ 大于一体化构型 B;对于等动压飞行,在飞行 $Ma \leqslant 7.35$ 时,一体化构型 A 超燃冲压发动机的有效比冲 $I_{sp,eff}$ 大于一体化构型 B。作为比较,图中还标出了文献 [160] 计算得到的飞行 $Ma = 8.0$、$aoa = 4.0°$ 时超燃冲压发

动机的有效比冲 $I_{sp,eff}$。文献 [160] 采用的是一体化构型 A，从图中可以看到，文献参考值与计算值符合得较好。

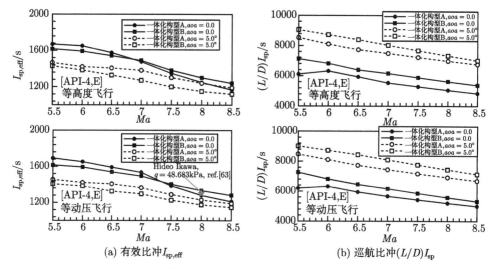

(a) 有效比冲 $I_{sp,eff}$ (b) 巡航比冲 $(L/D)I_{sp}$

图 3.39　构型 A 与构型 B 一体化性能随飞行马赫数 Ma 的变化规律

有效比冲 $I_{sp,eff}$ 与燃料比冲 I_{sp} 的对应关系如图 3.40 所示。图中针对一体化构型 A 等动压飞行条件，具体比较了 aoa 为 0.0°、2.5° 和 5.0° 时，有效比冲 $I_{sp,eff}$ 随燃料比冲 I_{sp} 的变化规律。燃料比冲 I_{sp} 随着 aoa 的增加而快速增大，同时有效比冲 $I_{sp,eff}$ 随着 aoa 的增加而减小，飞行 Ma 越小，减小的幅度越大。飞行 $Ma = 6.0$、$aoa = 5.0°$ 时，超燃冲压发动机的有效比冲 $I_{sp,eff}$ 为 1420.974s，比 $aoa = 0.0°$ 时减小了 230.472s；而相同条件下，比冲增加了 353.539s（[API-4，E]）。因此对于加速型高超声速飞行器，应该选择小攻角飞行轨迹，以获取较大的燃料效率。

巡航比冲 $(L/D)I_{sp}$ 的大小取决于一体化构型的升阻比 L/D 和超燃冲压发动机的燃料比冲 I_{sp}。一体化构型升阻比 L/D 和超燃冲压发动机燃料比冲 I_{sp} 均随飞行 Ma 的增加而减小，因此巡航比冲 $(L/D)I_{sp}$ 也随着飞行 Ma 的增加而减小。巡航比冲 $(L/D)I_{sp}$ 随 aoa 的增加而增大，且一体化构型 A 的增大的幅度稍强于一体化构型 B。在考察的 Ma 范围内（$5.5 \leqslant Ma \leqslant 8.5$），一体化构型 B 的巡航比冲 $(L/D)I_{sp}$ 均大于一体化构型 A，但由于一体化构型 B 巡航比冲 $(L/D)I_{sp}$ 随飞行 Ma 的增加而减小的幅度大于一体化构型 A，随飞行 Ma 的增大，两种一体化构型的巡航比冲 $(L/D)I_{sp}$ 之间的差距逐步减小。可以预见随着飞行 Ma 的继续提高，或者 aoa 的增大，一体化构型 A 的巡航比冲 $(L/D)I_{sp}$ 将会超过一体化构型 B。为验证上述推断，将图 3.40 中等动压飞行巡航比冲 $(L/D)I_{sp}$ 的计算结果适当外推, 得到图 3.41, 外插值在图中以虚线表示。从图中可以看出, $aoa = 0.0°$ 时, 飞行 $Ma \geqslant 11.12$, 一体化构型 A 的巡航比冲 $(L/D)I_{sp}$ 超过了一体化构型 B; $aoa = 10.0°$ 时, 飞行 $Ma \geqslant 10.90$, 一体化构型 A 的巡航比冲 $(L/D)I_{sp}$ 就超过一体化构型 B。图中标出了一体化构型 A 巡航比冲 $(L/D)I_{sp}$ 超过一体化构型 B 的分界线。对于本书研究的这类升力体构型, 其升阻比 L/D 随 aoa 的变化规律大致如图 3.42 所示[262], 大约在 $aoa = 12.0°$ 时, 一体化构型的升阻比 L/D 达到最大。因此对于巡航型高超声速飞行器, 应该选择具有较大 aoa 的飞行轨迹, 使一体化构型的升阻比 L/D 尽量接近最大升阻比 $[L/D]_{max}$, 以提高巡航比冲 $(L/D)I_{sp}$。但同时需要注意到若按大 aoa 飞行, 高超声速飞行器在达到巡航状态之前将会消耗大量的燃料 (因为超燃冲压发动机有效比冲 $I_{sp,eff}$ 随 Ma 的增加而减小)[171]。

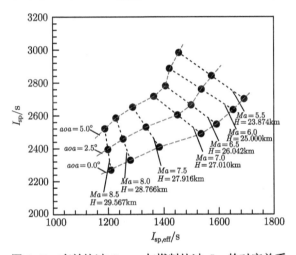

图 3.40 有效比冲 $I_{sp,eff}$ 与燃料比冲 I_{sp} 的对应关系

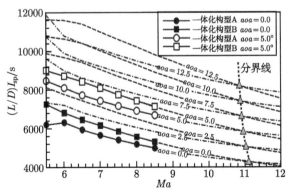

图 3.41 构型 A 和构型 B 巡航比冲 $(L/D)I_{sp}$ 的对比

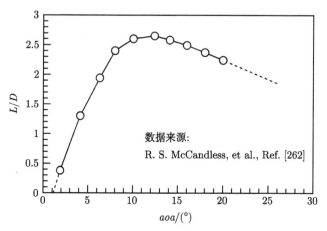

图 3.42　一体化升力体构型升阻比 L/D 随 aoa 的变化规律

3.2.3　机体/发动机一体化构型的选择

通过对三种一体化构型的性能分析, 得到如下一些结论, 这些结论对于高超声速飞行器一体化构型的选择具有重要的指导意义。

(1) 进气道外罩唇口应该置于前体转折点之前, 以增大前体压缩气流的捕获量。一体化构型 A 和一体化构型 B 均具有良好的来流捕获性能, 一体化构型 C 的来流捕获性能却远差于一体化构型 A 和一体化构型 B, 导致超燃冲压发动机不能提供足够的推力, 因此一体化构型 C 应该淘汰。

(2) 一体化构型 B 外罩纵向扩张, 使得阻力增加, 但同时也提高了外罩壁面升力。两者综合作用使得一体化构型 B 的气动性能优于一体化构型 A(以升阻比作为衡量指标)。

(3) 超燃冲压发动机有效比冲 $I_{\mathrm{sp,eff}}$ 随着 aoa 的增加而减小, 对于加速型高超声速飞行器, 应该选择小攻角飞行轨迹, 以获取较大的燃料效率。飞行攻角 $aoa = 0.0°$ 时, 对于等高度飞行, $Ma > 6.80$ (对于等动压飞行, $Ma > 7.35$), 一体化构型 B 超燃冲压发动机的有效比冲 $I_{\mathrm{sp,eff}}$ 即大于一体化构型 A。说明在两种一体化构型中, 一体化构型 B 更加适合于加速型高超声速飞行器。

(4) 巡航比冲 $(L/D)\,I_{\mathrm{sp}}$ 随升阻比 L/D 的增大而升高。对于巡航型高超声速飞行器, 应该选择具有较大 aoa 的飞行轨迹, 使构型的升阻比 L/D 尽量接近最大升阻比 $[L/D]_{\mathrm{max}}$, 以提高巡航比冲 $(L/D)\,I_{\mathrm{sp}}$。在飞行 $Ma \geqslant 11.00$ 之后, 一体化构型 A 的巡航比冲 $(L/D)\,I_{\mathrm{sp}}$ 超过了一体化构型 B, 说明当巡航马赫数 Ma_{cruise} 较高时 $(Ma_{\mathrm{cruise}} \geqslant 11.00)$, 一体化构型 A 更加适合于巡航型高超声速飞行器; 若巡航马赫数 $Ma_{\mathrm{cruise}} < 11.00$, 则应该选择一体化构型 B。

3.2.4 机体/发动机一体化构型性能数据库

高超声速飞行器升力体机体为典型的非对称机体，常规的面向对称机体的工程估算方法无法较好地估算其气动性能，尤其是低速阶段的气动性能，目前还没有可行的工程估算方法报道。在高超声速飞行器设计过程中，通常采用实验和数值计算的方法来获得其气动和推进性能，并建立相应的机体/发动机一体化构型气动/推进性能数据库[40,171]，方便弹道仿真时实时调用。本书详细计算了飞行 $Ma = 0.0 \sim 8.5$、$aoa = 0.0° \sim 5.0°$ 范围内一体化构型 A 的升力和阻力特性，图 3.43 给出了部分结果。详细计算了飞行 $Ma = 5.5 \sim 8.5$、$aoa = 0.0° \sim 5.0°$、飞行高度 $H = 20.0 \sim 35.0 \text{km}$ 范围内一体化构型 A 的推进性能 (推力系数、燃料比冲和有效比冲)。由计算得到的气动性能数据和推进性能数据建立了机体/发动机一体化构型气动/推进性能数据库，数据库主界面和参数输入窗口参见图 3.44。该数据库为高超声速飞行器的弹道仿真和气动加热计算提供了重要支持，是后继章节开展高超声速飞行器总体性能分析的基础。

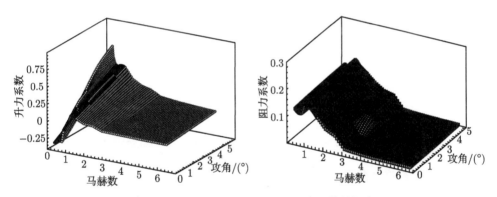

图 3.43　一体化构型升力系数和阻力系数数据库

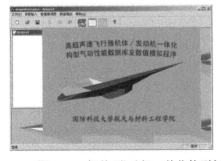

图 3.44　机体/发动机一体化构型气动/推进性能数据库主界面和参数输入窗口

3.3   设计与非设计状态机体/发动机一体化性能对比

高超声速飞行器的设计状态通常取为飞行包络中的最高马赫数,非设计状态对应的飞行马赫数均小于设计马赫数,这样做有两方面的好处:其一,可避免在外罩唇口处形成严重的激波–边界层分离,保证燃烧室入口处有较好的流场品质;其二,可有效控制外罩唇口的气动加热。取进气道的设计飞行马赫数 $Ma_{\rm design} = 6.000$,设计飞行高度 $H_{\rm design} = 25.000{\rm km}$。考虑两个非设计状态:① 飞行马赫数 $Ma = 5.500$,飞行攻角 $aoa = 0.0°$,飞行高度 23.875km,对应等动压飞行;② 飞行马赫数 $Ma = 5.500$,飞行攻角 $aoa = 0.0°$,飞行高度 25.000km,对应等高度飞行。机体/发动机一体化构型在设计状态与非设计状态的气动性能、推进性能和一体化性能如表 3.3 所示。非设计状态一体化构型的升力系数 C_L 和升阻比 L/D 均小于设计状态。非设计状态的有效比冲 $I_{\rm sp,eff}$ 大于设计状态,巡航比冲 $(L/D)I_{\rm sp}$ 小于设计状态。说明非设计状态高超声速飞行器的加速性能优于设计状态,设计状态的巡航性能优于非设计状态。

表 3.3   一体化构型设计状态与非设计状态的性能对比

状态	飞行条件		气动性能			推进性能			一体化性能	
	Ma	H/km	C_L	C_D	L/D	$\dot{m}_{\rm capture}$/(kg/s)	C_T	$I_{\rm sp}$/s	$I_{\rm sp,eff}$/s	$(L/D)I_{\rm sp}$/s
设计	6.000	25.000	0.0595	0.0248	2.398	167.666	0.0598	2634.035	1651.446	6316.555
非设计 (1)	5.500	23.875	0.0579	0.0252	2.297	165.855	0.0588	2701.112	1691.214	6203.701
非设计 (2)	5.500	25.000	0.0569	0.0252	2.256	139.383	0.0584	2680.879	1670.511	6048.254

非设计状态前体楔形体转折点形成的斜激波偏离外罩唇口,进气道捕获流量减少,由斜激波理论计算的非设计状态进气道流量系数为 0.816,由 CFD 方法计算的非设计状态 (1) 和 (2) 的进气道流量系数分别为 0.804 和 0.806,略小于前者。非设计状态 (1) 的进气道捕获流量和设计状态相近,原因是非设计状态 (1) 的飞行高度较低,来流密度大。设计状态燃烧室入口压强高于非设计状态,有利于组织燃烧。总压恢复系数计算结果显示,经历前体/进气道压缩过程之后,设计状态流体的总压恢复系数约为 0.4,非设计状态的总压恢复能力强一些,原因是自由来流的马赫数相对较低,经过斜激波系的总压损失较小。超声速燃烧过程引起的总压损失较大,为避免热壅塞,尽量维持等压燃烧,燃料采取多点喷射方式,燃烧室最高温度可达 2300K。在如此的高温条件下,定比热假设不适用,一体化推进系统性能评估程序 TFACIPP 2.0 所包含的进气道、燃烧室、尾喷管子程序均考虑了比热的变化。设计状态超声速燃烧更加充分,因此燃烧室出口燃气静温较高。

3.4 机体/发动机一体化设计参数灵敏度分析

3.4.1 设计参数

在进行机体/发动机一体化设计时, 通常选择对机身气动特性和推进系统性能都有影响的设计参数进行分析, 这类设计参数可称为机体/发动机一体化设计参数 (以下简称设计参数)。假设设计参数之间不存在相互影响, 在基准参数值的基础上逐次对每一个参数进行变化, 由此得出各设计参数对高超声速飞行器性能的影响。选取高超声速飞行器 GLOW 作为飞行器总体性能的指标, 设计参数基准值和变化范围列于表 3.4 中。

表 3.4 机体/发动机一体化设计参数

序号	设计参数	描述	基准值	变化范围
1	Ma_{design}	进气道设计马赫数	6.0	5.0~7.0
2	α_1	第一楔形体转折角	3.0°	2.0°~5.0°
3	α_2	第二楔形体转折角	4.0°	2.0°~5.0°
4	α_3	第三楔形体转折角	3.0°	2.0°~5.0°
5	θ_{noexp}	后体/喷管膨胀角	15.0°	15.0°~45.0°
6	$R_{com-con}$	等截面段占燃烧室总长的比例	0.25	0.20~0.30
7	$R_{forebody}$	前体占机身总长的比例	0.45	0.30~0.50
8	R_{engine}	发动机占机身总长的比例	0.2	0.2~0.35
9	θ_{cmexp}	燃烧室扩张段扩张角	10.0°	8.0°~15.0°
10	R_{base}	底部高度占机身高度的比例	0.05	0.025~0.075

3.4.2 设计参数灵敏度分析方法

由于设计参数对飞行器性能的影响规律很可能不是线性的, 因此将所考察的设计参数变化范围分为 10 个区间, 分别确定不同区间飞行器性能对设计参数的灵敏度, 并对灵敏度进行分类。

$$\Delta GLOW\% = \frac{GLOW(X_H) - GLOW(X_L)}{GLOW(X_H)} \times 100\% \qquad (3.33)$$

式中, X_H 和 X_L 分别表示设计参数取值区间的上下限。设计参数对基准值的偏离量所引起的飞行器总体性能的偏离量可以由下式计算:

$$\Delta X\% = \frac{X - X_C}{X_C} \times 100\% \qquad (3.34)$$

$$\Delta GLOW_C\% = \frac{GLOW(X) - GLOW(X_C)}{GLOW(X_C)} \times 100\% \qquad (3.35)$$

式中, X_C 表示对于设计参数的基准值, 基准值置于设计参数取值域的中点。

3.4.3　设计参数取值域的界定方法

借鉴物理规划 (physical programming) 构造偏好函数的思想 [252]，提出一种设计参数取值域划分与评价的新方法。该方法根据设计参数对最优点的逼近程度将设计参数取值域分为极好区、较好区、一般区、较差区和极差区 5 级。设计者根据目标函数对设计参数的灵敏程度具体规定 5 级设计参数取值区域的边界。一种比较简单的界定方法是根据目标函数的变化来划分，从最优点开始，将目标函数由最高值下降 1%、1%~5%、5%~10%、10%~15% 和 15% 以上的设计参数取值区域分别确定为极好区、较好区、一般区、较差区和极差区。当优化问题为最小化问题时，设计参数取值区域的边界划分方法正好与上述过程相反。图 3.45 给出了 3 种不同的情况下，5 级设计参数取值区域的分布。由于考察的设计参数范围有限，设计参数的全局最优解很可能不在选择的范围内。此时为了应用设计参数取值区域 5 级划分方法，将设计参数的域内最优解当作全局最优解处理。

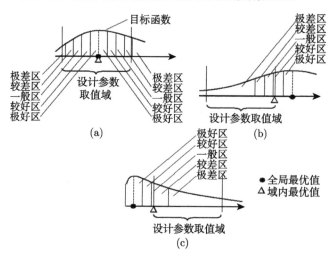

图 3.45　5 级设计参数取值区域分布的示意图

3.4.4　结果分析

在基准参数值的基础上逐次改变每一个设计参数，进行参数灵敏度分析，计算结果 (见表 3.5) 表明，前体占机身总长的比例对 GLOW 的影响最为显著，前体占机身总长的比例由基准值提高 5.00%，可导致 GLOW 发生 2.91% 的变化。将设计参数对目标性能的影响程度分为显著、较大、一般、较小和不显著 5 类，其中前体占机身总长的比例对飞行器性能的影响属于显著；进气道设计马赫数和发动机占机身总长的比例对飞行器性能的影响属于较大；第一楔形体转折角对飞行器性能的影响属于一般；燃烧室扩张段扩张角和后体/喷管膨胀角对飞行器性能的影响属于较小;第二楔形体转折角、第三楔形体转折角、等截面段占燃烧室总长的比例和底部高度占机身高度的比例对飞行器性能的影响属于不显著。

表 3.5 高超声速巡航飞行器机身/推进系统一体化设计参数灵敏度

设计参数	区间	1	2	3	4	5	6	7	8	9	10
Ma_{design}	$\Delta GLOW\%$	−0.933	−0.930	−0.901	−0.896	−0.866	−0.859	−0.829	−0.820	5.571	−0.948
	$\Delta X\%$	−16.67	−13.33	−10.00	−6.67	−3.33	3.33	6.67	10.00	13.33	16.67
	$\Delta GLOW_C\%$	4.607	3.641	2.686	1.769	0.866	−0.851	−1.666	−2.466	3.287	2.317
α_1	$\Delta GLOW\%$	0.509	0.508	0.320	0.507	0.506	0.505	0.481	0.503	0.503	0.502
	$\Delta X\%$	−25.00	−20.00	−15.00	−10.00	−5.00	5.00	10.00	15.00	20.00	25.00
	$\Delta GLOW_C\%$	−2.329	−1.829	−1.328	−1.011	−0.506	0.508	0.994	1.505	2.017	2.531
α_2	$\Delta GLOW\%$	−0.018	0.012	0.012	0.005	0.012	0.012	−0.020	0.011	0.034	−0.021
	$\Delta X\%$	−12.50	−10.00	−7.50	−5.00	−2.50	2.50	5.00	7.50	10.00	12.50
	$\Delta GLOW_C\%$	−0.023	−0.041	−0.029	−0.017	−0.012	0.012	−0.008	0.003	0.037	0.016
α_3	$\Delta GLOW\%$	−0.006	−0.006	−0.011	0.018	−0.006	−0.007	−0.012	−0.007	0.016	−0.007
	$\Delta X\%$	−16.67	−13.33	−10.00	−6.67	−3.33	3.33	6.67	10.00	13.33	16.67
	$\Delta GLOW_C\%$	0.011	0.005	−0.001	−0.011	0.006	−0.007	−0.018	−0.025	−0.009	−0.016
θ_{noexp}	$\Delta GLOW\%$	−0.015	−0.015	−0.015	−0.015	−0.015	−0.015	−0.015	−0.015	−0.015	−0.015
	$\Delta X\%$	−10.00	−8.00	−6.00	−4.00	−2.00	2.00	4.00	6.00	8.00	10.00
	$\Delta GLOW_C\%$	0.075	0.060	0.045	0.030	0.015	−0.015	−0.030	−0.046	−0.061	−0.076
$R_{com-con}$	$\Delta GLOW$	0.011	0.011	0.011	0.011	0.011	0.011	0.011	0.011	0.011	0.011
	$\Delta X\%$	−20.00	−16.00	−12.00	−8.00	−4.00	4.00	8.00	12.00	16.00	20.00
	$\Delta GLOW_C\%$	−0.057	−0.045	−0.034	−0.023	−0.011	0.011	0.023	0.034	0.045	0.057
$R_{forebody}$	$\Delta GLOW\%$	0.666	0.661	0.657	0.652	0.648	0.643	0.639	0.635	0.631	0.626
	$\Delta X\%$	−5.55	−4.44	−3.33	−2.22	−1.11	1.11	2.22	3.33	4.44	5.56
	$\Delta GLOW_C$	−3.241	−2.593	−1.944	−1.296	−0.648	0.648	1.295	1.942	2.589	3.236
R_{engine}	$\Delta GLOW$	0.940	0.936	0.932	0.929	0.925	0.921	0.918	0.914	0.912	0.907
	$\Delta X\%$	−20.00	−16.00	−12.00	−8.000	−4.000	4.00	8.00	12.00	16.00	20.00
	$\Delta GLOW_C\%$	−4.576	−3.670	−2.760	−1.845	−0.925	0.930	1.864	2.804	3.748	4.698
θ_{cmexp}	$\Delta GLOW\%$	−0.017	−0.017	−0.017	−0.017	−0.017	−0.017	−0.017	−0.017	−0.018	−0.018
	$\Delta X\%$	−10.00	−8.00	−6.00	−4.00	−2.00	2.00	4.00	6.00	8.00	10.00
	$\Delta GLOW_C\%$	0.086	0.069	0.052	0.035	0.017	−0.017	−0.035	−0.052	−0.070	−0.087
R_{base}	$\Delta GLOW\%$	0.048	0.048	0.048	0.048	0.048	0.048	0.047	0.047	0.047	0.047
	$\Delta X\%$	−50.00	−40.00	−30.00	−20.00	−10.00	10.00	20.00	30.00	40.00	50.00
	$\Delta GLOW_C\%$	−0.238	−0.191	−0.143	−0.095	−0.048	0.048	0.095	0.142	0.190	0.237

GLOW 随第一楔形体转折角、前体占机身总长的比例、发动机占机身总长的比例的增加而增加。第一楔形体转折角增加,前体高度越高,前体结构质量增加,同时飞行器气动阻力增大,导致飞行器满足任务航程要求所需燃料增加,GLOW 随之增加;前体占机身总长的比例增加,后体长度减少,燃烧室出口燃气膨胀不充分,推进系统性能下降,飞行器满足任务航程要求所需燃料增加,故 GLOW 增加;发动机占机身总长的比例增加时,同样导致后体长度减少,燃烧室达到一定长度后,超燃冲压发动机性能随燃烧室长度增加而提高的潜力有限,但却引起发动机结

构质量大幅度增加,同时后体长度减少,引起推进系统性能降低,飞行器满足任务航程要求所需燃料增加,GLOW 随之增加。

GLOW 随后体/喷管膨胀角和燃烧室扩张段扩张角增加而降低。后体/喷管膨胀角增加,燃烧室出口燃气膨胀更加充分,推进系统性能提高,同时后体结构质量减少,这两方面因素都有利于降低满足任务要求的 GLOW。在考察的燃烧室扩张段扩张角取值域内,推进系统性能随燃烧室扩张段扩张角增大而提高,而发动机结构质量基本不变,机身结构质量减少,GLOW 降低。

在进气道设计马赫数的整个取值域内,飞行器均满足任务要求。进气道设计马赫数越大,前体斜激波汇于外罩唇口的设计要求使得前体越扁平,前体结构质量越轻;另外,推进系统性能随飞行马赫数的增大而降低,满足任务要求需要耗费更多的燃料,进而导致 GLOW 增加。计算表明当进气道设计马赫数为 6.7 时,飞行器完成任务航程所需的时间最短,所需携带的燃料量最少,GLOW 最小。

在完成了设计参数灵敏度分析后,可以很方便地对设计参数取值域进行 5 级区域划分。以进气道设计马赫数为例,最优设计值为 6.7,设计参数取值区域划分法结果如图 3.46 所示。图中虚线表示了 GLOW 与最小 GLOW 的相对量在整个设计参数取值域内的变化关系,并由此对设计参数区域进行了划分。图中 1、2、3、4、5 分别对应设计参数区域的 5 级。[5.0,5.54] 和 [6.78,7.0] 为进气道设计马赫数参数的一般区,[5.55,6.45] 和 [6.72,6.77] 为进气道设计马赫数参数的较好区,[6.46,6.71] 为进气道设计马赫数参数的极好区,在考察设计参数取值域内没有较差区和极差区。需要调整设计参数时,一般建议在极好区和较好区内变化。其他设计参数的取值域划分与此类似,此处从略。

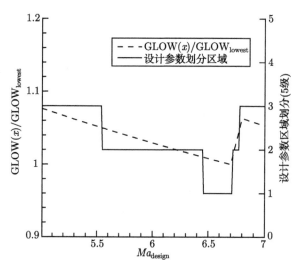

图 3.46　进气道设计马赫数 Ma_{design} 取值域 5 级划分

3.5 机体/发动机一体化性能实验研究

为验证一体化气动性能分析方法及一体化气动性能评估程序 TFACIAP 1.0 的可靠性，以 3.2.1 节定义的机体/发动机一体化构型 A 为原型，结合风洞试验的实际条件和实验设备的具体要求，设计加工了机体/发动机一体化构型气动测力实验模型。在来流 $Ma_\infty = 8.0$ 条件下，利用 KD-01 炮风洞进行了测力实验[263]，通过实验结果与计算结果的对比分析，基本验证了分析方法与计算程序的正确性。

3.5.1 实验模型

实验模型如图 3.47 所示，采用三维侧压进气道，前体第一压缩角为 6°，前体第二压缩角取为 7°，进气道侧板压缩角为 6°，飞行器后体膨胀角取为 22°，进气道出口设计马赫数为 2.5。为简化设计模型，在燃烧室的设计中，暂未考虑燃料喷射支板、火焰稳定凹腔等细节。进气道侧板压缩角为 6°、侧板后掠角为 45° 时，进气道喉部宽度与高度比值取为 2:3，进气道入口宽度与喉部宽度比值取为 3:1，以满足隔离段的设计要求和设计的压缩比值要求。实验设备将实验模型的尺度限制在长500mm、宽 200mm 的范围内。

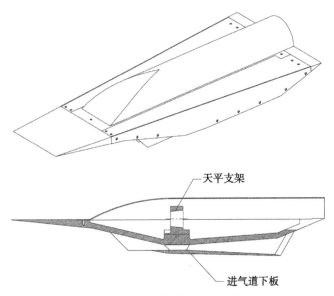

图 3.47 实验模型外形及剖视图

为了对比分析多模块发动机外阻力特性，设计了可替换式多模块发动机机构，可以分别完成单模块、3 模块、5 模块以及无发动机的外阻力特性实验，如图 3.48

所示。

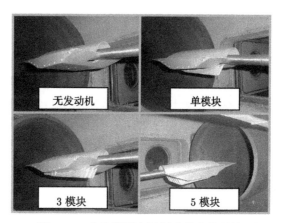

图 3.48　实验模型在风洞中的安装照片

3.5.2　实验设备

KD-01 高超声速风洞是一座脉冲式、空气驱动空气、轻活塞运行的高马赫数风洞,由洞体部分、高压气源、真空系统、测试系统和控制系统组成,如图 3.49 所示。其中洞体部分又包括驱动段、第一夹膜机、被驱动段、第二夹膜机、型面喷管、实验段、扩压段、真空罐等。型面喷管出口直径为 500mm,出口马赫数 $Ma_\infty = 7 \sim 10$,实验段尺寸为 1.6m×1.0m×1.0m。KD-01 高超声速风洞配置了 3 台真空泵,整个真空机组启动后,真空度可达到 8Pa。

图 3.49　KD-01 高超声速风洞实验段

测量系统是由瞬态天平测量系统 (气动力测量) 和瞬态实验参数测量系统两部分组成。瞬态天平是测试系统的核心,瞬态天平测量系统由天平、加速度计、多通道加法器、应变放大器组成。天平为六分量应变天平。

数据采集/分析仪和微机组成数据采集、分析系统。通过该数据分析系统可以得到实验数据的平均值、最大值与最小值。实验数据可以按 Matlab 格式存储，数据的分析和处理比较方便。

3.5.3 实验结果

实验分别测定了来流 $Ma_\infty = 8.0$，aoa 为 $-4.0°$、$-2.0°$、$0.0°$、$2.0°$、$4.0°$ 和 $6.0°$ 共 6 个状态下实验模型的气动力/力矩数据。图 3.50 给出了不同发动机模块数目 (模块数分别为 0、1、3、5) 条件下实验模型 C_D 随 aoa 的变化规律。图中显示，aoa 为 $-3°\sim-2°$ 时，C_D 最小；在此之后，C_D 随着 aoa 的增加而显著增大。发动机模块数对 C_D 有明显影响。随着发动机模块数目的增加，侧板、发动机外罩导致的阻力增大，C_D 升高。图中还给出了采用数值模拟方法得到的计算结果 (其中三维 NS 方程数值模拟由范晓樯博士完成)，数值模拟针对 5 模块超燃冲压发动机一体化构型进行。从图中可以看出三维 NS 方程数值模拟结果偏大，结果的变化趋势与实验结果基本相符。本书研究的高超声速飞行器采用 5 模块超燃冲压发动机一体化构型，将一体化构型 A 的 C_D(由 TFACIAP 1.0 程序计算得到) 与 5 模块实验模型的 C_D 进行比较，可以验证计算程序。结果显示，由计算得到的一体化构型 A 的 C_D 比实验模型小，有两方面的原因：一是 TFACIAP 1.0 程序只具备二维计算能力，无法计及进气道侧板阻力的影响；二是 TFACIAP 1.0 程序采用二维 Euler 方程对一体化构型外流场进行数值模拟，由于不计粘性，因此无法考虑壁面摩擦阻力。5 模块实验模型 C_L 随 aoa 的变化规律如图 3.51 所示，通过比较发现，在 $aoa \leqslant 1.5°$ 时，一体化构型 A 的 C_L 比实验模型大。三维 NS 方程数值模拟结果

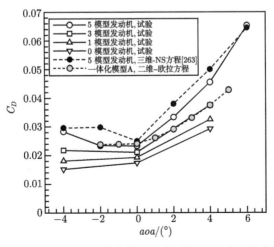

图 3.50 不同发动机模块数目一体化构型阻力系数 C_D 随飞行攻角的变化规律

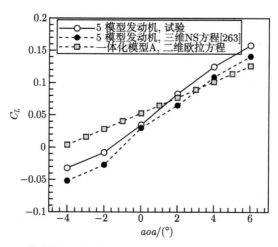

图 3.51　5 模块数一体化构型升力系数 C_L 随飞行攻角的变化规律

与实验模型结果比较接近。在本书关心的攻角范围内 $(aoa = 0° \sim 2.0°)$，实验结果与计算结果之间的误差小于 20%，基本验证了一体化气动性能评估程序 (TFACIAP 1.0) 的可靠性。

3.6　本 章 小 结

深入地理解推进系统性能和飞行器机体气动性能之间的相互影响规律，充分利用机体/发动机一体化带来的好处是高超声速飞行器一体化设计的关键。本章围绕着高超声速飞行器机体/发动机一体化性能分析涉及的几个重要问题，开展了如下研究工作：

(1) 首先根据飞行任务的不同，分别确定了执行入轨任务和巡航任务的高超声速飞行器机体/发动机一体化性能指标；然后对各种算力体系进行了分析，并开发了机体/发动机一体化性能分析程序。

(2) 比较了发动机未点火和发动机点火两种状态下三种典型一体化构型的机体容积、气动性能、推进性能和一体化性能，总结出三种一体化构型的选择准则：一体化构型 C 应该淘汰；一体化构型 B 适合作为加速型高超声速飞行器外形；当巡航马赫数 Ma_{cruise} 较高时 $(Ma_{cruise} \geqslant 11.00)$，一体化构型 A 更加适合作为巡航型高超声速飞行器外形。同时，建立了一体化构型 A 的气动/推进性能数据库，以方便弹道仿真时调用。

(3) 比较了设计状态与非设计状态下的机体/发动机一体化性能，发现非设计状态下一体化构型的 C_L 和 L/D 均小于设计状态。非设计状态的有效比冲 $I_{sp,eff}$ 大于设计状态，巡航比冲 $(L/D)I_{sp}$ 小于设计状态，说明非设计状态高超声速飞行器的加速性能优于设计状态，设计状态的巡航性能优于非设计状态。

(4) 机体/发动机一体化设计参数的灵敏度分析结果表明，在所考察的 10 个一体化设计参数中，前体占机身总长的比例对飞行器性能影响最显著。同时，提出一种根据设计参数灵敏度进行参数区域划分和评价的新方法，并用于对设计参数取值域进行 5 级区域划分，其结果对于设计者进行设计方案的权衡具有重要的参考价值。

(5) 设计了机体/发动机一体化构型气动测力实验模型，在来流 $Ma_\infty = 8.0$ 条件下进行了测力实验。在本书关心的 aoa 范围内，实验结果与计算结果之间的误差小于 20%，验证了一体化气动性能分析方法和一体化气动性能评估程序 TFACIAP 1.0 的可靠性。

第4章 机体/发动机一体化部件优化设计研究

为了获得良好的高超声速飞行器总体性能，需要将超燃冲压发动机部件与飞行器机体按一体化要求进行优化设计，同时兼顾推进和气动两方面的性能，这是典型的多目标优化设计问题。而目前的超燃冲压发动机进气道/前体、尾喷管/后体的一体化优化设计仍然停留在单目标优化水平，通常只优化推进性能，对气动性能关注不够。为切实提高设计水平，迫切需要在超燃冲压发动机部件的优化设计中引入多目标优化设计技术。

本章从超燃冲压发动机部件多目标优化设计要求出发，发展了一种基于排序机制的并行多目标混合遗传算法 (parallel multiobjective hybrid genetic algorithm，PMOHGA)，并将 PMOHGA 与 CFD 方法相结合，采用变复杂度建模技术，借鉴多级设计思想，提出了二维超燃冲压发动机进气道多级多目标优化设计方法；采用试验设计方法和响应面近似技术，发展了二维超燃冲压发动机尾喷管多目标优化设计方法，得到了优化设计方案；最后，利用遗传算法，对某试验超燃冲压模型发动机的燃烧室构型参数进行了优化设计。

4.1 多目标遗传算法

4.1.1 多目标优化概述

多目标优化问题 (multiobjective optimization problem，MOP) 不同的性能目标之间可能相互冲突，一个目标性能的改善有可能会引起另一个目标性能的降低，不可能使各个目标同时达到最优，只能在各个目标之间进行协调和折衷，使各个目标性能尽可能达到 Pareto 意义的最优。下面简要介绍多目标优化的一些基本概念[253~258]。

定义 1 (多目标优化问题) MOP 包含一个 n 维优化目标函数向量集 $\boldsymbol{f}(\boldsymbol{x}) = (f_1(\boldsymbol{x}), \cdots, f_n(\boldsymbol{x}))$，其中 $f_i(\boldsymbol{x})$ $(i = 1, 2, \cdots, n)$ 是标量函数，$\boldsymbol{f}(\boldsymbol{x}) \in \boldsymbol{Y} \subset \boldsymbol{R}^n$；一个 m 维决策向量 (设计向量) 集 $\boldsymbol{x} = (x_1, \cdots, x_m)$，$\boldsymbol{x} \in \boldsymbol{X} \subset \boldsymbol{R}^m$；一个 p 维约束函数向量集 $\boldsymbol{g}(\boldsymbol{x}) = (g_1(\boldsymbol{x}), \cdots, g_p(\boldsymbol{x}))$，其中 $g_i(\boldsymbol{x})$ $(i = 1, 2, \cdots, p)$ 是标量函数。函数 $\boldsymbol{f} : \boldsymbol{X} \mapsto \boldsymbol{Y}$ 将设计向量 $\boldsymbol{x} = (x_1, x_2, \cdots, x_m)$ 映射到目标函数空间 $\boldsymbol{Y}$ 的目标向量 $\boldsymbol{y} = (y_1, y_2, \cdots, y_n)$，$\boldsymbol{y} \in \boldsymbol{Y}$，$y_i = f_i(\boldsymbol{x})$。

以最大化问题为例, 可将 MOP 描述为如下数学模型:

$$
\begin{aligned}
\text{Maximize} \quad & \boldsymbol{y} = \boldsymbol{f}(\boldsymbol{x}) = (f_1(\boldsymbol{x}), \cdots, f_n(\boldsymbol{x})) \\
\text{subject to} \quad & \boldsymbol{g}(\boldsymbol{x}) = (g_1(\boldsymbol{x}), \cdots, g_p(\boldsymbol{x})) \leqslant 0 \\
\text{where} \quad & \boldsymbol{x} = (x_1, \cdots, x_m) \in \boldsymbol{X}, \quad \boldsymbol{X} \subset \boldsymbol{R}^m \\
& \boldsymbol{y} = (y_1, y_2, \cdots, y_m) \in \boldsymbol{Y}, \boldsymbol{Y} \subset \boldsymbol{R}^n
\end{aligned}
$$

定义 2 (目标向量比较) 对于任意两个目标向量 $\boldsymbol{u}$ 和 $\boldsymbol{v}$, 称 $\boldsymbol{u} = \boldsymbol{v}$ 当且仅当 $\forall i \in \{1, 2, \cdots, n\}$ 有 $u_i = v_i$; 称 $\boldsymbol{u} \leqslant \boldsymbol{v}$ 当且仅当 $\forall i \in \{1, 2, \cdots, n\}$ 有 $u_i \leqslant v_i$; 称 $\boldsymbol{u} < \boldsymbol{v}$ 当且仅当 $\boldsymbol{u} \leqslant \boldsymbol{v}$ 且 $\boldsymbol{u} \neq \boldsymbol{v}$。

定义 3 (可行解集) 称 $\boldsymbol{X}_f$ 为决策变量的可行解集, 当且仅当 $\boldsymbol{X}_f = \{\boldsymbol{x} \in \boldsymbol{X} \mid \boldsymbol{g}(\boldsymbol{x}) \leqslant 0\}$。

定义 4 (Pareto 优超, Pareto dominance) 对任意两个决策向量 $\boldsymbol{a}$ 和 $\boldsymbol{b}$, 称 $\boldsymbol{a}$ 优超 (dominate) $\boldsymbol{b}$ (记为 $\boldsymbol{a} \succ \boldsymbol{b}$), 当且仅当 $\boldsymbol{f}(\boldsymbol{a}) > \boldsymbol{f}(\boldsymbol{b})$; 称 $\boldsymbol{a}$ 弱优超 $\boldsymbol{b}$ (记为 $\boldsymbol{a} \succeq \boldsymbol{b}$) 当且仅当 $\boldsymbol{f}(\boldsymbol{a}) \geqslant \boldsymbol{f}(\boldsymbol{b})$; 称 $\boldsymbol{a}$ 与 $\boldsymbol{b}$ 无差异 (indifferent, 记为 $\boldsymbol{a} \sim \boldsymbol{b}$) 当且仅当 $\boldsymbol{f}(\boldsymbol{a}) \geqslant \boldsymbol{f}(\boldsymbol{b}) \cap \boldsymbol{f}(\boldsymbol{b}) \geqslant \boldsymbol{f}(\boldsymbol{a})$。

定义 5 (Pareto 最优, Pareto optimality) 称决策变量 $\boldsymbol{x} \in \boldsymbol{X}$ 对于集合 $\boldsymbol{A} \subseteq \boldsymbol{X}_f$ 非劣, 当且仅当 $\nexists \boldsymbol{a} \in \boldsymbol{A}: \boldsymbol{a} \succ \boldsymbol{x}$。若 $\boldsymbol{x}$ 对 $\boldsymbol{X}_f$ 非劣, 则称 $\boldsymbol{x}$ 是 $\boldsymbol{X}_f$ 中的 Pareto 最优解, 亦称有效解 (efficient solution)、非优超解 (nondominated solution) 或非劣解 (noninferior solution)。

定义 6 (绝对最优解) 称决策变量 $\boldsymbol{x}^*$ 为 $\boldsymbol{X}_f$ 的绝对最优解, 当且仅当 $\forall \boldsymbol{x} \in \{\boldsymbol{x} \mid \boldsymbol{x} \in \boldsymbol{X}_f, \boldsymbol{x} \neq \boldsymbol{x}^\bullet\}$, $\boldsymbol{x}^* \succ \boldsymbol{x}$。

定义 7 (Pareto 最优集和 Pareto 最优前沿) 若 $\boldsymbol{A} \subseteq \boldsymbol{X}_f$, 则 $\boldsymbol{A}$ 中所有的 Pareto 最优解组成的集合 $\boldsymbol{X}_P = p(\boldsymbol{A}) = \{\boldsymbol{x} \in \boldsymbol{A} \mid \exists \boldsymbol{a} \in \boldsymbol{A}: \boldsymbol{a} \succ \boldsymbol{x}\}$ 被称为 $\boldsymbol{A}$ 的 Pareto 最优集、有效解集或非劣解集, 它在目标函数空间的象 $\boldsymbol{Y}_P = \boldsymbol{f}(\boldsymbol{X}_P)$ 被称为 $\boldsymbol{A}$ 的 Pareto 最优前沿 (Pareto front)。

4.1.2 多目标优化方法

MOP 一般不存在单个最优解, 而是一个 Pareto 最优集。为了给决策者提供充分的信息, 通常要求多目标优化方法能够求得问题的 Pareto 最优集或近似的 Pareto 最优集。

传统的求解 MOP 的方法有加权法、约束法和混合法等。这些求解方法按某种策略确定多种多目标之间的权衡方式, 将多目标问题转换为多个不同的单目标优化问题, 用单目标优化方法分别求解, 并用这些单目标优化问题最优解构成的解集去近似 MOP 的 Pareto 最优集。加权法对多个目标进行加权求和, 使用不同的权值组合形成多个单目标优化问题。约束法选择一个目标作为主要目标, 将其他目标作为约束，使用不同的约束边界值形成多个单目标优化问题。当 Pareto 最优前沿非凸时，加权法无法求出所有的 Pareto 最优解。实际问题多个目标之间往往不具有可比性，也限制了加权法的应用。约束法的主要缺陷在于约束边界值变化范围的确定需要先验知识，而这些先验知识往往是未知的 [253,258]。此外，传统方法为了获得 Pareto 最优解集的近似都需要多次求解单目标优化问题，由于这些求解过程相互独立，无法利用它们之间的协同作用，其计算开销较大。因此，对于复杂的多学科设计优化问题，应用传统的多目标优化方法求解 Pareto 最优集往往不可行。

进化算法 (evolutionary algorithms，EA) 对整个群体进行进化操作，着眼于个体的集合。MOP 的 Pareto 最优解一般也是一个集合，这种相似性使得 EA 非常适合于求解 MOP 的 Pareto 最优集。EA 能够在一次运行中获取多个 Pareto 最优解，使种群有效逼近多目标问题的整个 Pareto 最优前沿；通过重组操作充分利用解之间的相似性，有望有效节省求解 Pareto 最优集的计算开销；而且不存在传统方法的缺点和应用的限制，对 Pareto 最优前沿的形状和连续性无要求 [258,259,261,264]。由于 EA 求解 MOP 具有上述明显的优势，因此多目标进化算法 (multiobjective evolutionary algorithm，MOEA) 得到了广泛的研究和应用。

E. Zitzler 指出，对于实际的复杂系统 MOP，不可能精确地求出整个 Pareto 最优集，为了能够获得 Pareto 最优集的良好近似，要求多目标优化搜索方法满足如下目标 [253]：

● 求得的近似 Pareto 最优前沿 (优超前沿) 与 Pareto 最优前沿的距离应尽可能小；

● 求得的各个近似 Pareto 最优解应尽量地在近似 Pareto 前沿 (优超前沿) 上分布均匀；

● 求得的近似 Pareto 最优前沿 (优超前沿) 应具有较广的散布，各个目标都能在较广的取值范围内被各个近似 Pareto 最优解所覆盖。

常规的 EA 会使种群收敛到单个解，无法满足 Pareto 最优解良好分布和散布的目标，必须在 EA 中引入专门的多目标处理机制。多目标优化对 EA 的要求具体体现在两个方面 [253,258,259,261,264]：

● 如何进行个体适应值分配和实施选择，以引导搜索过程，使种群个体向 Pareto 最优集收敛；

● 如何维持群体多样性，避免"早熟"收敛，以获得具有良好分布和散布的近似 Pareto 最优前沿 (优超前沿)。

围绕着 MOEA 的两个主要问题，各国学者开展了大量的研究，提出了多种处理策略，形成了不少行之有效的算法，EA 包含进化策略、进化规划和遗传算法等多个分支，其中在 MOEA 中应用最多的是遗传算法 (GA)，这类 MOEA 称为多目标遗传算法。比较有代表性的多目标遗传算法有 VEGA[265,266]、HLGA[267]、

MOGA[268,269]、NPGA[270]、NSGA[260~264]、MOMGA[271] 和 SPEA[253,272] 等。VEGA 和 HLGA 对目标函数的处理比较简单,但当搜索空间非凸时无法求得 Pareto 最优解[253]。基于 Pareto 排序机制的 MOEA,如 MOGA、NSGA 和 SPEA 等,其性能和共享参数的选择密切相关。MOGA 效率较高,但 Pareto 最优解的散布不理想;SPEA 的性能较优越,但算法过程十分复杂[253];NSGA 采用简洁明晰的非优超排序 (non-dominated sorting) 机制,使算法具有逼近 Pareto 最优前沿的能力,采用排挤机制保证得到的 Pareto 最优解具有良好的散布。本节将以 NSGA 为基础,根据超燃冲压发动机部件优化的实际需要,借鉴并联协作多方法的思想[274,275],按并行计算要求,形成一种并行多目标混合遗传算法 (PMOHGA)。

4.1.3 并行多目标混合遗传算法

4.1.3.1 提出背景

超燃冲压发动机一体化部件的多目标优化设计属于复杂系统的 MOP,这类问题的难点在于:

- 目标函数形式复杂,与设计变量之间不存在显式表达式,无法直接获得目标函数和约束条件的梯度信息,常规的多目标优化方法不适用。
- 大量约束条件很可能使得设计空间和 Pareto 最优前沿非凸,甚至不连通。
- 高精度性能分析模型的使用,大大增加了计算开销。

4.1.3.2 解决思路

复杂系统 MOP 的求解,关键是解决上述三个难点。作者做了如下初步考虑:

- GA 只利用适应值信息,通过自身的优胜劣汰机制进行搜索,不依赖目标函数和约束条件的梯度信息,以此可克服难点一。
- 采用基于 Pareto 优超的选择机制的多目标遗传算法,可以处理设计空间和 Pareto 最优前沿非凸、不连通的情况,以此可克服难点二。
- 个体性能评估计算开销大,可以从两个方面着手进行解决。第一,通过并行计算,减少单机计算量,缩短时间,且多目标遗传算法本身具有良好的并行性;第二,改进多目标遗传算法的计算效率,尤其是搜索效率,以此可克服难点三。

根据以上考虑,按如下思路进行算法构造:

- NSGA-II 是 NSGA 的改进算法,具有较多优点[273],因此选择 NSGA-II 作为基础算法进行 PMOHGA 的构造,能够获得良好的多目标优化性能。工程多目标优化问题,计算效率至关重要。为加速收敛速度,改进 GA 的局部搜索性能,借鉴并联协作多方法的思想[274,275],将具有很强局部搜索能力的 Powell 和模式搜索方法与 GA 混合在一起,可优势互补,取得良好的优化效果。
- 目前的计算硬件环境是由局域网连接的多台不同配置的微机,在此条件下采

用全局型 (主从式模型) 或者分散型 (细粒度模型) 并行方案构造遗传算法都难以实现负载平衡 [276,277]。故采取独立型 (粗粒度模型) 并行方案,将种群分成若干个子群并分配给对应的微机,每台微机独立进行多目标遗传操作,相互间定期传送最好的个体 (对于 MOP,传送的是最优个体的集合),从而加快收敛速度。

4.1.3.3　算法基础

1) NSGA-II

NSGA-II 是 K. Deb 在 NSGA 基础上改进得到的一种 MOEA,其最突出的特点是采用了快速非优超排序和排挤机制 [273]。前者驱使搜索过程收敛到 Pareto 最优前沿,后者保证了 Pareto 最优解的多样性。优超排序将解集分解为一系列的非优超层,设 MOP 有 m 个优化目标,种群 N 个个体,若采用常规的优超排序方法,算法的计算复杂度为 $O\left(mN^3\right)$;采用快速非优超排序之后,算法的计算复杂度可降为 $O\left(mN^2\right)$。NSGA-II 的详细介绍,可参考文献 [273],本节只简要介绍快速非优超排序方法。

快速非优超排序过程的伪代码[273]:　　　　　**说明**

{

　　for 每个 $p \in P$　　　　　　　　对于 P 中的每一个成员 p

　　　　for 每个 $q \in P$　　　　　　对于 P 中的每一个成员 q

　　　　if $p \prec q$　then　　　　若 p 优超 q

　　　　　　$S_p = S_p \cup \{p\}$　　　则 S_p 包含 q

　　　　else if $q \prec p$ then　　若 p 被 q 优超

　　　　　　$n_p = n_p + 1$　　　　则 n_p 加一

　　　　end

　　　　if $n_p = 0$ then　　　　　若没有解优超 p

　　　　　　$F_1 = F_1 \cup \{p\}$　　则 p 是第一非优超前沿的成员

　　end

　　层序号 $i = 1$　　　　　　　　层序号 1 开始

　　while $F_i \neq \varnothing$　　　　只要 F_i 不为空集,就

　　　　$H = \varnothing$　　　　　　设 H 为空集

　　　　for 每个 $p \in F_i$　　　　对于 F_i 中的每一个成员 p

　　　　　　for 每个 $q \in S_p$　　对于 S_p 中的每一个成员 q

　　　　　　　$n_q = n_q - 1$　　　n_p 减一

　　　　　　if $n_q = 0$ then　　若 n_p 为 0

　　　　　　　$H = H \cup \{q\}$　则 q 是 H 的成员

　　end

$$\text{end}$$
$$i = i + 1$$
$$F_i = H \text{ 当前非优超前沿由 } H \text{ 的所有成员构成}$$
$$\text{end}$$
$$\}$$

2) 多方法并联协作

优化方法都有其适合求解的优化范围, 在不明确优化问题的特性和全局最优解性质时, 优化问题采用何种优化方法求解可以取得较好的全局最优解特性是不知道的, 尤其是对于 MOP, 其 Pareto 最优前沿一般是未知的。根据多方法协作优化理论 [274,275], 可以采用一定的协作策略将多个具有不同优化特性的优化方法结合起来, 组成多方法协作优化方法, 利用优化方法之间的协作效应来提高优化能力和优化效率, 以快速有效地求解优化问题的全局最优解。遗传算法全局搜索能力很突出, 但局部搜索能力较差; 而 Powell 和模式搜索方法的局部搜索能力很强, 但全局搜索能力较差。本书按照多方法并联协作方式将这三种算法结合在一起, 形成混合遗传算法, 以此对 NSGA-II 中单纯的遗传算法进行改造。

4.1.3.4 算法步骤

多目标混合遗传算法 (PMOHGA) 的基本步骤如下:

Step 1: 开始。

Step 2: 进程 $i(i = 1, \cdots, \text{Pnum})$ 初始化种群。Pnum 为参与并行计算的进程数。

Step 3: 满足终止准则? 若满足, 则执行 Step 8; 否则, 执行 Step 4。

Step 4: 执行多方法并联协作操作 (杰出者保留遗传算法执行一代, Powell 迭代 k 步, 模式搜索方法迭代 l 步)。k 和 l 根据应用对象具体给定。

Step 5: 对种群个体进行非优超排序, 执行排挤操作。

Step 6: 满足迁移操作条件 (每 m 代进程间通信一次)? 若满足, 则随机选择 m 个最优个体, 送到共享存储区, 并从共享存储区中随机取回 m 个个体, 替换当前进程种群中最差的 m 个个体, 对新种群个体重新排序。否则, 执行 Step 7。

Step 7: 转到 Step 2。

Step 8: 对所有进程解集进行操作, 得到近似 Pareto 最优集。

Step 9: 结束。

4.1.3.5 实例测试

选择 E. Zitzler 给出的多目标优化的测试问题 t_2 和 t_3 对 PMOHGA 进行测

试。t_2 和 t_3 有统一的描述形式 [253]：

$$\text{Minimize} \quad \boldsymbol{t}(\boldsymbol{x}) = (f_1(x_1), f_2(\boldsymbol{x}))$$

$$\text{subject to} \quad f_2(\boldsymbol{x}) = g(x_2, \cdots, x_n) \cdot h(f_1(x_1), g(x_2, \cdots, x_n))$$

$$\text{where} \quad \boldsymbol{x} = (x_1, \cdots, x_n)$$

测试问题 t_2：

$$f_1(x_1) = x_1, \quad g(x_2, \cdots, x_n) = 1 + 9 \cdot \left(\sum_{i=2}^{n} x_i\right) \bigg/ n - 1, \quad h(f_1, g) = 1 - (f_1/g)^2$$

取 $n = 30$，$x_i \in [0, 1]$，$i = 1, \cdots, n$。当 $g = 1$ 时形成非凸的 Pareto 最优前沿。

测试问题 t_3：

$$f_1(x_1) = x_1, \quad g(x_2, \cdots, x_n) = 1 + 9 \cdot \left(\sum_{i=2}^{n} x_i\right) \bigg/ n - 1$$

$$h(f_1, g) = 1 - \sqrt{f_1/g} - (f_1/g) \sin(10\pi f_1)$$

取 $n = 30$，$x_i \in [0, 1]$，$i = 1, \cdots, n$。当 $g = 1$ 时形成不连续的 Pareto 最优前沿。

并行计算硬件平台由三台 Intel 1.6GHz CPU 的微机 (均为单处理器计算机) 组成，采用消息传递并行编程环境 [278,279] (message passing interface，MPI) 作为并行程序设计平台。MPI 最大的好处是可移植性强，支持 C++ 语言和 Fortran 语言。互联网上有多个免费的 MPI 实现程序库可供下载，其中 MPICH 最常用，本书采用的是 MPICH.NT 1.2.5 版本。

取种群规模为 800，最大进化代数为 50 代，采取多点交叉，交叉概率为 0.6，变异概率为 0.1，交配池规模为 850，每次从解集中序号最大的层 (记为 $R_{\max}$ 层) 中随机取掉淘汰最差的 50 个个体，若该层个体不足 50 个，则多余的个体从 $R_{\max}$ -1 层中随机淘汰，依此类推。在多方法协作中，遗传算法进化一代，Powell 和模式搜索方法各迭代一步。并行计算采用 "一传多" 迁移策略，设置共享存储区，单机每进化 3 代，就将当前最好的 50 个个体传到共享存储区，并从共享存储区中选择 50 个最优个体，替换本机 50 个最劣个体。

对测试问题 t_2 和 t_3 的计算结果见图 4.1 和图 4.2。从图中可以看出，PMOHGA 能够有效地逼近测试问题的 Pareto 最优前沿，且解的散布较均匀。单机串行计算与并行计算的时间之比为 2.73，大大减少了优化时间。实例测试表明本书通过改进 NSGA-II 形成的 PMOHGA 是有效的。

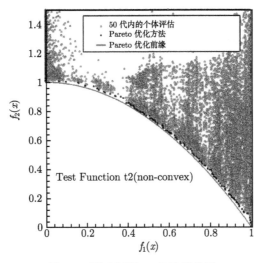

图 4.1   测试问题 t_2 的计算结果

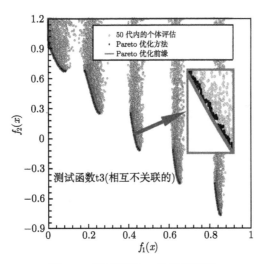

图 4.2   测试问题 t_3 的计算结果

4.2   超燃冲压发动机进气道多目标优化设计

4.2.1   设计模型

如图 4.3 所示,超燃冲压发动机进气道为 6 楔角混合压缩进气道,其中外压段为 4 个楔角,内压段为 2 个楔角。要求进气道出口不低于一个大气压,单位宽度的空气捕获流量为 60.0kg/s。在设计马赫数下,进气道外压段的 4 道斜激波汇交于外罩唇口前缘，内压段 2 道斜激波汇于上壁转折点 E。由飞行器任务确定的设计条件是飞行高度 25km，设计马赫数为 6.0，设计攻角为 0.0。

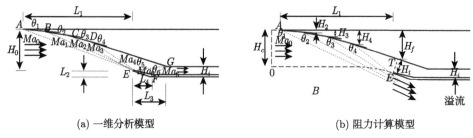

(a) 一维分析模型   (b) 阻力计算模型

图 4.3   二维混合压缩进气道

4.2.2   优化模型

选择进气道总压恢复系数 σ、压升比 P_r 和阻力系数 C_D 为目标函数，外压段 4 个楔角和内压段第 1 楔角为设计优化变量。超燃冲压发动机进气道多目标优化问题为

$$
\begin{aligned}
&\text{Maximize} \quad \{\sigma, P_r, -C_D\} \\
&\text{subject to} \quad P_6 \geqslant 10^5, \quad \dot{q}_c = 60.0 \\
&\qquad\qquad \sum_{i=1}^{4} \theta_i = \theta_5 + \theta_6, \theta_{i\,\min} \leqslant \theta_i \leqslant \theta_{i\,\max}(i=0,\cdots,5) \\
&\text{where} \qquad \theta_i(i=0,\cdots,5)
\end{aligned}
$$

由斜激波的 Rankine-Hugoniot 关系，可确定各道斜激波的总压恢复系数 σ_i 和压升比 P_{r_i}，对 σ_i 和 P_{r_i} 求积，就得到了整个进气道的总压恢复系数 σ 和压升比 P_r。进气道的阻力可以占到飞行器阻力的 20%[280]，因此降低进气道阻力很有必要。为简化计算，将进气道外压缩面上受到的气动载荷在机身轴向上的分量近似为进气道阻力，进气道阻力系数可定义为

$$
C_D = \frac{\int_A^T P \mathrm{d}H}{q_0 H_0} \tag{4.1}
$$

如图 4.3(b) 所示，一维分析时，阻力系数可近似表示为

$$
C_D = \frac{P_1 H_2 + P_2 (H_3 - H_2) + P_3 (H_4 - H_3) + P_4 (H_f - H_4)}{\dfrac{\gamma}{2} P_0 Ma_0^2 H_0} \tag{4.2}
$$

式中，P_0 为来流静压，$P_i\,(i=1\sim4)$ 为外压段各道斜激波后的静压，$H_i\,(i=1\sim4)$ 由进气道设计状态给定。

借鉴多级设计的思想[187]，按照多目标优化设计的要求，提出了二维超燃冲压发动机进气道多级多目标优化设计方法，并编制实现程序 InletMLMO，程序流程如图 4.4 所示。程序分为一维优化设计和二维优化设计两级，均采用 4.1 节发展的 PMOHGA 算法实现多目标优化设计。为了减少计算量，在进气道二维数值优化中采用了变复杂度建模 (VCM) 技术[281~288]。VCM 的思想是在优化中同时使用精确分析方法和近似分析方法，在迭代过程中主要采用近似分析方法，然后用精确方法修正近似方法。这样的处理可有效控制计算成本，同时保证优化设计的精度。

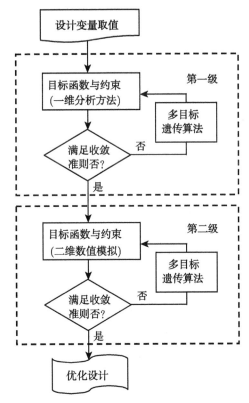

图 4.4 超燃冲压发动机进气道多级多目标优化设计流程

4.2.3 结果分析

首先利用 InletMLMO 程序完成基于一维性能分析模型的高超声速进气道单目标、两目标和三目标优化设计。遗传算法优化过程的种群规模为 200 个，最大进化代数为 100 代，采取多点交叉，交叉概率为 0.6，变异概率为 0.1，交配池规模为 230，每次淘汰最差的 30 个个体。单目标优化以总压恢复系数为目标函数；两目标优化选择总压恢复系数和压升比为目标函数；三目标优化则在两目标基础上，考虑阻力系数，优化结果见表 4.1(对于 MOP，表中均只选列了两个 Pareto 非劣解)。

表 4.1　一维优化结果

优化问题		楔角/(°)					目标性能			出口流量/(kg/s)	出口压强/Pa
		1	2	3	4	5	σ	C_D	P_r		
单目标	1D	4.212	4.212	4.212	4.792	8.032	0.8547	0.1662	40.363	60.000	101352.384
	CFD	4.212	4.212	4.212	4.792	8.032	0.4640	0.1640	48.036	56.6010	120617.600
两目标	1D	4.280	4.828	5.313	5.946	9.329	0.8120	0.2097	60.7022	60.000	149597.518
	CFD	4.280	4.828	5.313	5.946	9.329	0.4515	0.1737	48.0767	55.917	120721.100
	1D	3.859	4.257	4.679	5.326	8.469	0.8463	0.1745	44.1696	60.000	107907.119
	CFD	3.859	4.257	4.679	5.326	8.469	0.4565	0.1601	47.7665	55.273	119942.100
三目标	1D	4.056	4.787	4.487	5.982	9.058	0.8272	0.1957	52.2914	60.000	129214.438
	CFD	4.056	4.787	4.487	5.982	9.058	0.4329	0.1661	48.1507	54.672	120907.000
	1D	3.910	4.212	4.615	5.329	8.274	0.8472	0.1766	43.7253	60.000	105666.311
	CFD	3.910	4.212	4.615	5.329	8.274	0.4553	0.1625	44.0711	53.549	110663.100

单目标优化以进气道出口压力大于 1 个大气压、外压段各楔角之和大于 12°
且小于 24°、单位宽度的空气捕获流量为 60.0kg/s 作为约束条件，得到的最大总压
恢复系数为 0.855，对应的阻力系数为 0.166，压升比为 40.363，进气道出口压力为
101352.384，与约束条件吻合得很好。

两目标优化问题要求进气道出口压力大于一个大气压，即对应 25.000km 的高
度，压升比需要大于 40.352，同时最大压升比小于 75，楔角约束条件与单目标优
化相同。表 4.1 中给出了两个 Pareto 非劣解，第一个 Pareto 非劣解的压升比为
60.702，比第二个 Pareto 非劣解的压升比高 37.430%，但其总压恢复系数比第二个
Pareto 优化设计低 4.053%。在没有其他决策信息引入的条件下，不能判断这两个
解孰优孰劣，体现了 MOP 的特点。两目标优化设计的 Pareto 非劣解集和候选设计
解对应的目标解集如图 4.5 所示，图中成功地表达了两个目标的权衡信息 (tradeoff
information)。这种权衡信息对于决策者根据实际情况做出选择非常重要。可以从
Pareto 非劣解集中确定出最大总压恢复系数设计方案和最大压升比设计方案，这
两个设计方案分别位于 Pareto 最优前沿的两个端点 (见图 4.5)，代表两种极限情
况下的选择。前者意味着最大的总压恢复系数和最小的压升比，后者意味着最大的
压升比和最小的总压恢复系数，实际应用时往往会选择两者间的某个折衷方案。

三目标优化设计要求阻力系数不大于 0.24，其他约束与两目标优化设计相同，
优化结果见表 4.1。可以给出任意两个目标之间的权衡信息，图 4.6 是压升比与阻
力系数的权衡关系，Pareto 非劣解集中的最小压升比为 40.355，增加压升比则阻力
系数随之增大，当压升比达到 74.045 时，阻力系数增加到 0.237。图 4.5 和图 4.6
均是给出各自优化最后 60 代所有方案和得到的 Pareto 最优设计方案，由于三目
标优化设计在代内排序时需要将三个目标函数值进行比较以确定等级，相应的每

一代的非劣解增多,优化方案向高等级收敛较快。

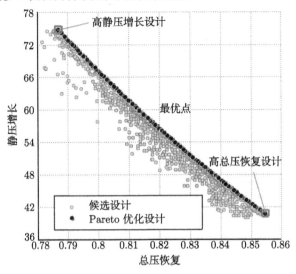

图 4.5 超燃冲压发动机进气道两目标优化目标函数值

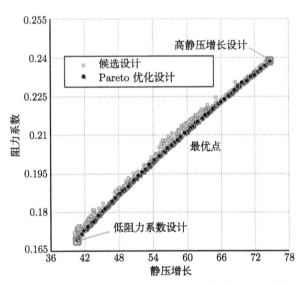

图 4.6 超燃冲压发动机进气道三目标优化目标函数值

为了讨论粘性和二维效应对高超声速进气道的影响,对一维优化结果进行二维数值模拟,计算结果见表 4.2。图 4.7 为等压线,(a)、(b)、(c) 分别对应单目标、两目标和三目标优化。从图中可以看出,前体形成的各道斜激波基本汇于外罩唇口,和设计要求的状态大致吻合。但由于附面层影响,斜激波稍稍偏离外罩唇口,形成溢流,使得进气道出口的流量小于设计值。数值计算表明,一维优化得到的进气道实际性能远远低于设计值，单目标优化设计方案对应的总压恢复系数为 0.464，压升比为 48.036，均偏离一维设计值较远。由此可见，粘性对高超声速进气道的性能影响很显著。进气道内压段存在着复杂的激波和附面层相互作用，激波和附面层相交处，壁面附面层分离，引起主流截面收敛，此后附面层再附着，中心区主流超声速膨胀直到形成第二道激波，如此反复，形成激波串结构。在进气道转折点外侧激波和附面层相互作用，导致发生明显的附面层分离 (见图 4.8)，使得进气道内压段的入口截面流场畸变进一步加大，降低了进气道-隔离段组合部件承受燃烧室反压的能力。当燃烧室反压超过了承受上限时，进气道-隔离段内的波系被推出进气道内压段，造成进气道不起动。高超声速进气道设计时，应该尽量避免出现这种附面层分离。不幸的是，采用一维优化设计的高超声速进气道均存在这类附面层分离，因此有必要在进气道的设计过程中考虑粘性影响。

表 4.2   二维 CFD 优化结果

优化问题	目标性能			出口流量/(kg/s)	出口压强/Pa
	σ	C_D	P_r		
单目标	0.531	0.145	36.726	59.214	92220.550
两目标	0.465	0.138	46.360	58.683	116409.800

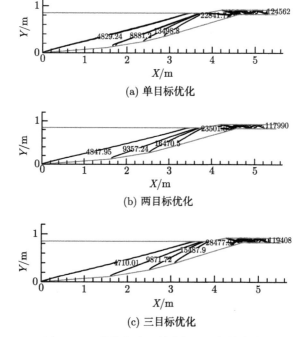

(a) 单目标优化

(b) 两目标优化

(c) 三目标优化

图 4.7   一维优化结果数值解 (压力等值线)

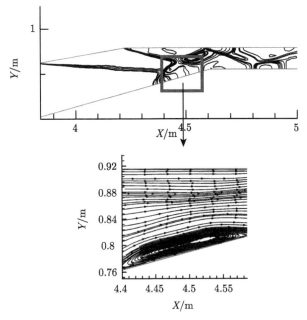

图 4.8 进气道转折点附近发生激波–边界层分离

将流场模拟程序直接集成到优化设计中。为了减少计算量，降低数值噪声影响，以一维优化结果为初值，并采用 VCM 技术结合高低两级精度模型。将种群规模降为 50，仍然采取多点交叉，交叉概率为 0.6，变异概率为 0.1，交配池规模为 53，每次淘汰最差的 3 个个体。首先利用一维分析计算当前代内所有个体的目标函数值，然后从代中随机选取 5 个个体进行二维数值模拟，得到目标函数精确值，计算出比例函数表达式，对代内所有个体的目标函数值进行修正。采用二阶多项式作为修正比例函数。利用 PMOHGA，采用 8 台微机 (Intel 0.8~1.8GHz CPU) 进行并行计算，有效地缩短了计算时间。单目标和两目标的二维数值优化结果见表 4.2(两目标数值优化只给出了一个非劣解)。需要说明的是，由于受计算条件的限制，PMOHGA 计算的代数较少，得到的解集很可能与问题的 Pareto 非劣集之间有较大差距，因此得到的优化解只是准最优解。

二维数值优化设计得到的超燃冲压发动机进气道性能 (即使是准最优解) 与一维优化设计相比有较大提高。以单目标优化设计方案为例，二维数值优化设计方案与一维优化设计方案相比，进气道的总压恢复系数提高了 14.44%，阻力系数降低了 12.77%，下壁面转折点处的附面层分离得到了缓解 (见图 4.9)。由数值优化结果分析可知，如果按一维气动力学方法进行设计，入口捕获流量应设计得比设计流量大一些，才能保证实际出口流量达到设计要求；唇口与进气道下壁面的转折点之间的距离应比计算值近一些，以避免附面层分离。

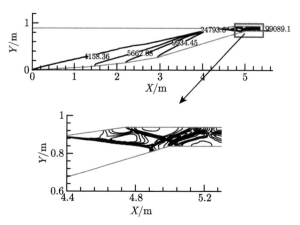

图 4.9　二维数值优化结果 (压力等值线)

4.3　超燃冲压发动机尾喷管多目标优化设计

4.3.1　设计模型

为避免流动分离, 喷管型面为凹型面。喷管上壁面型面满足二次或者三次方程, 三次方程型面的型线终止点切线与轴向交角为 0°。喷管长度为 9.000m, 喷管型线高度为 2.871m, 喷管入口高度为 0.662m。为使喷管型面为凹型面, 外部喷管上壁扩张角 θ_{noexp} 应大于 17.693°。其他的设计条件包括: 飞行马赫数为 6.0, 飞行高度为 25.0km。由燃烧室准一维流计算可得到尾喷管燃气的入口马赫数为 1.591, 静温为 1622.206K, 静压为 73660.913Pa, 密度为 0.167kg/m³。

喷管上壁面型面满足三次方程

$$y = f(x) = Ax^3 + Bx^2 + Cx + D \tag{4.3}$$

或者二次方程

$$y = f(x) = \tan(\theta_{\mathrm{noexp}}) x - Ex^2 \tag{4.4}$$

由尾喷管型面的起始点和终止点位置与切向条件, 可确定出型线方程的系数 $A \sim E$。计算尾喷管产生的俯仰力矩, 需要知道飞行器的压心位置 (x_C, y_C)。为了计算简便, 假设 x_C 位于 1/2 飞行器长度处, y_C 位于 1/2 喷管型线高度处。飞行器长度 L_V 为 30m, 高超声速飞行器按无底部设计, 飞行器高度 $H_V = H_{\mathrm{no},e}$。

外部喷管上壁扩张角 θ_{noexp} 对尾喷管曲面型线的影响如图 4.10 所示。二次方程型线喷管随 θ_{noexp} 的增大而变化的程度比三次方程型线喷管显著。

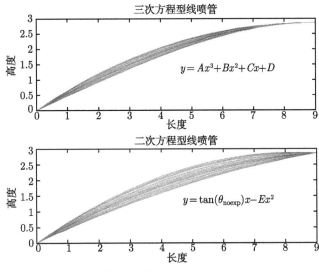

图 4.10 尾喷管曲面型线变化 ($\theta_{\mathrm{noexp}} = 25° \sim 35°$)

4.3.2 优化模型

选择尾喷管推力系数 C_T、升力系数 C_L 和俯仰力矩 C_M 为目标函数,外部喷管上壁扩张角 θ_{noexp}、外罩后伸长度 $L_{\mathrm{co,aft}}$、外罩后外掠角 $\theta_{\mathrm{co,aft}}$ 为设计优化变量。超燃冲压发动机尾喷管多目标优化问题为

Maximize $\quad \{C_T, C_L, -C_M\}$

subject to $\quad 25.0° \leqslant \theta_{\mathrm{noexp}} \leqslant 35.0°, 0.9 \leqslant L_{\mathrm{co,aft}} \leqslant 2.7, 5.0° \leqslant \theta_{\mathrm{co,aft}} \leqslant 20.0°$

where $\quad \theta_{\mathrm{noexp}}$、$L_{\mathrm{co,aft}}$、$\theta_{\mathrm{co,aft}}$

其中,尾喷管推力系数 C_T、升力系数 C_L 和俯仰力矩 C_M 定义为

$$C_T = \frac{F}{q_\infty H_0}, \quad C_L = \frac{L}{q_\infty H_0}, \quad C_M = \frac{M}{q_\infty H_0 L_V} \tag{4.5}$$

进气道捕获高度 H_0 取为 3.533m,飞行动量 q_∞ 为 63.266kPa。

试验设计是一种探索设计空间的统计方法,其特点是通过对各设计变量取值的综合协调,保证将有限的设计点按最优方式 (统计意义上) 散布到整个设计空间。试验设计过程首先要选择一组需完成的试验,这些试验对应着一系列离散的设计点。试验的结果被用于构造试验性能目标与设计变量之间的近似模型,称为响应面模型 (RSM),在随后的分析中采用 RSM 去替代真实的试验过程。RSM 有多种形式,其中二阶多项式应用最多。将 RSM 与优化方法结合,则可能求得问题的近似最优解。

本书采用均匀设计从设计空间中选择一些特定的设计点,对选择的设计点对应的尾喷管流场进行二维数值模拟,得到尾喷管性能,然后构造尾喷管性能的 RSM,最后以 RSM 替代复杂耗时的数值模拟,采用 PMOHGA 完成尾喷管性能的多目标优化,整个多目标优化设计流程参见图 4.11。

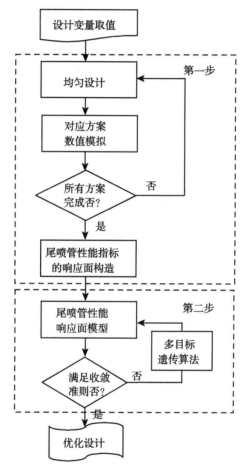

图 4.11 超燃冲压发动机尾喷管多目标优化设计流程图

需要指出的是,由于 RSM 计算简便,没有必要进行并行计算。PMOHGA 采取粗粒度并行策略,因此在单机上执行也十分方便。响应面近似 (RSA) 的引入大大减少了计算量,而均匀设计则保证所计算的有限个方案 (设计点) 分布最合理,最能反映设计问题的本质。均匀设计和响应面方法原理参见文献 [289] 和 [290]。该方法最大的优点是避免了将 CFD 方法与多目标遗传算法直接结合,大大降低了计算代价,且优化设计过程简单易行。

4.3.3 结果分析

本书探讨的超燃冲压发动机尾喷管优化设计为 3 变量多目标优化设计问题，变量的变化范围及基准值见表 4.3。由于优化目标函数与优化设计变量间为高阶非线性关系，为了能够比较精确地反映目标函数与优化设计变量间的关系，设计变量的水平数不能太少，故选取混合水平均匀设计表 $U_{16}(16 \times 8^2)$ 确定试验方案[289]。调用超燃冲压发动机尾喷管二维数值模拟程序对尾喷管性能进行计算，计算结果见表 4.4。

表 4.3 设计变量及描述

设计变量	描述	基准值	变化范围
$\theta_{\mathrm{noexp}}/(°)$	喷管上壁扩张角	30.0	25.0~35.0
$L_{\mathrm{co,aft}}$	外罩后伸长度	1.8	0.9~2.7
$\theta_{\mathrm{co,aft}}/(°)$	外罩后外掠角	12.5	5~20.0

表 4.4 均匀设计表 $U_{16}(16 \times 8^2)$ 对应方案的尾喷管性能计算结果

序号	设计变量取值			三次方程型线尾喷管			二次方程型线尾喷管		
	θ_{noexp}	$\theta_{\mathrm{co,aft}}$	$L_{\mathrm{co,aft}}$	C_T	C_L	C_M	C_T	C_L	C_M
1	25.000	17.857	2.443	0.404	0.190	0.146	0.410	0.194	0.131
2	25.667	15.714	1.929	0.402	0.237	0.155	0.406	0.240	0.141
3	26.333	11.429	1.414	0.387	0.286	0.157	0.389	0.293	0.148
4	27.000	9.286	0.900	0.344	0.360	0.159	0.347	0.364	0.151
5	27.667	5.000	2.443	0.402	0.188	0.150	0.408	0.186	0.139
6	28.333	20.000	1.929	0.401	0.242	0.164	0.406	0.239	0.154
7	29.000	17.857	1.414	0.389	0.292	0.167	0.392	0.290	0.159
8	29.667	13.571	0.900	0.346	0.353	0.162	0.349	0.353	0.157
9	30.333	11.429	2.700	0.401	0.182	0.160	0.406	0.176	0.152
10	31.000	7.143	2.186	0.400	0.224	0.168	0.403	0.221	0.163
11	31.667	5.000	1.671	0.386	0.267	0.172	0.388	0.264	0.169
12	32.333	20.000	1.157	0.373	0.332	0.177	0.373	0.331	0.176
13	33.000	15.714	2.700	0.398	0.195	0.171	0.397	0.197	0.172
14	33.667	13.571	2.186	0.396	0.241	0.182	0.392	0.245	0.186
15	34.333	9.286	1.671	0.387	0.284	0.185	0.382	0.290	0.191
16	35.000	7.143	1.157	0.360	0.492	0.266	0.353	0.347	0.192

二次和三次方程型线尾喷管流场 1 号方案对应流场的压力等值线分布如图 4.12 和图 4.13 所示。从设计点得到的超燃冲压发动机尾喷管性能来看，二次方程型线尾喷管和三次方程型线尾喷管性能接近。

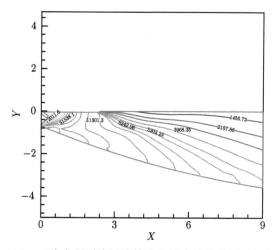

图 4.12 二次方程型线尾喷管流场压力等值线图 (方案 1)

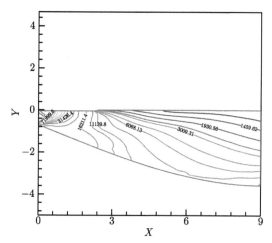

图 4.13 三次方程型线尾喷管流场压力等值线图 (方案 1)

为方便分析和优化计算，由上述计算结果构造 RSM。选择二次多项式形式的
RSM：

$$y = a_0 + \sum_{1 \leqslant j \leqslant 3} a_j x_j + \sum_{1 \leqslant j \leqslant 3} \sum_{j \leqslant k \leqslant 3} a_{(2+j+k)} x_j x_k \tag{4.6}$$

其中，x_1、x_2 和 x_3 分别为 θ_{noexp}、$\theta_{\text{co,aft}}$ 和 $L_{\text{co,aft}}$。利用本书编制的 RSM 构造程
序 RSM_CON，分别构造了 C_T、C_L 和 C_M 与设计变量间的 RSM。RSM 估计值与
实际计算值之间的逼近程度可用相关系数 R 来评价，相关系数 R 越接近 1，说明
逼近的程度越好。表 4.5 给出了二次方程型线尾喷管和三次方程型线尾喷管各性能
指标的 RSM 的相关系数 R，均很接近 1，说明构造的响应面近似精度比较高。三

次方程型线尾喷管 C_T RSM 估算值与 CFD 计算值的对比如图 4.14 所示,从图中可以看出,RSM 的逼近程度很高,最大的误差小于 5%,可以满足工程应用要求。

表 4.5　响应面相关系数

R	C_T 响应面	C_L 响应面	C_M 响应面
二次方程型线尾喷管	0.9996	0.9999	0.9992
三次方程型线尾喷管	0.9989	0.9885	0.9700

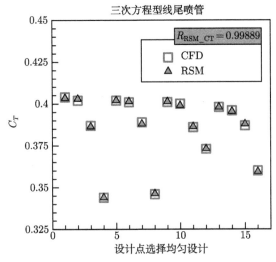

图 4.14　三次方程型线尾喷管 C_T 响应面估算值与 CFD 计算值的对比

利用 RSM 可以方便地分析设计参数对尾喷管性能的影响。以 C_T 随 θ_{noexp} 的变化规律为例。如图 4.15 所示,在 25°~35° 的范围内,C_T 随 θ_{noexp} 的增大而减小,二次方程型线尾喷管 C_T 下降的幅度比三次方程型线尾喷管大。二次方程型线尾喷管 C_T 下降了 0.0249,而三次方程型线 C_T 只下降了 0.0144。在图中 A 点 (对应的 θ_{noexp} 为 31.8°) 以前,二次方程型线尾喷管的 C_T 大于三次方程型线尾喷管。

按照多目标优化设计的要求,结合尾喷管性能指标响应面,采用 PMOHGA,编制超燃冲压发动机尾喷管多目标优化设计程序 NozzleMO。遗传算法优化过程的种群规模为 800 个,最大进化代数为 50 代,采取多点交叉,交叉概率为 0.6,变异概率为 0.1,交配池规模为 850,每次淘汰最差的 50 个个体。利用 NozzleMO 完成了二次和三次方程型线尾喷管的三目标设计,得到了 Pareto 最优集。图 4.16 和图 4.17 分别为二次和三次方程型线尾喷管三目标优化的 Pareto 最优前沿,比较而言,三次方程型线尾喷管性能具有较大的变化空间,能够为决策者提供更多的选择余地。

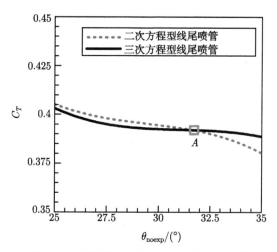

图 4.15　尾喷管 C_T 随 θ_{noexp} 的变化规律

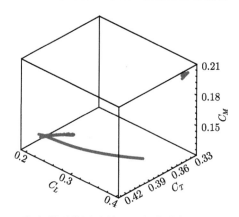

图 4.16　二次方程型线尾喷管三目标优化的 Pareto 最优前沿

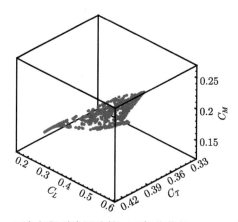

图 4.17　三次方程型线尾喷管三目标优化的 Pareto 最优前沿

为了更加方便地权衡尾喷管的不同目标, 本书还以 C_T 和 C_L 为目标对二次和三次方程型线尾喷管进行了两目标优化设计。得到的两目标优化设计的 Pareto 最优前沿如图 4.18 和图 4.19 所示, 从图中给出的两目标权衡信息可以从 Pareto 非劣解集中确定出最大 C_T 的尾喷管设计方案和最大 C_L 的尾喷管设计方案, 这两个设计方案分别位于 Pareto 阵面的两个端点 (见图 4.18 和图 4.19), 代表两种极限情况下的选择。前者意味着尾喷管能够提供最大的推力, 同时后体下壁面产生的升力也最小; 后者意味着后体下壁面产生的最大的升力, 但尾喷管产生的推力最小。实际设计时往往会选择两者间的某个折衷方案。

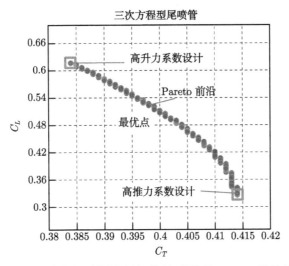

图 4.18 三次方程型线尾喷管两目标优化的 Pareto 最优前沿

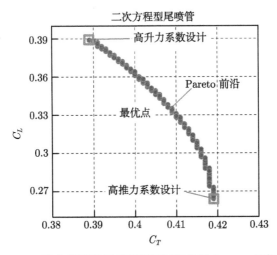

图 4.19 二次方程型线尾喷管两目标优化的 Pareto 最优前沿

4.4　超燃冲压发动机燃烧室单目标优化设计

4.4.1　设计模型

超燃冲压发动机的设计理论很不成熟，大部分燃烧室构型参数的确定还没有可靠的方法。为切实提高模型发动机性能，有必要对影响燃烧室性能的主要构型参数进行优化设计。本节以本实验室研制的 2kg/s 直连式碳氢燃料超燃冲压模型发动机为例，对主要的燃烧室构型参数进行了优化。模型发动机结构如图 4.20 所示，整个燃烧室分为三级，分别为第一燃烧室、第二燃烧室和燃烧室扩张段，第一燃烧室、第二燃烧室内安装有凹腔火焰稳定器。图 4.21 是该试验超燃冲压模型发动机的三维造型。

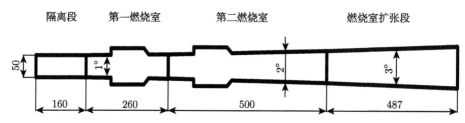

图 4.20　2kg/s 直连式超燃冲压模型发动机结构图

图 4.21　2kg/s 直连式超燃冲压模型发动机三维造型图

4.4.2　优化模型

选择超燃冲压模型发动机 (燃烧室) 燃料比冲 $I_{\rm sp,f,com}$ 为目标函数，以第一燃烧室、第二燃烧室和燃烧室扩张段的长度 $L_{{\rm com}i}$ $(i=1,2,3)$ 和扩张角 $\theta_{{\rm com}i}$ $(i=1,2,3)$

为设计优化变量。超燃冲压模型发动机单目标优化设计问题为：

Maximize $\quad I_{\text{sp,f,com}}(X)$

subject to $\quad L_{\text{com1}} + L_{\text{com2}} + L_{\text{com3}} = 1.247, \ 0.160 \leqslant L_{\text{com1}} \leqslant 0.360$

$\quad\quad\quad 0.350 \leqslant L_{\text{com2}} \leqslant 0.650, \ 0.237 \leqslant L_{\text{com3}} \leqslant 0.737$

$\quad\quad\quad 0.5° \leqslant \theta_{\text{com1}} \leqslant 1.5°, \ 1.0° \leqslant \theta_{\text{com2}} \leqslant 3.0°, \ 2.0° \leqslant \theta_{\text{com3}} \leqslant 4.0°$

where $\quad\quad X = [L_{\text{com1}}, L_{\text{com2}}, L_{\text{com3}}, \theta_{\text{com1}}, \theta_{\text{com2}}, \theta_{\text{com3}}]$

优化过程保持超燃冲压模型发动机的总长度不变，设计变量的取值范围参考实际超燃冲压模型发动机设定。优化方法采用杰出者选择 (elitist selection) 遗传算法。

试验发动机以煤油为燃料，采用余勇与作者共同开发的两相多组分准一维流分析程序 CoPAQ1D_HC 进行超燃冲压发动机燃烧室性能评估，该程序考虑了煤油的蒸发、壁面摩擦与散热等因素。

4.4.3 结果分析

利用 CoPAQ1D_HC 程序对超燃冲压模型发动机冷、热试流动进行分析，可以得到模型发动机内气相的总温、静温、总压、静压、速度、马赫数、密度、总流量和液滴的位置、速度、温度、质量、直径沿轴向的变化，根据这些计算结果可以计算出模型发动机的推力、比冲、推力增益、总压损失等性能参数。试验测量的燃烧室轴向压力分布与准一维计算结果的对比如图 4.22 所示，从图中可以看出，试验测量值与计算结果吻合较好，验证了准一维流模型的分析精度和程序的有效性。实际超燃冲压模型发动机第一燃烧室长度为 0.260m，扩张角为 1.0°；第二燃烧室长度为 0.500m，扩张角为 2.0°；燃烧室扩张段长度为 0.487m，扩张角为 3.0°。

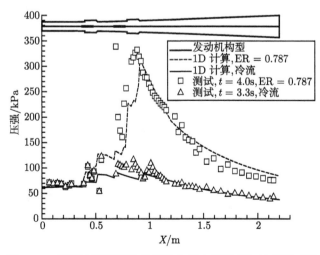

图 4.22 超燃冲压模型发动机轴向压力测量值与计算值对比

　　遗传算法优化过程的种群规模为 100 个, 最大进化代数为 100 代; 采取多点交叉, 交叉概率为 0.5, 变异概率为 0.05; 交配池规模为 115, 每次淘汰最差的 15 个个体。利用遗传算法得到的超燃冲压模型发动机燃料比冲收敛过程如图 4.23 所示, 最大值达到了 1225.381s, 设计变量的最优解表 4.6。需要说明的是, 目前计算的是燃烧室的比冲, 没有考虑前体/进气道的阻力和后体/尾喷管的膨胀效应, 与机体一体化超燃冲压发动机燃料比冲有差距。试验中的实际超燃冲压模型发动机燃料比冲为 1048.338s, 计算所得优化方案的燃料比冲比实际设计方案提高了 16.89%, 取得了良好的优化设计效果。

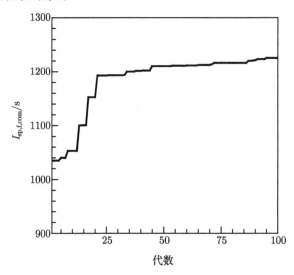

图 4.23   遗传算法燃料比冲收敛过程

表 4.6   优化变量取值范围和最优解

设计变量	L_{com1}/m	L_{com2}/m	L_{com3}/m	θ_{com1}/(°)	θ_{com2}/(°)	θ_{com3}/(°)
变量上限	0.360	0.650	0.737	1.500	3.000	4.000
变量下限	0.160	0.350	0.237	0.500	1.000	2.000
最优解	0.161	0.371	0.715	0.666	1.680	3.969

　　由于第一级燃烧室内煤油液滴的温度和速度都比较低, 液滴蒸发速率较慢, 化学反应进行也较慢, 燃料加热影响并不明显, 燃烧室压力也比较低。同时壁面扩张角较小, 室压对壁面积分的轴向分量并不大, 不足以克服燃料喷射和壁面摩擦等阻尼因素, 因此第一级燃烧室产生的推力随 L_{com1} 的增加而减小。优化结果反映了这一事实, 与实际设计方案相比, 优化设计方案的第一燃烧室的长度缩短了 0.099m。第一级燃烧室产生的推力随 θ_{com1} 的增大而增大, 但第二级燃烧室产生的推力随 θ_{com1} 的增大而减小, 二者共同作用使得 θ_{com1} 取 0.666° 时超燃冲压模型发动机的

推力性能最优。

参数分析表明 L_{com2} 在 0.350m 之内时, 模型发动机第二级燃烧室和燃烧室扩张段产生的推力随 L_{com2} 的增加而增大。随着 L_{com2} 的进一步增加, 第二级燃烧室产生的推力继续上升, 燃烧室扩张段产生的推力开始下降, 超燃冲压模型发动机总推力并无明显上升。当 L_{com2} 大于 0.371m 之后, 超燃冲压模型发动机总推力随 L_{com2} 的改变已经很小, 增加 L_{com2} 已经不能带来好处。第二级燃烧室推力随 θ_{com2} 的增大而增大, 燃烧室扩张段产生的推力随 θ_{com2} 的增大而下降, 超燃冲压模型发动机总推力在 θ_{com2} 取 1.680° 时最大。

燃烧室扩张段的作用是加速燃气、提高燃气动量、产生推力。燃烧室扩张段产生的推力比第一级燃烧室和第二级燃烧室产生的推力都要大, 且随 L_{com3} 和 θ_{com3} 的增大而增大。从优化结果来看, L_{com3} 和 θ_{com3} 的最优值均接近各自取值范围的上限。

4.5 本章小结

本章对高超声速飞行器机体/发动机一体化部件的优化设计方法进行了研究。本章主要工作具体如下:

(1) 在概述多目标优化基本概念、求解方法和多目标进化算法的基础上, 重点分析了复杂系统的多目标优化设计的难点, 提出了解决思路; 以 K. Deb 的 NSGA-II 为基础, 通过引入多方法并联协作策略, 发展了基于快速非优超排序和排挤机制的并行多目标混合遗传算法 (PMOHGA)。该算法采用独立型并行方案, 对并行计算硬件要求不高, 易于实现。采用两个困难的多目标优化测试问题对算法进行了测试, 结果表明 PMOHGA 具有良好的性能。

(2) 建立了超燃冲压发动机二维进气道性能的一维气动力学和二维计算流体力学分析模型。以此为基础, 借鉴多级设计思想, 提出了超燃冲压发动机进气道多级多目标优化设计方法。基于一维分析方法, 采用 PMOHGA 对超燃冲压发动机二维内外混合压缩进气道进行了多目标优化设计, 并在一维优化设计结果的基础上, 采用 VCM 技术和 CFD 方法进行了二维优化设计, 得到了问题的 Pareto 非劣解集。计算结果表明, 该方法效率高, 鲁棒性好, 可以显著地提高进气道的性能, 达到了工程优化的要求。

(3) 建立了超燃冲压发动机二维尾喷管性能的二维计算流体力学分析模型, 以此为基础, 基于试验设计方法和响应面近似 (RSA) 技术, 发展了超燃冲压发动机二维尾喷管的多目标优化设计方法。基于 RSM, 以推力系数、升力系数和俯仰力矩为目标函数, 采用 PMOHGA 实现了超燃冲压发动机二维尾喷管的两目标和三目标优化设计, 得到了问题的 Pareto 最优设计集。计算结果表明, 该方法效率高,鲁棒性好，可以显著地提高尾喷管的性能，达到了工程优化的要求。

(4) 采用遗传算法对某试验超燃冲压模型发动机的燃烧室构型参数进行了优化设计，得到了优化设计方案。与实际设计方案相比，优化设计方案的模型发动机燃料比冲提高了 16.89%，取得了良好的优化设计效果。

第5章 机体/发动机一体化高超声速飞行器冷却性能分析

高超声速飞行器长时间在大气层中高速飞行,飞行器头部、机翼/侧板/外罩前缘等位置气动加热十分严重;超燃冲压发动机燃烧室壁面直接与高温燃气接触,对流传热也很严重。如何实现上述位置壁面的冷却是进行高超声速飞行器设计需要重点考虑的问题。

本章建立了包含头部、机翼/侧板/外罩前缘、支板边缘和超燃燃烧室壁面冷却需求的机体/发动机一体化高超声速飞行器冷却分析模型。对 $Ma \leqslant 12$ 条件下,按等高度飞行和等动压飞行的高超声速飞行器的冷却流量需求分别进行了计算,并分析了飞行 Ma、巡航高度和飞行动压对冷却流量的影响,得到了满足冷却需求的最大飞行 Ma。

5.1 气动加热部件冷却分析

借鉴 A. Z. Al-Garni 等 [239] 提出的方法,首先计算各部件冷却区域的冷却面积,然后根据所需冷却区域的传热量,计算各部件所需的冷却流量需求。气动加热热流密度和冷却流量的计算方法参见 2.4 节,下面介绍冷却面积的计算方法。

5.1.1 气动加热冷却面积

高超声速飞行器前体采用多级楔形体外形,如图 5.1 所示。飞行器头部驻点受热区域需要冷却的面积近似为半径 R_{nose},长度 L_{nose} 的半圆柱面及两侧受热面积。两侧受热区域的宽度取为头部前缘半径 R_{nose},长度和头部宽度 L_{nose} 相同。

$$(A_h)_{\text{nose}} = (\pi + 2) R_{\text{nose}} L_{\text{nose}} \tag{5.1}$$

如图 5.2 所示,高超声速飞行器机翼前缘需要冷却的受热面积近似为半圆台侧表面和两侧一定宽度的受热表面。外露翼翼根处前缘半径最大,翼稍处前缘半径最小,分别取 $R_{\text{le,max}} = 0.07\text{m}$,$R_{\text{le,min}} = 0.03\text{m}$。前缘两侧受热面积均取为宽度为机翼前缘最大半径,长度与前缘长度相等的矩形。机翼前缘区需要冷却面积为

$$(A_h)_{\text{wing}} = \pi (R_{\text{le,max}} + R_{\text{le,min}}) l_{\text{le,wing}} + 2R_{\text{le,max}} l_{\text{le,wing}} \tag{5.2}$$

其中，外露机翼前缘长度 $l_{\text{le,wing}}$ 与机翼的翼展、梢根比、后掠角和翼根长度有关，由飞行器外形尺寸计算给出。

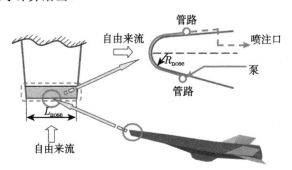

图 5.1　头部驻点区气动加热与冷却示意图

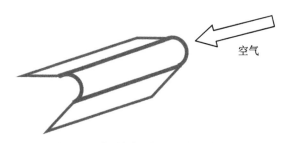

图 5.2　机翼前缘气动加热示意图

发动机侧边和唇口前缘需要冷却的受热面积近似为半圆台侧表面和两侧一定宽度的受热表面，如图 5.3 所示。假设发动机侧边和唇口前缘的半径保持不变，取为 $R_{\text{le,engine}} = 0.05\text{m}$。前缘两侧受热面积均取宽度为 $R_{\text{le,engine}}$、长度为发动机侧边前缘长度 $l_{\text{le,engine,side}}$ 的矩形。

$$
\begin{aligned}
(A_h)_{\text{le,engine}} = {} & 2\pi R_{\text{le,engine}} \left(l_{\text{le,engine,side}} + l_{\text{le,engine,cowl}}\right) \\
& + 2R_{\text{le,engine}} \left(l_{\text{le,engine,side}} + l_{\text{le,engine,cowl}}\right)
\end{aligned}
\tag{5.3}
$$

为了增强燃料与空气的混合，常在超燃燃烧室流道中增设支板，直接将燃料喷射到主流区。支板模型如图 5.4 所示，支板边缘受热严重，因此需要冷却。为简化计算，将支板近似为平板，冷却通道沿支板外缘设置，燃料喷射通道置于支板中部。设支板高度为 H_{st}、宽度为 L_{st}、前缘后掠角为 $\Lambda_{\text{st},l}$、迎风前缘半径为 R_{st}、厚度为 t_{st}。支板受热面积 $(A_h)_{\text{strut}}$ 可近似为

$$
(A_h)_{\text{strut}} = 3t_{\text{st}} \left[H_{\text{st}} + (L_{\text{st}} - H_{\text{st}}\phi_{\text{st}}\tan\Lambda_{\text{st},l})\right] + (\pi R_{\text{st}} + 2t_{\text{st}})\left(H_{\text{stc}} + H_{\text{st}}\phi_{\text{st}}/\cos\Lambda_{\text{st},l}\right)
\tag{5.4}
$$

其中，$\phi_{\text{st}} = 1 - H_{\text{stc}}/H_{\text{st}}$。

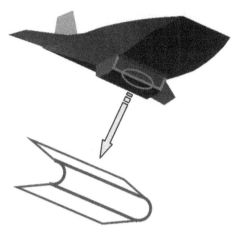

图 5.3　发动机侧板和外罩唇口前缘区气动加热示意图

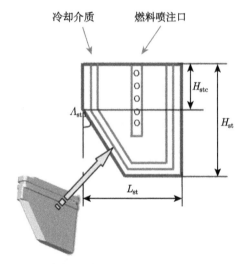

图 5.4　支板前缘区气动加热及冷却流道示意图

5.1.2　冷却分析计算条件

确定部件的几何尺寸时，需要考虑如下一些原则 [198,205,291~293]：

- 在满足冷却的前提下，头部半径尽量取小，以减小阻力。头部半径对进入发动机的气流也有影响，小的头部半径可减小高温焓层和总压损失，还可以使按头部尖劈近似设计的前体误差较小。
- 前缘需要冷却，前缘半径不得小于 0.01m。
- 所有前缘的后掠角均应该大于 45°，以减小前缘气动加热的热流密度。
- 支板前缘的厚度越小越好，薄支板可减小压缩来流的总压损失，减弱发生壅塞的危险。由于支板四周受热均比较严重,前缘以外的边缘亦需要冷却。

● 高超声速飞行器一般采用多个模块超燃冲压发动机共同提供推力。

基于上述原则,结合目前的技术条件,对典型的高超声速飞行器气动加热部件的冷却性能进行分析。支板四周受热,假设其下缘和后缘的热流密度为迎风侧前缘的 1/4。不考虑隔离段和尾喷管的冷却,飞行器下腹并排安装 6 个模块超燃冲压发动机。所用的部件几何尺寸取值见表 5.1,部分计算参数的取值见表 5.2。

表 5.1　部件几何基本尺寸

R_{nose}/m	L_{nose}/m	$R_{le,max}$/m	$R_{le,min}$/m	$l_{le,wing}$/m	$\Lambda_{le,wing}$/(°)	$R_{le,engine}$/m	$\Lambda_{sw,l}$/(°)
0.030	3.770	0.030	0.010	13.000	60.000	0.020	60.000

$l_{le,engine,side}$/m	$l_{le,engine,cowl}$/m	R_{st}/m	L_{st}^{*}/m	H_{st}^{**}/m	ϕ_{st}	$\Lambda_{st,l}$/(°)	
2.183×6	5.5000	0.016	0.450	0.450	0.50	45.00	

* 指全高度支板的高度;

** 指全高度支板的宽度。

表 5.2　参数的取值

$\nu/$ $(\mathrm{m^2/s})$	$h_{ev}/$ (J/kg)	$\rho_{H_2,L}/$ (kg/m^3)	$\rho_{H_2,G}/$ (kg/m^3)	$T_{no,in}$ /K	$T_{wi,in}$ /K	$T_{le,in}$ /K	$T_{cm,in}$ /K	$(\Delta T)_i$ /K
1.5714×10^{-7}	514900	71.021	1.329	25.000	25.000	25.000	25.000	10 or 275

气动加热取决于飞行状态和受热部件的几何尺寸。根据高超声速飞行器的不同任务特点,分别按等高度和等动压两种飞行弹道进行气动加热部件的冷却需求分析。

5.1.3　等高度飞行时气动加热部件的冷却分析

计算 30km 等高度飞行时,各气动加热部件在不同飞行 Ma 条件下所需要的冷却流量和冷却流量系数,计算结果如图 5.5 和图 5.6 所示。支板前缘的热流密度最大,从 Ma 为 5.500 开始就需要冷却,其他部件开始冷却的最低飞行 Ma 见表 5.3。机翼前缘区所需要的冷却流量占气动加热部件总冷却流量的比例最大,约为 37%。冷却管进出口温升为 100K、Ma 为 12 时,气动加热部件总冷却流量约占超燃冲压发动机恰当化学反应燃料流量的 22.59%,约为 6.437kg/s;冷却管进出口温升为 400K、Ma 为 12 时,气动加热总冷却流量仅占超燃冲压发动机恰当化学反应燃料流量的 6.75%,约为 1.923kg/s。此时,仍有大量的液氢可用于发动机流道的冷却。原因是按等高度飞行,随着 Ma 的增加,捕获流量随之增加,恰当化学反应燃料流量也相应增加,相同冷却流量系数对应的实际冷却流量增加,因此冷却流量系数仍然维持在比较小的范围。但等高度飞行,随着 Ma 的增加,飞行动压增加。高动压飞行时气动加热严重,且动压的显著变化也不利于超燃冲压发动机的稳定工作。因此加速型高超声速飞行一般采取等动压或者动压减小的飞行弹道,下面分析按等动压飞行时的气动加热冷却流量。

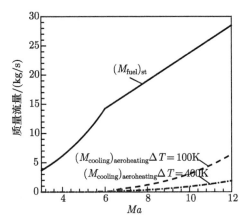

图 5.5 气动加热冷却流量随飞行马赫数的变化 (等高度飞行 H=30km)

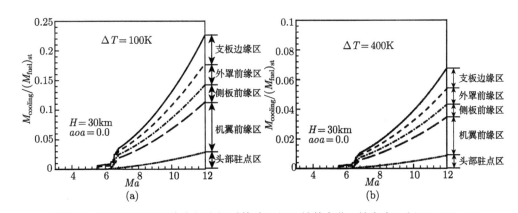

图 5.6 各气动加热部件冷却流量系数随飞行马赫数变化 (等高度飞行 H=30km)

表 5.3 等高度飞行各区域开始冷却的最低飞行马赫数 (H=30km)

冷却区域	头部驻点区	机翼前缘区	侧板前缘区	外罩前缘区	支板边缘区
最低飞行马赫数	6.075	6.350	6.525	5.525	5.500

5.1.4 等动压飞行时气动加热部件的冷却分析

计算 28.682kPa 等动压飞行时 (对应 Ma=6.0、H=30km 时的飞行动压),各气动加热部件在不同飞行 Ma 条件下所需要的冷却流量和冷却流量系数,计算结果如图 5.7 和图 5.9 所示。支板前缘的热流密度最大,从 Ma 为 5.400 开始就需要冷却,其他部件开始冷却的最低飞行 Ma 见表 5.4。机翼前缘区冷却流量需求最大,约占气动加热部件总冷却流量的 35%。冷却管进出口温升为 100K、Ma 为 12 时，气动加热部件总冷却流量约占超燃冲压发动机恰当化学反应燃料流量的 61.80%，约为 4.146kg/s；冷却管进出口温升为 400K、Ma 为 12 时，气动加热部件总冷却流量仅占超燃冲压发动机恰当化学反应燃料流量的 18.58%，约 1.234kg/s。此时，仍有超过 80% 的液氢可用于发动机流道的冷却。按等动压飞行，随着飞行 Ma 的增加，飞行高度随之增加，进气道捕获流量呈减小的趋势；另一方面，Ma 增加可提

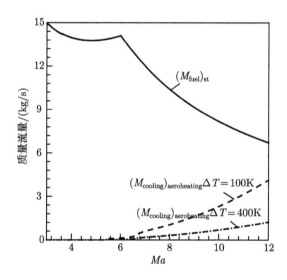

图 5.7　气动加热部件冷却流量随飞行马赫数的变化 (等动压飞行 $q=28.682$kPa)

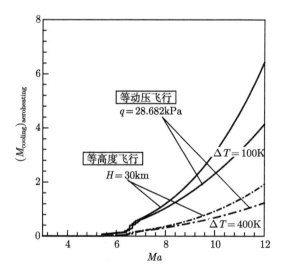

图 5.8　等动压飞行与等高度飞行气动加热部件冷却流量对比

高进气道的捕获流量。两者共同决定进气道的捕获流量：在 $Ma= 3\sim6$ 的范围内，进气道的捕获流量随 Ma 的增加先减小后增加；在 $Ma=6\sim12$ 的范围内，进气道的捕获流量随 Ma 的增加而减小。如图 5.8 所示，在 Ma 小于 6.0 时，等动压飞行的飞行动压高于等高度飞行的飞行动压，气动加热的热流密度相对较大，冷却流量需求较大；飞行 Ma 超过 6.0 以后，等高度飞行的飞行动压超过 28.682kPa，气动加热热流密度超过等动压飞行，冷却流量需求也较大。

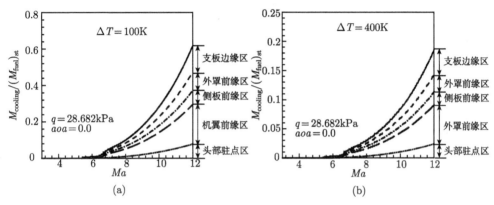

图 5.9　各气动加热部件冷却流量系数随飞行马赫数的变化 (等动压飞行 q=28.682km)

表 5.4　等动压飞行各区域开始冷却的最低飞行马赫数 (q=28.682kPa)

冷却区域	头部驻点区	机翼前缘区	侧板前缘区	外罩前缘区	支板边缘区
最低飞行马赫数	5.975	6.425	6.650	5.425	5.400

5.2　发动机流道冷却分析

5.2.1　超燃燃烧室壁面冷却面积

考虑如图 5.10 所示的 "等截面段＋等角度扩张段" 的两段式超燃冲压发动机燃烧室简化构型。超燃燃烧室的受热表面 $(A_h)_{\text{combustor}}$ 为

$$(A_h)_{\text{combustor}} = A_{\text{cm,af}} + A_{\text{cm,sw}} + A_{\text{cm,co}} \tag{5.5}$$

$$A_{\text{cm,af}} = W_{\text{cm}} \left[L_{\text{cmc}} + (L_{\text{cm}} - L_{\text{cmc}}) / \cos\theta_{\text{cmexp}}\right] \tag{5.6}$$

$$A_{\text{cm,sw}} = 2H_{\text{cm},i}L_{\text{cmc}} + (H_{\text{cm},i} + H_{\text{cm},e}) (L_{\text{cm}} - L_{\text{cmc}}) \tag{5.7}$$

$$A_{\text{cm,co}} = W_{\text{cm}}L_{\text{cm}} \tag{5.8}$$

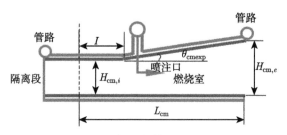

图 5.10　燃烧室简化几何构型

5.2.2　超燃燃烧室壁面热流密度

通常采用参考温度法近似计算超燃燃烧室壁面热流密度 [154]，但参考温度法误差较大。本书借鉴火箭发动机燃烧室的再生冷却计算方法 [295,296]，发展了超燃冲压发动机流道的冷却计算方法。

根据稳定传热时热流密度连续性原理可以得出 [1]

$$q_\Sigma = q_{gcv} + q_r = (h_{gcv} + h_r)(T_g - T_{wg}) = \lambda_w/\delta\,(T_{wg} - T_{wl}) = h_l(T_{wl} - T_l) \quad (5.9)$$

其中，T_g 为燃烧室内的燃气温度，T_{wg} 为燃气侧的壁温，T_{wl} 为冷却液侧的壁温，T_l 为冷却剂的温度。对流换热系数 h_{gcv} 和 h_l、辐射传热系数 h_r 均为壁温、燃气温度和冷却剂温度的函数。

燃气侧对流换热系数采用 Bartz 法计算：

$$h_{gcv} = 0.026C_{pf}\eta_f^{0.2}\,(\rho_f V)^{0.8}\,/Pr_f^{0.6}d^{0.2} \quad (5.10)$$

其中，C_{pf} 为燃气定压比热容，η 为燃气动力粘度，ρ_f 为燃气密度，V 为燃气速度，Pr 为普朗特数，d 为通道直径，这里取超燃冲压发动机燃烧室矩形截面的水力直径。以膜温 T_f 为定性温度，$T_f = (T_g + T_{wg})/2$。

燃气侧对流换热密度为

$$q_{gcv} = h_{gcv}(T_{ad} - T_{wg}) \quad (5.11)$$

其中，T_{ad} 为绝热壁温，或称为燃气恢复温度。引入温度恢复系数 r，则

$$r = \frac{T_{ad} - T_{wg}}{T^* - T_{wg}} \quad (5.12)$$

对紊流，可取 $r = Pr^{1/3}$。

超燃冲压发动机燃烧室中产生辐射热的主要成分是 H_2O 和 CO_2 气体。辐射热流密度取决于燃气温度和压强、H_2O 和 CO_2 的分压，以及燃烧室几何尺寸和材料的黑度。要详细计算辐射热相当困难，因此简单地将辐射热假设为对流换热的 20%。

采用含粘性修正的经验公式计算液氢冷却剂的努塞尔数为

$$Nu_f = 0.0208Re_f^{0.8}Pr_f^{0.4}\left(1 + 0.01457v_w/v_b\right) \tag{5.13}$$

其中，v_w 为以壁温为定性温度的流体运动粘度，v_b 为以主流温度为定性温度的流体运动粘度，Pr_f 与 Re_f 为普朗特数和雷诺数，且以膜温为定性温度。$Pr_f = \mu_f C_{pf}/\lambda_f$，$Re_f = \rho V l_{ch}/\mu_f$。

由此得到冷却剂侧对流换热系数：

$$h_{lcv} = Nu \cdot \lambda_w \cdot l_c \tag{5.14}$$

其中，λ_w 为壁面热导率，l_c 为特征长度。

S. J. Scotti 等 [200] 对铣槽式冷却套和钉式 (pin fin) 冷却套进行了比较，发现铣槽式冷却套用于超燃冲压发动机壁面冷却性能大大优于钉式冷却套，故本书选择铣槽冷却套。槽间肋片与散热器的翅片类似，能增强散热能力。肋片效应可以用毕渥数 Bi 来衡量：

$$Bi = h_{ch}b_{ch}/\lambda_w \tag{5.15}$$

其中，b_{ch} 为肋片厚，h_{ch} 为肋片有效高度，λ_w 为内壁导热系数。等效对流换热系数 $h_{lcv,eq}$ 是毕渥数 Bi 和肋片宽高比 h_{ch}/b_{ch} 的函数，即

$$h_{lcv,eq}/h_{lcv} = \sqrt{2/Bi} \cdot \tanh\left(h_{ch}/b_{ch}\sqrt{2Bi}\right) \tag{5.16}$$

室壁传给冷却剂的热流密度 q_{lv} 可修正为

$$q_{lcv} = h_{lcv,eq}\left(T_{wl} - T_l\right) \tag{5.17}$$

氢通过冷却套受到内壁传热，温度将升高并汽化，总焓升为

$$\Delta H = \dot{m}_{H_2}C_p\left(T_{out,coolant} - T_{in,coolant}\right) + \dot{m}_{H_2}h_{v,H_2} \tag{5.18}$$

其中，h_{v,H_2} 为液氢的蒸发热。已知液氢流量 $\dot{m}_{H_2}$，入口温度 $T_{in,coolant}$，燃烧室内燃气性质和推力室壳体尺寸时，就可以据此求得液氢出口温度。由于冷却剂不断吸收热量，其温度沿冷却通道方向变化较大，其存在着由液态到气态的相变，应当沿轴向将冷却通道分为若干小段 (设为 N 段)，以反映沿冷却通道的温度变化。

多数文献采用与燃烧室压强相关的比例系数来衡量冷却通道压降。但这样处理不能反映冷却通道的设计参数和推进剂流量对压降的影响。冷却通道可以看成是由若干有一定弯曲的方形管组成，可以用管路的压降来计算。管路的压降包含两方面：沿程损失和局部损失 [294]。沿程损失由摩擦引起，其压力损失系数 λ 可以用柯连勃罗克公式计算 [294]：

$$\frac{1}{\sqrt{\lambda}} = -2\log_{10}\left(\frac{e/D}{3710} + \frac{2.51}{Re\sqrt{\lambda}}\right) \tag{5.19}$$

其中, D 为管路直径, e 为管路的粗糙度, 本书取冷却槽的粗糙度为 0.003。

第 i 段燃烧室的沿程损失 $\Delta P_{f,i}$ 为

$$\Delta P_{f,i} = \frac{\lambda \Delta l_i}{D} \frac{\rho_c V_c^2}{2} \tag{5.20}$$

其中, Δl_i 为沿程分段的长度, ρ_c 为冷却剂密度, V_c 为冷却剂流速, 可通过冷却剂流量与冷却通道面积确定。

局部损失 ΔP_{loc} 为

$$\Delta P_{\text{loc}} = \xi \frac{\rho_c V_c^2}{2} \tag{5.21}$$

其中, ξ 为局部损失系数, ξ 包含了冷却剂入口突缩和转弯、出口的渐扩和转弯等引起的损失。可简单地取 $\xi = 0.2$。从而管路的压力总损失为

$$\Delta P = \sum_{i=1}^{N} \frac{\lambda \Delta l_i}{D} \frac{\rho_c V_c^2}{2} + \xi \frac{\rho_c V_c^2}{2} \tag{5.22}$$

冷却套中冷却剂的总压降为各段压降之和。根据压降, 由燃烧室压强和喷注器 (喷嘴) 压降可推导出冷却剂入口压力 $P_{\text{in,coolant}}$。喷注器 (喷嘴) 压降的计算在第 6 章中有详细介绍。

若冷却剂为单相态, 则超燃燃烧室 i 段处的冷却剂温升 ΔT_{li} 为

$$\Delta T_{li} = \frac{q_{\text{lv}i} \left[W_{\text{cm}} \Delta x \left(1 + 1/\cos \alpha_i \right) + \left(2 H_{\text{cm},i} + \tan \alpha_i \Delta x \right) \Delta x \right]}{\dot{m}_{\text{H}_2} C_p(T)} \tag{5.23}$$

其中, α_i 为燃烧室轮廓线与轴线的夹角, 在等截面段, 其值为 0, 在等角度扩张段为 θ_{cmexp}; Δx 为计算段沿轴线方向的长度, 下标 i 表示参数取计算段处的平均值; W_{cm} 为燃烧室宽度; $H_{\text{cm},i}$ 为第 i 段入口处的超燃燃烧室的高度。

若冷却剂为两相态, 则超燃燃烧室 i 段处的冷却剂温升 ΔT_{li} 为 0。本书采用如下的方法近似计算冷却剂相态的转化: 假设液氢在第 j 段达到临界温度 (取为 32.976K), 液态氢转为两相态, 液氢蒸发所吸收的总蒸发热为 $Q_{\text{H}_2,\text{Vap}}$, 第 i 段内壁面对液氢的对流传热量为 $Q_{\text{H}_2,i}$, 若 k 满足

$$\sum_i^k Q_{\text{H}_2,i} < Q_{\text{H}_2,\text{Vap}} \leqslant \sum_i^{k+1} Q_{\text{H}_2,i} \tag{5.24}$$

$$Q_{\text{H}_2,\text{Vap}} = \dot{m}_{\text{H}_2} h_{v,\text{H}_2} \tag{5.25}$$

则在第 i 段到第 k 段间液氢为两相态, 液氢温度不变。

第 $k+1$ 段的温升为

$$\Delta T_{lk+1} = \frac{\sum_i^{k+1} Q_{\text{H}_2,i} - Q_{\text{H}_2,\text{Vap}}}{\dot{m}_{\text{H}_2} C_p(T)} \tag{5.26}$$

5.2.3 冷却分析的计算条件

超燃冲压发动机的工作性能与飞行状态密切相关，而超燃冲压发动机流道的冷却又与燃烧进行的程度相关。因此在计算超燃冲压发动机流道的冷却流量时，必须首先给定飞行条件。燃烧室的几何尺寸、冷却通道的几何尺寸、燃料与空气的混合比、燃料的喷射位置与喷射方式对超声速燃烧均有直接影响，在计算超燃冲压发动机流道的冷却流量时也必须给定。

超燃冲压发动机工作时，对应的飞行高度为 30.0km，飞行攻角为 0.0°，进气道的设计马赫数为 6.0，超燃冲压发动机的工作马赫数范围为 5.0~12.0。燃烧室和冷却通道的几何基本尺寸见表 5.5。内壁面材料采用锆铜合金材料，其最大耐热不超过 840K。

冷却剂进入冷却套的温度设为 25.0K。由于气氢燃料的混合长度较短，且燃烧热值高，为避免发生热壅塞，液氢燃料超燃冲压发动机通常采用多点分级喷射的方式。书中采取四级喷射，四个喷射点分别布置在燃烧室轴向的 0.3m、0.8m、1.5m 和 2.0m 处，各喷嘴喷射的流量随化学当量比的变化而调整，调整方案见表 5.6。

表 5.5 燃烧室和冷却通道的几何基本尺寸

L_{cm}/m	L_{cmc}/m	$H_{cm,i}$/m	θ_{cmexp}/(°)	b_{ch}/m	h_{ch}/m	δ/m
5.650	0.2825	0.450	5.000	0.0004	0.003	0.0012

表 5.6 超燃冲压发动机喷嘴及其喷射流量设置

化学当量比	喷嘴 1	喷嘴 2	喷嘴 3	喷嘴 4
0.0~0.2	100.00%	0.00%	0.00%	0.00%
0.2~0.3	20.00%	56.00%	16.00%	8.00%
0.3~0.4	20.00%	36.00%	24.00%	20.00%
0.4~0.5	20.00%	24.00%	28.00%	28.00%
0.5~0.55	20.00%	20.00%	36.00%	24.00%
0.55~0.6	20.00%	17.60%	36.00%	26.40%
0.6~0.7	10.00%	22.50%	40.50%	27.00%
0.7~0.8	10.00%	18.00%	40.50%	31.50%
0.8~0.95	10.00%	13.50%	40.50%	36.00%
0.95~1.0	20.00%	4.00%	36.00%	40.00%

燃烧室入口马赫数近似取为飞行马赫数的 1/3 [3]，入口温度近似为 750K，点喷射近似为一定喷射长度内的连续喷射。采用准一维方法和一步化学反应模型对超燃燃烧室流动进行模拟，得到沿燃烧室轴向的一维流场参数分布。采用上一节建立的超燃冲压发动机流道壁面再生冷却分析模型，分别对等高度飞行和等动压飞行条件下超燃冲压发动机流道壁面的冷却流量需求进行计算与分析。

5.2.4 等高度飞行时燃烧室壁面的冷却分析

在超燃冲压发动机流道壁面冷却分析中通常采用冷却流量系数$(\phi_{\text{cooling}})_{\text{combustor}}$来量度冷却流量的相对大小。其定义为

$$(\phi_{\text{cooling}})_{\text{combustor}} = (\dot{m}_{\text{cooling}})_{\text{combustor}}/(\dot{m}_{\text{fuel}})_{\text{st}} \tag{5.27}$$

影响超燃冲压发动机壁面冷却性能的因素很多,不可能一一分析。本书着重分析飞行Ma、$(\phi_{\text{cooling}})_{\text{combustor}}$、化学当量比 (ER) 和燃烧室扩张段的扩张角 (θ_{cmexp}) 对冷却剂出口温度和冷却套压降的影响。

图 5.11 给出了冷却剂出口温度、入口压强和出口压强随冷却流量系数的变化。计算对应的 ER 为 0.6,θ_{cmexp} 为 5°,飞行 Ma 为 6.0,高度为 30km。随着 $(\phi_{\text{cooling}})_{\text{combustor}}$ 的增大,冷却剂出口温度明显降低。相对而言,$(\phi_{\text{cooling}})_{\text{combustor}}$ 较小时,下降的趋势更为显著。$(\phi_{\text{cooling}})_{\text{combustor}}$ 为 0.6 和 1.0 时对应的冷却剂出口温度分别为 414.391K 和 263.311K(对应图中 A 点和 B 点)。由于计算对应的 ER 为 0.6,最多只能有 $0.6(\dot{m}_{\text{fuel}})_{\text{st}}$ 的液氢用于燃烧室壁面冷却。因此在目前的计算条件下,A 点对应着冷却剂出口温度的理论最低值(由于其他部件的冷却也需要一部分液氢做冷却剂,因此实际用于燃烧室壁面的 $(\phi_{\text{cooling}})_{\text{combustor}}$ 达不到 0.6)。

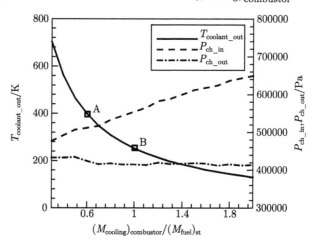

图 5.11   冷却剂出口温度、入口压强和出口压强随冷却流量系数的变化

冷却套的压降是衡量冷却套和再生冷却性能的重要指标。当燃烧室壁的热流较大时,理论上可以通过提高冷却剂流量或者减小冷却通道几何尺寸,提高冷却剂流动速度来将增加的热量带走。然而,对于一定推力的超燃冲压发动机,可利用的冷却剂流量是有限的,而提高冷却剂的流动速度,必然引起冷却剂通过冷却通道的压力损失增加,从而要求增加涡轮功率。陈杰[295]指出,衡量是否"满足冷却要

求" 的一个重要的准则为: 冷却通道中的压降不应超过某一允许值。冷却通道的压降与热流强度、入口条件和冷却通道的几何尺寸相关。不同飞行 Ma 条件下, 冷却套压降随 $(\phi_{\text{cooling}})_{\text{combustor}}$ 的变化规律如图 5.12 所示。冷却通道几何尺寸确定后, 由各截面质量流率守恒知, 冷却剂的流量越大则流速 V_c 越快, 而由于冷却通道压降正比于冷却剂流速 V_c 的平方与冷却剂密度的乘积, 即

$$\Delta P_{\text{ch},i} \propto \rho_c V_c^2 = V_c \left(\phi_{\text{cooling}}\right)_{\text{combustor}} \left(\dot{m}_{\text{fuel}}\right)_{\text{st}}/A \tag{5.28}$$

因此, $(\phi_{\text{cooling}})_{\text{combustor}}$ 越大则冷却通道的压降越大。

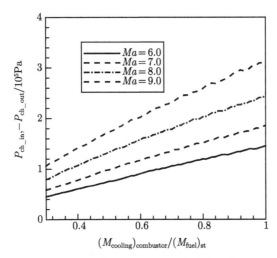

图 5.12 不同飞行马赫数时冷却通道压降随冷却流量系数的变化

ER 对超声速燃烧有直接影响, 而燃气温度又决定着再生冷却性能, 因此有必要分析不同 ER 条件下的冷却剂出口温度的理论最低值。计算表明, 在相同的 $(\phi_{\text{cooling}})_{\text{combustor}}$ 条件下, 冷却剂出口温度随着 ER 的增大呈增大趋势, 但增大的幅度并不明显。ER = 0.9 时对应的冷却剂出口温度较 ER = 0.8 时还略有降低, 是由燃料的喷射流量设置方案引起的。随着 ER 的增加, 主要的燃料喷射量后移。当 ER 较高时, 高温燃气主要集中在燃烧室中后部位置, 向燃烧室壁的总传热量并不一定比 ER 较小时多, 因此在相同的 $(\phi_{\text{cooling}})_{\text{combustor}}$ 条件下, 冷却剂出口温度随着 ER 的变化不明显, 如图 5.13 所示。在本书给定的燃料喷射流量设置方案条件下, 燃烧室壁面传热量 Q_t 随 ER 的变化如图 5.14 所示, 从图中可知, 燃烧室壁面传热量 Q_t 随 ER 的变化很小, 在 ER 较高时还略有下降。同时应该注意到, 不同 ER 对应的冷却剂出口温度理论最低值随 ER 的增大下降很快。ER = 0.3 时的冷却剂出口温度理论最低值为 724.011K, ER 为 1.0 时的冷却剂出口温度理论最低值

降为 251.927K。同理，ER 对冷却通道压降的影响也不明显。

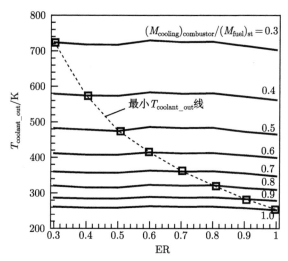

图 5.13　冷却剂出口温度随冷却流量系数和化学当量比的变化

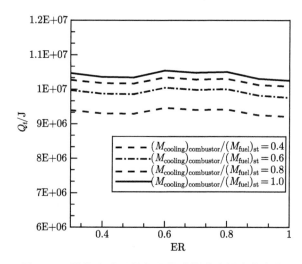

图 5.14　燃烧室壁面传热总量随化学当量比的变化

θ_{cmexp} 对燃烧和流动过程有影响。θ_{cmexp} 越大，燃气膨胀越充分，燃气的静温相对越低，壁面传热的热流密度相对较小；另外 θ_{cmexp} 增大，燃烧室壁面受热面积增大，因此向燃烧室壁面的总传热量随 θ_{cmexp} 的变化需要具体分析。在本书给定的 θ_{cmexp} 变化范围内 ($4°\sim 6°$)，冷却剂出口温度随 θ_{cmexp} 的增大近似呈线性减小，但减小的幅度不大，见图 5.15。对 ER 为 0.4 和 0.8 的两种情况进行对比，发现在考察的 θ_{cmexp} 范围内，ER=0.8 对应的冷却剂出口温度均稍大于 ER=0.4 对应的冷却剂出口温度,两者的差距随着 $(\phi_{\text{cooling}})_{\text{combustor}}$ 的增大而缩小。当 $(\phi_{\text{cooling}})_{\text{combustor}}$ 为 1.0 时,ER=0.8 对应的冷却剂出口温度与 ER=0.4 对应的冷却剂出口温度几乎相同。

θ_{cmexp} 对冷却通道压降的影响如图 5.16 所示,随着 θ_{cmexp} 的增大,冷却通道压降逐渐减小,减小的趋势随 $(\phi_{\text{cooling}})_{\text{combustor}}$ 的增大而逐渐增强。对于 ER=0.4 的燃烧室,当 $(\phi_{\text{cooling}})_{\text{combustor}}$ 为 0.3 时,$\theta_{\text{cmexp}} = 6°$ 的燃烧室冷却通道压降仅比 $\theta_{\text{cmexp}} = 4°$ 的燃烧室冷却通道压降小 4.55kPa;$(\phi_{\text{cooling}})_{\text{combustor}}$ 为 1.0 时,两者之间的差距增大为 15.05kPa。

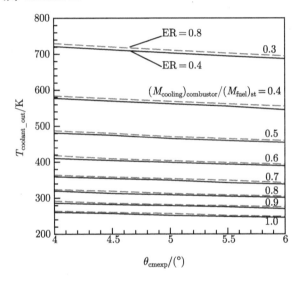

图 5.15 冷却剂出口温度随燃烧室扩张段扩张角的变化

高超声速飞行器的飞行状态决定了超燃冲压发动机的入口条件,进而影响着超燃冲压发动机的工作性能和壁面的再生冷却性能。随着飞行 Ma 的增大,捕获空气流量增大,燃烧室入口马赫数 $Ma_{\text{cm,in}}$ 提高,燃烧室内燃气的流动速度亦提高。由式 (5.10) 知,燃气侧对流换热系数 h_{gcv} 与燃气的流动速度呈 0.8 次方的关系,因此 h_{gcv} 随飞行 Ma 的增长很快,燃烧室燃气侧对流传热量随之快速增长,因此相同流量冷却剂的温升随飞行 Ma 的增加而增加,如图 5.17 所示。图中计算实例对应的 ER 为 0.6,若允许的冷却剂温升为 375K,则在飞行 Ma 小于 6.0 时,燃料流量足够满足发动机壁面的冷却要求。若用恰当化学反应流量冷却发动机壁面,则在飞行 Ma 小于 8.0 时,可以满足壁面发动机的冷却要求。若增大允许的冷却剂温升到 675K,则化学反应流量和恰当化学反应流量分别能够满足 Ma 小于 8.60 和 10.25 时的发动机壁面冷却要求。

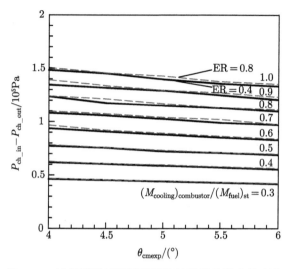

图 5.16　冷却通道压降随燃烧室扩张段扩张角的变化

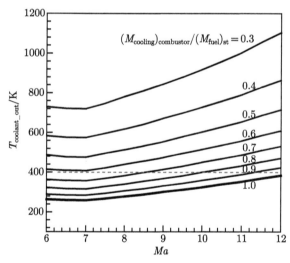

图 5.17　冷却剂出口温度随飞行马赫数的变化

飞行 Ma 对冷却流量的影响较显著，冷却通道压降随飞行 Ma 的变化幅度也较大。图 5.18 给出了 Ma=6~10 时冷却通道压降随飞行 Ma 和 $(\phi_{\rm cooling})_{\rm combustor}$ 的变化关系，其中 ER 为 0.6，$\theta_{\rm cmexp}$ 为 5°。计算表明，随着飞行 Ma 的增加，冷却通道的压降迅速升高，流量较大的冷却通道压降较大。当 $(\phi_{\rm cooling})_{\rm combustor}$ 为 0.4 时，飞行 Ma=6.0 对应的冷却通道压降为 44.4kPa；飞行 Ma=12.0 对应的冷却通道压降为 142.1kPa，压降升高了约 3.2 倍。当 $(\phi_{\rm cooling})_{\rm combustor}$ 为 1.0 时，飞行 Ma=6.0 对应的冷却通道压降为 100.1kPa，而飞行 Ma=12.0 对应的冷却通道压降为 320.7kPa，压降也升高了约 3.2 倍。

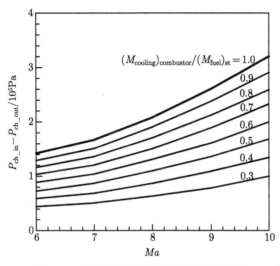

图 5.18　冷却通道压降随飞行马赫数变化

5.2.5　等动压飞行时燃烧室壁面的冷却分析

高超声速飞行器按动压 28.682kPa 飞行。ER 为 0.6，θ_{cmexp} 为 5°，对 $Ma=6\sim12$，冷却流量系数为 0.3~1.0 的超燃冲压发动机流道壁面进行再生冷却计算，冷却剂出口温度随 $(\phi_{\mathrm{cooling}})_{\mathrm{combustor}}$ 和 Ma 的变化规律见图 5.19，冷却通道压降随 $(\phi_{\mathrm{cooling}})_{\mathrm{combustor}}$ 和 Ma 的变化规律见图 5.20。

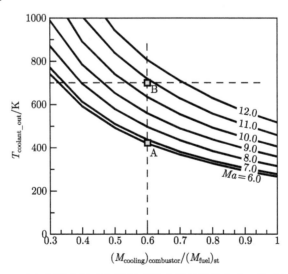

图 5.19　冷却剂温度随冷却流量系数和马赫数的变化 (等动压飞行)

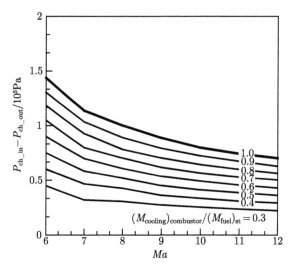

图 5.20　冷却通道压降随冷却流量系数和马赫数的变化 (等动压飞行)

随着 $(\phi_{\mathrm{cooling}})_{\mathrm{combustor}}$ 的增大，冷却剂出口温度明显降低。相对而言，$(\phi_{\mathrm{cooling}})_{\mathrm{combustor}}$ 较小时，下降的趋势更为显著。飞行 Ma 为6.0时，$(\phi_{\mathrm{cooling}})_{\mathrm{combustor}}$ =0.6 和 1.0 时对应的冷却剂出口温度分别为 414.391K 和 263.311K。飞行 Ma 为 12.0 时，$(\phi_{\mathrm{cooling}})_{\mathrm{combustor}}$=0.6 和 1.0 时对应的冷却剂出口温度分别为 807.472K 和 517.690K。由于计算对应的 ER 为 0.6，最多只能有 $0.6\,(\dot{m}_{\mathrm{fuel}})_{\mathrm{st}}$ 的液氢用于燃烧室壁面冷却，因此 A 点对应着目前的计算条件下，冷却剂出口温度的理论最低值。若限定冷却剂出口温度不超过 700K，则满足冷却要求的最大飞行 Ma 约为 10.7，对应图 5.19 中 B 点。图 5.20 给出了不同飞行 Ma 条件下，冷却套压降随 $(\phi_{\mathrm{cooling}})_{\mathrm{combustor}}$ 的变化。

ER 和 θ_{cmexp} 对等动压飞行时超燃冲压发动机燃烧室冷却剂出口温度和冷却套压降的影响规律与等高度飞行时类似，不再赘述。

5.3　机体/发动机一体化冷却分析

至此，本章已经分别分析了高超声速飞行器气动加热部件和超燃冲压发动机流道 (只考虑了燃烧室) 的冷却需求。上述部件的冷却剂均为低温燃料，作为一个整体，有必要对机体/发动机一体化冷却流量进行分析，综合评定燃料流量能否满足高超声速飞行器的冷却需求。图 5.21 为机体/发动机一体化冷却系统的示意图。针对不同的飞行任务，仍然按等高度飞行和等动压飞行两种情况分别进行分析。

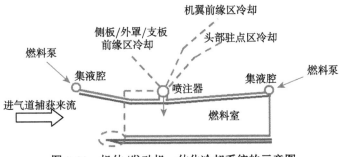

图 5.21 机体/发动机一体化冷却系统的示意图

5.3.1 等高度飞行时机体/发动机一体化冷却分析

从保护有效载荷的角度，设定气动加热部件的冷却通道出口处冷却剂温度为 300K，超燃冲压发动机流道冷却通道出口处冷却剂温度分别设为 400K、500K、600K 和 700K。图 5.22 和图 5.23 分别给出了高超声速飞行器按等高度 ($H=30$km) 飞行时，机体/发动机一体化冷却系统冷却流量和冷却流量系数随飞行 Ma 的变化规律。从图中可以看出，气动加热部件所需的冷却流量大大小于发动机流道所需的冷却流量。飞行 $Ma=12$ 时，气动加热部件所需冷却流量约占总燃料流量 (按恰当化学当量比反应) 的 13.03%。冷却流量系数随着飞行 Ma 的增大而增大，当发动机流道冷却通道出口冷却剂温度设为 400K 时，满足机体/发动机一体化冷却需求的高超声速飞行器最大飞行马赫数 $(Ma_{max})_{cooling}$ 约为 10.65(对应图中 A 点)。当发动机流道冷却通道出口处冷却剂温度设为 500K 以上时，在考察的整个飞行 Ma 范围内，总燃料流量 (按恰当化学当量比反应) 均可满足机体/发动机一体化冷却需求。由于冷却流量系数和恰当化学反应燃料流量均随飞行 Ma 的增大而增大，因此

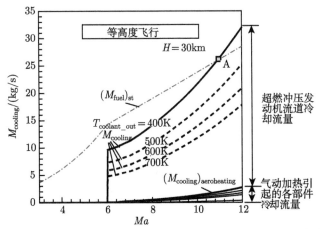

图 5.22 机体/发动机一体化冷却流量随飞行马赫数的变化 (等高度飞行)

冷却流量随飞行 Ma 的增大而迅速升高，$Ma=12$ 时需要的冷却流量几乎是 $Ma=6$ 时需要的冷却流量的 3.3 倍 (流道冷却通道出口冷却剂温度设为 400K)。

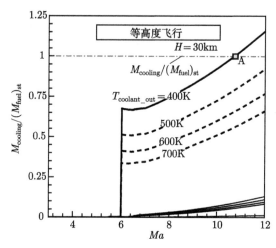

图 5.23　机体/发动机一体化冷却流量系数随飞行马赫数的变化 (等高度飞行)

5.3.2　等动压飞行时机体/发动机一体化冷却分析

高超声速飞行器按等动压 ($q=28.682$kPa) 飞行时，机体/发动机一体化冷却系统冷却流量和冷却流量系数随飞行 Ma 变化规律如图 5.24 和图 5.25 所示。冷却流量和冷却流量系数均随飞行 Ma 的增加而增大。气动加热部件所需的冷却流量仍小于发动机流道所需的冷却流量，但在总燃料流量中占的比例大于等高度飞行。飞行 $Ma=12$ 时，气动加热部件所需冷却流量占总燃料流量 (按恰当化学当量比

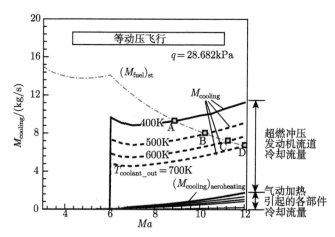

图 5.24　机体/发动机一体化冷却流量随飞行马赫数的变化 (等动压飞行)

反应) 的 26.15%。与等高度飞行相比,在相同的飞行 Ma 下,等动压飞行所需要的冷却流量系数较大,但所需的冷却流量较小。发动机流道冷却通道出口处冷却剂温度分别设为 400K、500K、600K 和 700K 时,满足机体/发动机一体化冷却需求的高超声速飞行器最大飞行马赫数 $(Ma_{max})_{cooling}$ 分别约为 8.90、10.32、11.22 和 12.00(对应图中 A、B、C 和 D 点)。虽然冷却流量系数随飞行 Ma 的增大而增大,但当 $Ma>6.0$ 时,恰当化学反应燃料流量随飞行 Ma 的增大而减小,两者综合影响的结果使得等动压飞行冷却流量随飞行 Ma 的增大而缓慢增加,$Ma=12$ 时需要的冷却流量仅为 $Ma=6$ 时需要的冷却流量的 1.17 倍 (流道冷却通道出口冷却剂温度设为 400K)。

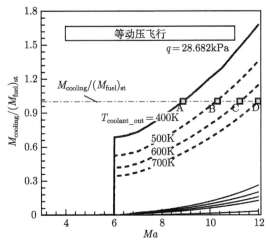

图 5.25　机体/发动机一体化冷却流量系数随飞行马赫数的变化 (等动压飞行)

5.3.3　巡航高度对冷却流量的影响

巡航高度的变化直接影响气动加热热流密度和进气道捕获流量,对高超声速飞行器机体/发动机一体化冷却需求有显著影响。飞行器的巡航高度的变化范围为 25~35km,设计巡航高度为 30km。超燃冲压发动机流道冷却通道出口冷却剂温度分别设为 400K 和 600K。计算表明,冷却流量系数随着飞行 Ma 的增大而增大,当发动机流道冷却通道出口冷却剂温度设为 500K 以上时,在考察的整个 Ma 范围内,总燃料流量 (按恰当化学当量比反应) 均可满足机体/发动机一体化冷却需求。飞行 $Ma=12$ 时,飞行器按 25km、27.5km、30km、32.5km 和 35km 高度巡航时,气动加热部件所需冷却流量占总燃料流量 (按恰当化学当量比反应) 的 7.94%、6.64%、13.03%、10.88%和 12.70%。随着巡航高度的增加,进气道在相同飞行马赫数下的捕获流量减少,相应的恰当化学反应燃料流量减少,所需的冷却流量减少,但冷却流量减少的速度小于恰当化学反应燃料流量减少的速度 (如图 5.26 所示),致使冷却流量系数增加 (如图 5.27 所示)。图中 A、B、C 和 D 点代表当前巡航高度下满足发动机流道冷却通道出口冷却剂温度条件的最大飞行马赫数 $(Ma_{\max})_{\text{cooling}}$。当高超声速飞行器飞行 Ma 大于 $(Ma_{\max})_{\text{cooling}}$ 时，要么继续增大燃料流量，使燃烧室在富燃状态工作；要么提高发动机流道冷却通道出口冷却剂温度。图 5.28 和图 5.29 给出了发动机流道冷却通道出口冷却剂温度为 600K 时，机体/发动机一体化冷却流量和冷却流量系数随巡航高度的变化规律。计算表明，此时在整个飞行 Ma 范围内，高超声速飞行器在不同的高度巡航，燃料流量均可满足冷却需求。

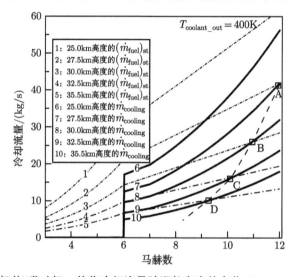

图 5.26 机体/发动机一体化冷却流量随巡航高度的变化 ($T_{\text{coolant\_out}}$=400K)

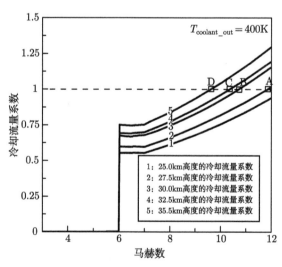

图 5.27 机体/发动机一体化冷却流量系数随巡航高度的变化 ($T_{\text{coolant\_out}}$=400K)

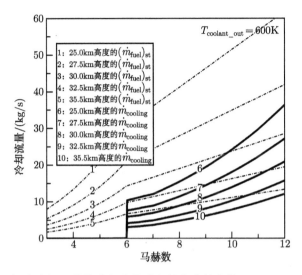

图 5.28 机体/发动机一体化冷却流量随巡航高度的变化 ($T_{\text{coolant\_out}}$=600K)

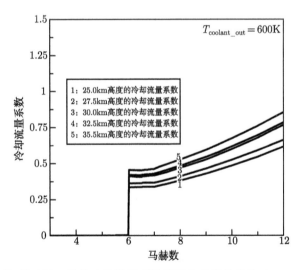

图 5.29 机体/发动机一体化冷却流量系数随巡航高度的变化 ($T_{\text{coolant\_out}}$=600K)

5.3.4 飞行动压对冷却流量的影响

冷却流量随飞行动压和飞行 Ma 的变化规律绘于图 5.30 和图 5.31。随着飞行动压的增大，冷却流量增大；随着飞行 Ma 的增大，冷却流量增大。图 5.30 为发动机流道冷却通道出口冷却剂温度为 400K 时，飞行动压为 30kPa、60kPa、90kPa 和 120kPa 条件下冷却流量随飞行 Ma 的变化规律。图中 A、B、C 和 D 点分别代表当前巡航高度下满足发动机流道冷却通道出口冷却剂温度条件的最大飞行马赫

数 $(Ma_{max})_{cooling}$，飞行动压越低，$(Ma_{max})_{cooling}$ 越小。冷却流量系数随飞行动压和飞行 Ma 的变化规律如图 5.32 和图 5.33 所示。冷却流量系数随动压的增加而减小。由于恰当化学反应燃料流量随飞行 Ma 的增加而减少，冷却流量随飞行 Ma 的增加而增加，从而冷却流量系数随飞行 Ma 的增加而增加。飞行 $Ma=12$ 时，按 90kPa 动压飞行，气动加热部件所需冷却流量占总燃料流量 (按恰当化学当量比反应) 的 11.52%。

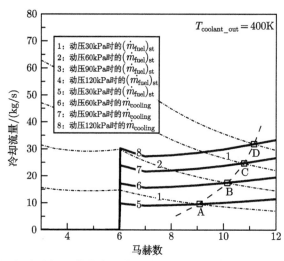

图 5.30　机体/发动机一体化冷却流量随飞行动压的变化 ($T_{coolant\_out}=400K$)

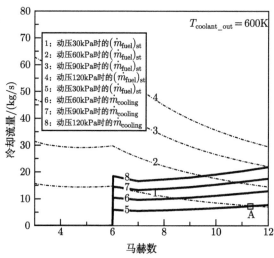

图 5.31　机体/发动机一体化冷却流量随飞行动压的变化 ($T_{coolant\_out}=600K$)

T. Kanda 等 [206] 在设定发动机流道冷却通道出口冷却剂温度为 700K、飞行动压为 100kPa 的条件下，计算发现当飞行 Ma 超过 10 左右时，冷却流量将会超过恰当化学反应燃料流量。本书的计算结果要乐观一些，按上述计算条件，在飞行 $Ma=6\sim12$ 范围内，再生冷却均可满足冷却需求。主要有以下三个方面的原因：

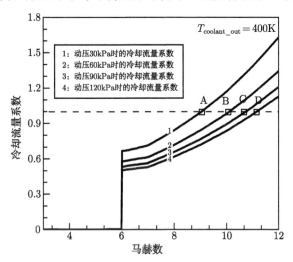

图 5.32　机体/发动机一体化冷却流量系数随飞行动压的变化 ($T_{coolant\_out}$=400K)

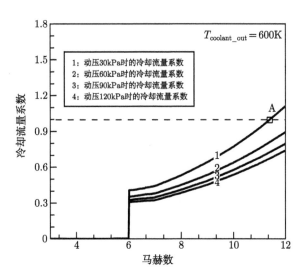

图 5.33　机体/发动机一体化冷却流量系数随飞行动压的变化 ($T_{coolant\_out}$=600K)

(1) 本书没有考虑前机身下壁面 (进气道外压段)、隔离段壁面和后机身下壁面 (尾喷管) 的冷却。

(2) T. Kanda 在计算中对整个机身和机翼的下壁面都进行了冷却，本书只对机身头部和机翼前缘等气动加热严重的部件进行了冷却, 冷却面积大大减小。T.
Kanda 计算得到的气动加热部件需要的冷却流量约占总冷却流量的 20%, 本书得
到的气动加热部件需要的冷却流量只占总冷却流量的 6%~13%。

(3) 为避免 ER 比较大时超燃冲压发动机发生热壅塞, 本书根据 ER 的不同,
对燃料的喷射方案进行了特殊设置。主要的燃料喷射量随着 ER 的增大逐渐沿发
动机轴线后移, 主要的高温区亦逐渐后移, 主要高温燃气向壁面的传热面积逐渐减
小, 实际效果是高温燃气向壁面的总传热量受 ER 的影响不大, 因此本书中燃气向
壁面的总传热量明显小于 T. Kanda 的计算值, 导致超燃冲压发动机流道所需的冷
却流量较小, 所得的 $(Ma_{\max})_{\text{cooling}}$ 较高。

为检验本书计算结果的有效性, 假设: 气动加热部件冷却流量占总冷却流量的
20%; 进气道外压段、隔离段和尾喷管壁面的冷却所需要的冷却流量是燃烧室壁面
所需冷却流量的 40.0%; 主要燃料喷射流量后移造成的冷却流量减小占当前的燃
烧室壁面冷却流量的 30.0%。按上述假设可以得到如图 5.34 的计算结果, 此结果
和 T. Kanda 等的计算结果基本一致。当飞行 Ma 超过 10.3 时, 单独采用再生冷
却已经不能满足机体/发动机一体化冷却的需求。需要采用其他的冷却方式, 如将
再生冷却与薄膜冷却组合起来共同冷却超燃冲压发动机流道, 有研究显示这种组
合冷却方案可有效降低冷却流量需求 [203]。

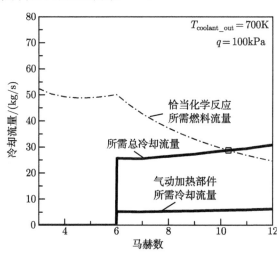

图 5.34　机体/发动机一体化冷却流量随飞行动压的变化 $(T_{\text{coolant\_out}}=700\text{K}, q=100\text{kPa})$

5.4　本章小结

本章建立了较为全面的机体/发动机一体化高超声速飞行器冷却性能分析模

型, 编制了实现程序 APIHVCRC 1.0。利用该程序完成了机体/发动机一体化高超声速飞行器的冷却需求分析。本章主要工作和结论如下:

(1) 建立了包含头部、机翼/侧板/外罩前缘、支板边缘和超燃燃烧室壁面冷却需求的机体/发动机一体化高超声速飞行器冷却分析模型。分别对等高度飞行和等动压飞行条件下各受热部件的冷却流量需求进行了分析。

(2) 重点分析了 $(\phi_{\mathrm{cooling}})_{\mathrm{combustor}}$、ER、$\theta_{\mathrm{cmexp}}$ 等因素对超燃燃烧室壁面冷却性能的影响。计算结果表明, 冷却剂出口温度随着 ER 的增大呈增大趋势, 但增大的幅度并不明显。主要原因是燃料喷射方案规定随着 ER 的增加, 燃料的主要喷射量向燃烧室出口方向移动, 燃料对壁面的总传热量变化不大。冷却剂出口温度随 θ_{cmexp} 的增大近似呈线性减小, 但减小的幅度不大。

(3) 分析了等高度飞行和等动压飞行条件下, 机体/发动机一体化冷却流量随飞行 Ma 的变化规律。结果显示, 气动加热部件所需的冷却流量大约只占总冷却流量的 6%~13%, 大大小于超燃冲压发动机流道所需的冷却流量。等高度飞行时, 机体/发动机一体化冷却流量随飞行 Ma 的增加, 快速升高; 而等动压飞行时, 机体/发动机一体化冷却流量随飞行 Ma 升高而增加的幅度相对平缓得多。

(4) 分析了巡航高度和飞行动压对机体/发动机一体化冷却流量的影响。计算表明, 在相同的飞行 Ma 条件下, 巡航高度越高, 冷却流量需求越低, 冷却流量系数越大; 飞行动压越大, 冷却流量需求越高, 冷却流量系数越小。

(5) 在 Ma=6~12 范围内, 通过适当配置燃料喷射方案 (喷射位置、喷射流量) 和提高冷却通道出口冷却剂的温度, 采用再生冷却能够满足机体/发动机一体化高超声速飞行器的冷却流量需求。

第6章 机体一体化超燃冲压发动机系统方案分析

超燃冲压发动机要正常工作，离不开推进剂供应系统。在当前的超燃冲压发动机技术研究中，仍然以发动机的部件性能为研究重点，对超燃冲压发动机系统方案的考虑较少。随着超声速燃烧技术的突破和超燃冲压发动机部件研究的日益成熟，研究重点由部件级研究向原理样机和工程样机研制转化，将不可避免地会遇到超燃冲压发动机的系统方案的选择问题。选择何种燃料供应系统、如何实现系统中涡轮与泵的功率平衡、如何分配燃烧室与燃气发生器的流量、燃烧室流量能否满足冷却需求等问题的解决都需要对超燃冲压发动机系统方案进行分析。

机体一体化超燃冲压发动机由流道、推进剂供应系统、阀门和调节器、总装元件等部件组成。部件之间存在着相互作用与依赖的关系，只有当这些部件按照设计要求进行研制，并且按照严格的次序彼此联系起来形成一个有机整体时，才能完成规定的功能。这一整体称为超燃冲压发动机系统。部件的不同形式以及部件之间的不同组合方式就构成了不同的系统方案。目前关于超燃冲压发动机系统方案的研究开展很少。T. Kanda 等 [198,202~207] 开展了部分研究工作，但采用的分析模型过于简化，分析结果的精度不高。本书前面的章节已经对超燃冲压发动机流道进行了大量的研究，因而本章的研究重点放在超燃冲压发动机的推进剂供应系统的分析上。推进剂供应系统按工作方式可分为挤压式供应系统和泵压式供应系统两大类。由于挤压式供应系统结构复杂，不易实现多次启动，因此本书只考虑泵压式供应系统。超燃冲压发动机的推进剂供应系统与火箭发动机的推进剂供应系统 [296,297] 没有本质上的区别，所用到的分析方法基本相同。但同时应该注意到超燃冲压发动机系统具有与火箭发动机系统不同的特点：

- 燃烧室不需喷射自身携带的氧化剂；
- 燃烧室压力较低 (为 1~3 个大气压)，且沿燃烧室轴向变化幅度较大；
- 燃烧室压力不是设计参数，而是根据飞行状态和化学当量比改变；需要冷却的部件多，加大了冷却流量的需求；
- 某些设计参数的安全裕度较小，取值不当易导致设计失败；
- 主流速度高、动量大、燃料的喷射与混合难度大；
- 与火箭发动机相比，超燃冲压发动机燃烧室壁面附近燃气温度相对较低，壁面对流传热热流密度较低，壁面冷却需求相对低一些；
- 氧流量仅用于燃气发生器/预燃室燃烧，流量小，氧泵所需的功率小；

• 由于燃烧室压力较低,整个燃料供应系统内各部件的压力水平均较低;

• 对于闭式循环,由于超燃室的压力水平低,允许的涡轮压比相对于火箭发动机系统的涡轮压比更大。

泵压式供应系统包括多种循环方案。超燃冲压发动机燃烧依靠空气中的氧气,若发动机系统循环也无需氧化剂,则飞行器就无需携带氧化剂,飞行器结构可以得到简化,飞行器质量可以显著降低,这类无需氧化剂的系统循环方案称为冷气循环,常见的冷气循环有膨胀循环和排放循环。燃气发生器循环/分级燃烧循环利用燃气发生器/预燃室燃烧产生的燃气驱动涡轮泵,属于热气循环。这类循环在火箭发动机系统中得到了大量应用,技术成熟。此外,还有一种直接利用电能驱动燃料泵工作的循环方案,约翰·霍普金斯大学应用物理实验室提出的高超声速导弹方案就采用了这种系统循环方案 [21]。但由于受蓄电池体积和蓄电量的限制,这种循环方案只适合于高超声速导弹等小型高超声速飞行器。

6.1 系统总体方案

6.1.1 总体构想

超燃冲压发动机的系统方案可能达数百种之多,要完全分析这些方案是不可能的,也没有必要。所以本书只选择几种典型方案进行分析,选择的主要依据是技术可行性。

飞行器前体采用多级楔形体外形。与圆锥前体相比,楔形体外形前体容积利用率高、加工容易、进入发动机的空气流均匀程度好;另一方面,楔形体外形前体飞行器比圆锥前体飞行器更易模拟。高超声速飞行器的头部半径必须要小,以减小阻力;头部半径对进入发动机的气流也有影响,小的头部半径可以减小高温熔层和总压损失。

超燃冲压发动机燃烧室的设计极具挑战性:主流速度高、动量大、燃料的喷射与混合困难、点火与火焰稳定困难。若燃料以高动量喷射,势必加大燃料供应系统的压力,且导致燃烧室主流总压损失过大,降低了发动机的总效率。在设计火箭发动机燃烧室时,压力可按等压处理,但超燃燃烧室压力沿燃烧室轴向变化幅度较大,按等压设计误差较大。本书采用液氢多点喷射方案,以避免热壅塞,获得尽可能平稳的轴向压力分布。系统循环方案分析需要频繁进行燃烧室流动仿真,故采用准一维分析模型,缩短分析时间。

利用液氢冷却飞行器头部、机翼/侧板/外罩/前缘、支板边缘和燃烧室壁。第 5 章的分析表明在 $Ma=6\sim10$ 的范围内,采用再生冷却方式,超燃冲压发动机恰当化学反应的氢流量可以满足冷却需求,因此在系统分析中,只考虑再生冷却方式。

　　超燃冲压发动机系统涉及的内容很多, 本章重点关注系统循环方案。表 6.1 给出了各种循环方案的优缺点。T. Kanda 等 [206] 指出膨胀循环的推进剂比冲性能最高, 但启动慢, 可靠性较差, 冷却剂吸收少量热量之后, 就需要大幅提高泵出口压力。燃气发生器循环和分级燃烧循环技术成熟, 操作可靠性高, 但由于使用了氧, 发动机推进剂比冲有所减少。借鉴文献 [198] 和 [202~207] 及火箭发动机系统循环方案分析的研究方法 [296,297], 选择燃气发生器循环 (gas generator cycle, GG)、分级燃烧循环 (staged combustion cycle, SC)、膨胀循环 (expander cycle, EX) 和排放循环 (coolant bleed cycle, CB) 进行对比分析。

　　根据超燃冲压发动机系统循环的特点, 做如下简化处理:
- 采用泵压式供应系统, 不考虑挤压式供应系统;
- 所有需要冷却的部件均以液氢作为冷却剂, 只采用再生冷却方式;
- 液氧仅用于燃气发生器/预燃室燃烧, 不考虑超燃燃烧室氧补燃方案;
- 液氧流量小, 氧泵所需的功率小, 故只考虑液氧液氢泵同轴的方案。

　　基于上述简化, 作出了 4 种典型的超燃冲压发动机系统循环方案的示意图 (图 6.1)。

表 6.1　各种循环方案的优缺点

名称	燃气发生器循环	分级燃烧循环	膨胀循环	排放循环
简写	GG	SC	EX	CB
类型	开式循环	闭式循环	闭式循环	开式循环
	热气循环		冷气循环	
优点	结构简单; 调节方便; 结构质量小	比冲高; 可提供较高的燃料喷射压力	比冲高; 结构简单; 不需要携带氧化剂, 涡轮工质清洁	结构简单, 不需要携带氧化剂, 结构质量小, 涡轮工质清洁
缺点	比冲低; 燃烧室压力高时比冲损失大	结构复杂; 质量大; 调节困难	室压高时不适用; 启动慢; 可靠性差	需要储箱压力高; 质量大; 比冲低

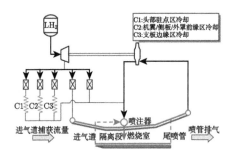

(a) 膨胀循环

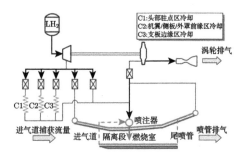

(b) 排放循环

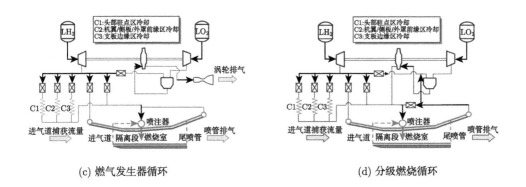

(c) 燃气发生器循环   (d) 分级燃烧循环

图例		
储箱	流量阀	
泵	集液腔	
涡轮	冷却通道	
燃气发生器/预燃室	管路	

部分图例

图 6.1 超燃冲压发动机系统循环方案

6.1.2 综合比冲

各种系统循环方案的分析比较需要选择合适的评价指标。与火箭发动机系统相比,超燃冲压发动机系统要复杂得多,其系统循环方案的评定需要考虑如下一些因素:

• 发动机流道与机体的高度一体化,因此要求超燃冲压发动机系统循环方案的评定不仅要考虑推进性能指标,还要兼顾气动性能的影响;

• 为了同时考虑发动机的能量利用特性和设计水平,有必要综合考虑比冲和发动机质量;

• 切实评定超燃冲压发动机系统循环方案的优劣需要结合吸气式高超声速飞行器总体和弹道进行分析。

本书的研究对象是执行巡航任务的高超声速飞行器,基于上述三点考虑,从高超声速飞行器巡航航程出发,推导超燃冲压发动机系统性能指标。在等高度等速度巡航状态下,飞行器升力 L 等于飞行器重力 W,推力 T 等于飞行器阻力 D。于是有

$$\mathrm{d}R = -V_0 I_{\mathrm{sp}} \frac{L}{D} \frac{\mathrm{d}W}{W} \tag{6.1}$$

其中,V_0 为巡航速度,I_{sp} 为超燃冲压发动机推进剂比冲。

假设升阻比 L/D 为常数，积分式 (6.1) 可得到著名的 Brequet 航程公式：

$$R = V_0 I_{\mathrm{sp}} \frac{L}{D} \ln \left(\frac{W_{\mathrm{cruise,initial}}}{W_{\mathrm{cruise,final}}} \right) \tag{6.2}$$

对于高超声速飞行器而言，将升阻比 L/D 假设为常数不甚合理。由于高超声速飞行器在巡航段会消耗大量的燃料，飞行器质量变化较大。为了和飞行器质量减少相匹配，飞行器升力 L 需要随之减小，而阻力 D 一般不可能与升力 L 发生同比变化，因此升阻比 L/D 在巡航段不可能保持为常值。

高超声速飞行器升阻比 L/D 的近似解析表达式可借鉴 M. J. Lewis [298] 介绍的方法获得。飞行器阻力 D 可分为零升阻力 $C_{D,0}$ 和诱导阻力 $C_{D,\mathrm{lift}}$，其中诱导阻力 $C_{D,\mathrm{lift}}$ 可近似表达为

$$C_{D,\mathrm{lift}} = kC_L^n \tag{6.3}$$

飞行器的升阻比 L/D 为

$$\frac{L}{D} = \frac{C_L}{C_{D,0} + kC_L^n} \tag{6.4}$$

飞行器的最大升阻比 $[L/D]_{\max}$ 由指数 k 和 $C_{D,0}$ 决定，即

$$\left[\frac{L}{D} \right]_{\max} = \frac{1}{nk^{1/n}} \left[\frac{n-1}{C_{D,0}} \right]^{1-1/n} \tag{6.5}$$

当升阻比 L/D 取最大值时，$C_{D,0} = (n-1)\,kC_L^n$。

根据 NASA Langley 研究中心公开的 HXRV 气动特性实验数据分析 [47]，HXRV 的 $k \approx 0.414$，$n \approx 1.410$，$C_{D,0} = 0.0205$。从图 6.2 可看出，实验数据与近似估算结果吻合得较好，特别是在升力系数 C_L 较小时。升力系数 C_L 较小对应的飞行攻角较小 ($\leqslant 5°$)，而高超声速飞行器的飞行攻角一般不大于 $5°$。在这样的前提下，利用近似估算公式计算阻力系数 C_D 和升阻比 L/D，其精度能够满足工程要求。利用 TFACIAP 1.0 程序对二维升力体外形高超声速飞行器的气动特性进行分析。为了能够直接利用 HXRV 的实验数据来计算 k 和 n，仍然沿用第 3 章确定的二维升力体外形气动力与 NASA Langley 研究中心公开的 HXRV 气动特性之间的近似换算关系 (若有条件自行进行二维升力体外形的气动实验，则无需如此处理)。

高超声速飞行器飞行速度较高，离心力作用比较明显。将式 (6.4) 代入式 (6.1)，考虑离心力的影响，可得

$$\mathrm{d}R = -V_0 I_{\mathrm{sp}} \frac{C_L}{C_{D,0} + kC_L^n} \frac{\mathrm{d}W}{W\,(1 - g')} \tag{6.6}$$

其中，$g' = V_0^2/(R_E g_0)$，由 $L = C_L q_\infty A_{\mathrm{ref}}$，$L = W\,(1 - g')$，则式 (6.6) 可变换为

$$\mathrm{d}R = -V_0 I_{\mathrm{sp}} \frac{\mathrm{d}W}{C_{D,0} q_\infty A_{\mathrm{ref}} + k\,(q_\infty A_{\mathrm{ref}})^{1-n}\,(1 - g')^n\,W^n} \tag{6.7}$$

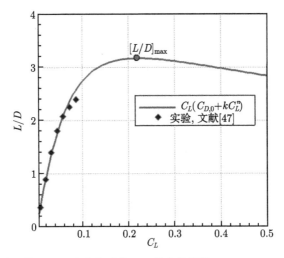

图 6.2 升阻比 L/D 随升力系数 C_L 的变化规律 ($k \approx 0.414$, $n \approx 1.410$)

记 $C_1 = C_{D,0} q_\infty A_{\mathrm{ref}}$, $C_2 = k \left(q_\infty A_{\mathrm{ref}} \right)^{1-n} \left(1 - g' \right)^n$ 对式 (6.7) 积分, 得

$$R = -V_0 I_{\mathrm{sp}} \int\limits_{\mathrm{cruise,initial}}^{\mathrm{cruise,final}} \frac{\mathrm{d}W}{C_1 + C_2 W^n} \tag{6.8}$$

定义综合比冲 (synthetical specific impulse) $I_{\mathrm{sp,syn}}$ 为

$$I_{\mathrm{sp,syn}} = -I_{\mathrm{sp}} \int\limits_{\mathrm{cruise,initial}}^{\mathrm{cruise,final}} \frac{\mathrm{d}W}{C_1 + C_2 W^n} = I_{\mathrm{sp}} \int\limits_{\mathrm{cruise,final}}^{\mathrm{cruise,initial}} \frac{\mathrm{d}W}{C_1 + C_2 W^n} \tag{6.9}$$

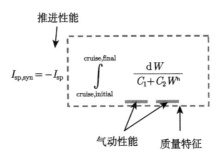

图 6.3 综合比冲 $I_{\mathrm{sp,syn}}$

综合比冲 $I_{\mathrm{sp,syn}}$ 有比冲的量纲, 其最突出的优点在于综合考虑了气动 (L/D)、推进 (I_{sp}) 和质量 (W) 对飞行器总体性能 (R) 的影响, 是一个综合多学科耦合效应的性能指标 (图 6.3)。对于高超声速巡航飞行器, 综合比冲 $I_{\mathrm{sp,syn}}$ 越大, 高超声

速飞行器的巡航航程越大。但式 (6.9) 给出的综合比冲 $I_{\text{sp,syn}}$ 定义为积分形式，应用不方便，且式 (6.9) 反映的是飞行器总质量的变化对航程的影响，还没有建立起发动机系统质量与飞行器总体性能的直接联系，将其直接作为超燃冲压发动机的循环方案评定指标不理想，需要进一步改写式 (6.9)。

令

$$f_n(W) = \frac{1}{C_1 + C_2 W^n}, \quad f_1(W) = \frac{1}{C_1 + C_2 W}, \quad f_2(W) = \frac{1}{C_1 + C_2 W^2}$$

由 $1.0 \leqslant n \approx 1.410 \leqslant 2.0$ 且 $W \gg 1.0$，有 $f_2(W) < f_n(W) < f_1(W)$，则

$$I_{\text{sp}} \int\limits_{\text{cruise,final}}^{\text{cruise,initial}} \frac{\mathrm{d}W}{C_1 + C_2 W^2} < I_{\text{sp}} \int\limits_{\text{cruise,final}}^{\text{cruise,initial}} \frac{\mathrm{d}W}{C_1 + C_2 W^n} < I_{\text{sp}} \int\limits_{\text{cruise,final}}^{\text{cruise,initial}} \frac{\mathrm{d}W}{C_1 + C_2 W}$$
$$(6.10)$$

为了能够得到解析表达式，$f_n(W)$ 可用线性插值来近似：

$$f_n(W) \approx (2-n) f_1 + (n-1) f_2 \tag{6.11}$$

则综合比冲 $I_{\text{sp,syn}}$ 可近似表示为

$$\begin{aligned}
I_{\text{sp,syn}} \approx {} & \frac{I_{\text{sp}}(2-n)}{C_2} \ln\left(\frac{C_1 + C_2 W_{\text{cruise,initial}}}{C_1 + C_2 W_{\text{cruise,final}}}\right) \\
& + \frac{I_{\text{sp}}(n-1)}{\sqrt{C_1 C_2}} \arctan\left(\frac{\sqrt{C_1 C_2} W_{\text{cruise,initial}} - \sqrt{C_1 C_2} W_{\text{cruise,final}}}{C_1 + C_2 W_{\text{cruise,initial}} W_{\text{cruise,final}}}\right)
\end{aligned} \tag{6.12}$$

假设高超声速飞行器由火箭发动机助推爬升达到超燃冲压发动机接力马赫数之后，转为超燃冲压发动机推进，火箭发动机不分离。高超声速飞行器的巡航马赫数为 6.0，巡航高度为 25.0km，巡航动压为 63.266kPa。为了简化分析，假设接力马赫数即为巡航马赫数。按本书二维升力体外形气动力与 HXRV 气动特性之间的近似换算关系，气动力参考长度取为 66.2107m，近似为机身长度的 2 倍，从而 $C_1 = 85872.4166$，$C_2 = 7.4079 \times 10^{-4}$，$\sqrt{C_1 C_2} = 7.9758$。由第 2 章质量模型计算可得到飞行器起飞质量 m_{takeoff} 约为 62000.000kg。

$$\ln\left(\frac{C_1 + C_2 W_{\text{cruise,initial}}}{C_1 + C_2 W_{\text{cruise,final}}}\right) = \ln\left(1 + \frac{C_2(W_{\text{cruise,initial}} - W_{\text{cruise,final}})}{C_1 + C_2 W_{\text{cruise,final}}}\right) \tag{6.13}$$

由 C_1 和 C_2 取值及飞行器质量估算可知，$\dfrac{C_2(W_{\text{cruise,initial}} - W_{\text{cruise,final}})}{C_1 + C_2 W_{\text{cruise,final}}}$ 具有 10^{-3} 的量级，是趋近于 0 的小量。于是可取如下近似：

$$\ln\left(\frac{C_1 + C_2 W_{\text{cruise,initial}}}{C_1 + C_2 W_{\text{cruise,final}}}\right) \approx \frac{C_2(W_{\text{cruise,initial}} - W_{\text{cruise,final}})}{C_1 + C_2 W_{\text{cruise,final}}} \tag{6.14}$$

由式 (6.14)，可将式 (6.12) 进一步近似为

$$
\begin{aligned}
I_{\rm sp,syn} \approx{} & I_{\rm sp}\left(2-n\right)\frac{W_{\rm cruise,initial}-W_{\rm cruise,final}}{C_1+C_2 W_{\rm cruise,final}} \\
& +\frac{I_{\rm sp}\left(n-1\right)}{\sqrt{C_1 C_2}}\arctan\left(\frac{\sqrt{C_1 C_2}W_{\rm cruise,initial}-\sqrt{C_1 C_2}W_{\rm cruise,final}}{C_1+C_2 W_{\rm cruise,initial}W_{\rm cruise,final}}\right)
\end{aligned} \tag{6.15}
$$

由第 2 章建立的质量模型可得飞行器起飞质量 $m_{\rm takeoff}$ 为

$$
m_{\rm takeoff}=m_{\rm structural}+m_{\rm propulsion}+m_{\rm propellant}+m_{\rm subsystem}+m_{\rm payload}+m_{\rm gear} \tag{6.16}
$$

高超声速飞行器巡航段开始时的飞行器质量 $m_{\rm cruise,initial}$ 与飞行器起飞质量 $m_{\rm takeoff}$ 满足：

$$
m_{\rm cruise,initial}/m_{\rm takeoff}={\rm e}^{E_{Ri}(\varepsilon_{\rm takeoff},\varepsilon_{\rm RS})}=\Omega_R \tag{6.17}
$$

$$
E_{Ri}\left(\varepsilon_{\rm takeoff},\varepsilon_{\rm RS}\right)=\sqrt{2}\left(\sqrt{\varepsilon_{\rm takeoff}}-\sqrt{\varepsilon_{\rm RS}}\right)\Big/g I_{\rm sp,R} \tag{6.18}
$$

其中，$I_{\rm sp,R}$ 为火箭发动机比冲，$\varepsilon_{\rm takeoff}$ 和 $\varepsilon_{\rm RS}$ 为高超声速飞行器助推爬升段起始点和终止点的比机械能。式 (6.17) 的推导参考附录 B。忽略下降段和着陆回收段的燃料消耗，则巡航段终止点的飞行器质量为飞行器干质量和有效载荷质量之和，由第 2 章建立的质量模型可得

$$
m_{\rm cruise,final}=m_{\rm takeoff}\left(\mu_s+\mu_{\rm hp}+\mu_r+\mu_{\rm gear}+k_{\rm sub2}\right)/(1-k_{\rm sub1})+m_{\rm takeoff}\mu_{\rm payload} \tag{6.19}
$$

其中，μ_s 为结构质量分数，$\mu_{\rm hp}$ 为超燃冲压发动机质量分数，μ_r 为火箭发动机质量分数，$\mu_{\rm gear}$ 为起落架质量分数，$\mu_{\rm payload}$ 为有效载荷质量分数，$k_{\rm sub1}$ 和 $k_{\rm sub2}$ 分别取 0.065 和 0.046。若 μ_s、μ_r、$\mu_{\rm gear}$、$\mu_{\rm payload}$ 给定 (分别取为 0.18、0.007、0.01 和 0.0887)，火箭发动机比冲 $I_{\rm sp,R}$ 和助推爬升段的弹道参数给定，则 $m_{\rm cruise,final}/m_{\rm cruise,initial}$ 是 $\mu_{\rm hp}$ 的函数，不防记为 $f_c\left(\mu_{\rm hp}\right)$。

$$
f_c\left(\mu_{\rm hp}\right)=\frac{m_{\rm cruise,final}}{m_{\rm cruise,initial}}=\frac{\left(\mu_s+\mu_{\rm hp}+\mu_r+\mu_{\rm gear}+k_{\rm sub2}\right)/(1-k_{\rm sub1})+\mu_{\rm payload}}{\Omega_R} \tag{6.20}
$$

$$
\frac{W_{\rm cruise,final}}{W_{\rm cruise,initial}}=\frac{m_{\rm cruise,final}g}{m_{\rm cruise,initial}g}=\frac{m_{\rm cruise,final}}{m_{\rm cruise,initial}}=f_c\left(\mu_{\rm hp}\right) \tag{6.21}
$$

高超声速飞行器巡航段的燃料质量分数 $\mu_{\rm cruise,p}=1-f_c\left(\mu_{\rm hp}\right)$，代入式 (6.15)，得

$$
\begin{aligned}
I_{\rm sp,syn} \approx{} & I_{\rm sp}\left(2-n\right)\frac{\mu_{\rm cruise,p}W_{\rm cruise,initial}}{C_1+C_2 W_{\rm cruise,initial}} \\
& +\frac{I_{\rm sp}\left(n-1\right)}{\sqrt{C_1 C_2}}\arctan\left(\frac{\sqrt{C_1 C_2}\mu_{\rm cruise,p}W_{\rm cruise,initial}}{C_1+C_2\left(1-\mu_{\rm cruise,p}\right)W_{\rm cruise,initial}^2}\right)
\end{aligned} \tag{6.22}
$$

式 (6.22) 为综合比冲 $I_{\mathrm{sp,syn}}$ 的近似解析表达式, 通过该指标可以比较方便地评价超燃冲压发动机质量、超燃冲压发动机比冲和气动性能对总体性能的影响。

6.1.3　系统参数

根据高超声速飞行器总体的任务需求和现有超燃冲压发动机设计水平, 可确定了如下的超燃冲压发动机系统参数:

- 设计高度为 25km, 环境压强为 2.511kPa, 设计飞行马赫数为 6.0;
- 储箱压强由泵最小正抽吸压头确定;
- 涡轮燃气入口温度最大为 850K。

6.1.4　系统平衡

超燃冲压发动机系统由多个部件组成, 在发动机工作时, 各部件的工作状态应该是相容的, 即发动机工作处于平衡状态。系统平衡计算的目的是确定发动机及各部件的工作参数, 为修改各部件的设计提供依据。发动机的系统平衡包括压强平衡、流量平衡和功率平衡。文献 [296] 分别建立了燃气发生器循环和分级燃烧循环的系统平衡模型, 本书在其基础上结合超燃冲压发动机系统自身的特点, 建立了超燃冲压发动机的系统平衡模型。不同的系统循环方案的系统平衡模型存在差异。本书将讨论多种系统循环方案, 但限于篇幅, 仅以燃气发生器循环和分级燃烧循环为例, 简要介绍循环方案的平衡模型的建立。

压强平衡用于建立泵出口压强 $P_{\mathrm{pu,exit}}$、燃烧室压强 P_{co}、涡轮压强入口 $P_{\mathrm{tu,in}}$ 以及管路压降 ΔP_{pi} 之间的关系。泵出口压强 $P_{\mathrm{pu,exit}}$ 等于燃烧室压强 P_{co} 与泵出口至推力室喷注器出口各组件的压降之和, 即

$$P_{\mathrm{pu,exit}} = P_{\mathrm{co}} + \Delta P_{\mathrm{inj}} + \Delta P_{\mathrm{cooling}} + \Delta P_{\mathrm{va}} + \Delta P_{\mathrm{pi}} + \cdots \tag{6.23}$$

式中, ΔP_{inj} 为喷注器压降, $\Delta P_{\mathrm{cooling}}$ 为冷却套压降, ΔP_{va} 为阀门压降, ΔP_{pi} 为管路压降。由泵出口压强 $P_{\mathrm{pu,exit}}$ 减去从泵出口至涡轮入口各部件压降之和, 可确定涡轮入口压强 $P_{\mathrm{tu,in}}$。

流量平衡用于确定通过各部件的流量。根据进气道捕获空气流量 $\dot{m}_{\mathrm{air}}$ 和超燃冲压发动机化学当量比 ϕ(或者用 ER 表示) 可确定超燃燃烧室燃料流量 $\dot{m}_{\mathrm{com},f}$, 根据燃气发生器 (预燃室) 的推进剂混合比 $r_{\mathrm{gg}}(r_{\mathrm{pb}})$(或余氧系数 $\delta_{\mathrm{gg}}(\delta_{\mathrm{pb}})$), 可确定燃气发生器 (预燃室) 的氧化剂流量 $\dot{m}_{\mathrm{gg},o}(\dot{m}_{\mathrm{pb},o})$ 和燃料流量 $\dot{m}_{\mathrm{gg},f}(\dot{m}_{\mathrm{pb},f})$。由于超燃冲压发动机氢燃料分为多路, 分别冷却不同的部件, 各路流量按冷却需求确定。冷却超燃冲压发动机流道的冷却流量为 $(\dot{m}_{\mathrm{cooling}})_{\mathrm{combustor}}$, 燃气发生器 (预燃室) 中的燃料流量 $\dot{m}_{\mathrm{gg},f}(\dot{m}_{\mathrm{pb},f})$ 可由超燃冲压发动机流道的冷却流量 $(\dot{m}_{\mathrm{cooling}})_{\mathrm{combustor}}$

乘以相对流量的方式表示。

$$\dot{m}_{gg,f} = \phi_{gg}\left(\dot{m}_{\text{cooling}}\right)_{\text{combustor}}, \quad \dot{m}_{pb,f} = \phi_{pb}\left(\dot{m}_{\text{cooling}}\right)_{\text{combustor}} \tag{6.24}$$

燃气发生器循环的超燃燃烧室总流量 $\dot{m}_{com}$ 和喷注器喷射流量 $\dot{m}_{inj}$ 为

$$\dot{m}_{com} = \dot{m}_{air} + \dot{m}_{com,f}, \quad \dot{m}_{com,f} = \dot{m}_{air}\phi f_{st}, \quad \dot{m}_{inj} = \dot{m}_{com,f} \tag{6.25}$$

式中，f_{st} 为氢/空气的恰当混合比。

对于分级燃烧循环，通过预燃室的流量进入超燃燃烧室，则超燃燃烧室的总流量 $\dot{m}_{com}$ 和喷注器喷射流量 $\dot{m}_{inj}$ 为

$$\dot{m}_{com} = \dot{m}_{air} + \dot{m}_{com,f} + \dot{m}_{pp,f} + \dot{m}_{pb,o}, \quad \dot{m}_{pb,o} = r_{pb}\dot{m}_{pb,f}, \tag{6.26}$$
$$\dot{m}_{inj} = \dot{m}_{com,f} + (1 + r_{pb})\,\dot{m}_{pb,f}$$

功率平衡就是使涡轮功率等于它驱动的泵功率之和。如果飞行器还需要涡轮提供辅助功率，那么涡轮功率应包括辅助功率。功率平衡与燃气发生器/预燃室、涡轮、泵的组合形式有关。例如，一个涡轮驱动两个泵时的功率平衡方程为

$$\eta_{tu}\dot{m}_{tu}C_{p,tu}T_{t,tu,\text{in}}\left[1 - \left(\frac{P_{tu,\text{out}}}{P_{t,tu,\text{in}}}\right)^{\frac{\gamma-1}{\gamma}}\right]$$
$$= \frac{\dot{m}_{gg,o}\left(P_{pu,o,\text{out}} - P_{pu,o,\text{in}}\right)}{\rho_{pu,o}\eta_{pu,o}} + \frac{\dot{m}_{gg,f}\left(P_{pu,f,\text{out}} - P_{pu,f,\text{in}}\right)}{\rho_{pu,f}\eta_{pu,f}} \tag{6.27}$$

其中，$\pi_{tu} = P_{t,tu,\text{in}}/P_{tu,\text{exit}}$ 称为涡轮压比。分级燃烧循环的 π_{tu} 一般比燃气发生器循环高很多，因为燃气发生器循环的涡轮工质直接排放到大气或者排放到喷管尾部的较低压力区，而分级燃烧循环的涡轮工质还将达到进入燃烧室的高压。

在超燃冲压发动机设计过程中，根据压强平衡、流量平衡以及功率平衡，结合供应系统的组织形式，通过迭代求解可获得发动机平衡状态参数，同时修改部件的设计。对已设计的超燃冲压发动机系统，可只计算其平衡态，而不修改部件的结构参数。现有的火箭发动机系统平衡计算方法有基于图论的平衡分析法[295]、基于面向对象的部件组合法[299] 以及基于模块化分析的模块组织法[300] 等。本书采用较简单的计算方法，通过限定涡轮压比的范围，并适当调节工质流量，使超燃冲压发动机的设计满足平衡状态。

6.2 部件设计分析

6.2.1 部件构造方法

系统方案的分析与部件的结构、尺寸、材料和性能息息相关。本节将对超燃冲压发动机系统的诸部件进行结构设计，并给出了部件结构质量和性能的分析方法。

系统方案研究需要对多种可能的循环方案进行设计与分析，为了使用方便，在实际应用中往往将系统的设计分析编制成软件。

为增强超燃冲压发动机系统设计分析软件的通用性，本书采用了部件构造方法 [301] 进行部件设计分析。在部件构造方法中，首先由部件的输入输出参数构造部件的设计分析模型，然后根据各部件的连接关系构成发动机系统。部件的设计过程和性能分析方法封装在部件设计分析模型内，给定模型的输入参数就可完成部件的设计和性能分析，结果体现在输出参数中。在进行超燃冲压发动机系统方案分析时，只需根据系统部件的连接关系，像"搭积木"一样将各部件关联起来。组成系统的各部件设计分析模型可以保持较好的独立性，部件间的联系通过各部件设计分析模型提供的输入输出参数实现。这种方法增强了分析程序的通用性，大大减少了工作量。

超燃冲压发动机系统包含如下部件：
- 超燃冲压发动机流道
  - ◆ 进气道
  - ◆ 隔离段
  - ◆ 燃烧室
  - ◆ 尾喷管
  - ◆ 燃烧室壁面冷却通道
  - ◆ 喷注器
- 燃气发生器/预燃室
- 泵
- 涡轮
- 涡轮排气管
- 气动加热区域再生冷却结构
- 管路
- 阀门

本书逐一建立了上述部件的设计与分析模型，采用 C++ 程序设计语言编制了实现程序。上述过程相当复杂，限于篇幅，本节只对超燃冲压发动机流道的设计与性能分析进行简要介绍。燃气发生器/预燃室、涡轮、泵、涡轮排气管、管路、阀门的性能分析完全借鉴火箭发动机的分析方法，有兴趣者可参见文献 [295] 和 [301]～[305]。

6.2.2　超燃冲压发动机的流道设计

超燃冲压发动机流道部件包括进气道、燃烧室、尾喷管、燃烧室壁面冷却通道和喷注器等子部件。进气道、燃烧室、尾喷管的设计与性能分析方法已经在第 2～4

章进行了深入地研究, 燃烧室壁面再生冷却通道的设计与性能分析方法在第 5 章进行了详细地介绍, 在此不再重复。本节只着重介绍在前面各章中没有涉及的超燃冲压发动机喷注器的性能分析方法。

与火箭发动机相比, 超燃冲压发动机的喷注器相对简单, 一般在集液腔后面板上直接设置圆孔喷嘴即可。喷嘴中的流动可视为等熵流动, 喷嘴的最小流通面积为 A_g, 上游绝对压力为 P_i, 下游绝对压力为 P_j, 上游静温为 T_i, 上游总压为 P_i^*, 定义压力比 $\sigma = P_j/P_i^*$, 气体流量最大时的压力比为临界压力比 σ_{cr}, 喷注器的理论流量可按如下公式计算 [304,305]:

$$
\dot{m}_{\mathrm{inj,th}} = \begin{cases} A_o P_i^* \sqrt{\dfrac{2\gamma}{(\gamma-1)RT_i}\left(\left(\dfrac{P_j}{P_i^*}\right)^{\frac{2}{k}} - \left(\dfrac{P_j}{P_i^*}\right)^{\frac{\gamma+1}{\gamma}}\right)}, & \sigma \geqslant \sigma_{\mathrm{cr}} \\[4mm] A_o P_i \sqrt{\dfrac{\gamma}{RT_i}\left(\dfrac{2}{\gamma+1}\right)^{\frac{\gamma+1}{\gamma-1}}}, & \sigma < \sigma_{\mathrm{cr}} \end{cases} \tag{6.28}
$$

$$
\sigma_{\mathrm{cr}} = \left(\frac{2}{\gamma+1}\right)^{\frac{\gamma}{\gamma+1}} \tag{6.29}
$$

为增大喷射气氢的动量, 提高气氢的穿透能力, 将气氢喷嘴设计为音速喷嘴。超燃冲压发动机燃烧室压力水平不高, 最高室压在 1~3 个大气压。为了保证满足喷注压降的要求, 不妨取喷嘴下游压力 P_j 为 3 个大气压, 压力比 σ 为 $0.7\sigma_{\mathrm{cr}}$。上游气氢的马赫数为 Ma_i, 则喷嘴的上游压力为

$$
P_i = \frac{P_j}{0.7\sigma_{\mathrm{cr}}\left[1 + Ma_i(\gamma-1)/2\right]^{\gamma/(\gamma-1)}} \tag{6.30}
$$

喷嘴上下游的压降为

$$
\Delta P_{\mathrm{inj}} = P_i - P_j \tag{6.31}
$$

气氢的比热比 γ 可由定压比热 C_p 表示。定压比热 C_p 是温度的函数。

与火箭发动机大部分燃料由头部喷注器集中喷射不同, 超燃冲压发动机中气氢一般由不同位置 (如支板侧边、支板后缘、后台阶、壁面、凹腔底部等) 的喷嘴共同喷射, 以利于气氢与高速空气的混合和燃烧火焰的稳定。给定喷注器喷射流量 $\dot{m}_{\mathrm{inj}}$ 和喷嘴的最小流通面积 A_g, 就可确定需要喷嘴数目 n_{inj}。为计算方便, 假设所有的喷嘴孔最小流通面积 A_g 相同, 直径取为 1mm。

超燃冲压发动机的设计是本书研究的重点, 正确估算超燃冲压发动机系统的质量对于循环方案的选择至关重要。常用的发动机系统质量分析方法有统计回归法、比例因子法和应力分析法等多种。由于超燃冲压发动机尚处于初步研究阶段, 可参考的数据较少, 目前还不可能建立起精度较高的质量估算统计回归模型, 而比

例因子法又过于粗糙。本书采用应力分析法, 建立了较精确的超燃冲压发动机质量模型, 该质量模型涵盖了超燃冲压发动机系统的各部件, 具体参见附录 A。为了比较, 在采用应力分析法进行超燃冲压发动机系统质量估算的同时, 还采用了一种比较简单的方法估算超燃冲压发动机系统质量, 即采用比例因子法对超燃冲压发动机流道质量进行估算, 其余部件质量估算则借鉴火箭发动机的统计回归模型。为表述方便, 本书将这种方法称为粗略估算法。

超燃冲压发动机流道部件设计的输入参数为:

- 进气道: 进气道设计马赫数 Ma_{design}、设计飞行高度 H_{design}、进气道外压段第 $1 \sim 4$ 转折角 $\alpha_1 \sim \alpha_4$、进气道内压段第一个转折角 α_5、进气道长度 L_{in}、进气道高度 H_{in}、横向压缩比 $CR_{\text{in},h}$、纵向压缩比 $CR_{\text{in},v}$、侧板的压缩角 δ、侧板前缘后掠角 $\Lambda_{\text{sw},l}$、外罩前伸长度 CX';

- 隔离段: 隔离段长度 L_{is}、隔离段内通道的宽度 W_{is}、隔离段内通道的高度 H_{is};

- 燃烧室: 化学当量比 ϕ、燃烧室的长度 L_{cm}、燃烧室等截面段长度 L_{cmc}、燃烧室扩张段扩张角 θ_{cmexp};

- 喷注器: 喷射流量 $\dot{m}_{\text{inj}}$、喷嘴的最小流通面积 A_g、喷嘴下游压力 P_j;

- 支板: 支板高度 H_{st}、支板宽度 t_{st}、支板长度 L_{st}、支板前缘后掠角 $\Lambda_{\text{st},l}$;

- 尾喷管: 尾喷管内膨胀段的长度 L_{no}、尾喷管内膨胀段入口处的高度 $H_{\text{no},i}$、后体壁面扩张角 θ_{noexp}、喷管上壁面型线类型 (二次或者三次曲线)、侧板后缘后掠角 $\Lambda_{\text{sw},d}$;

- 壁面冷却通道: 冷却流道宽度 W_{ch}、冷却流道高度 H_{ch}、冷却通道入口温度 $T_{\text{in,coolant}}$、冷却通道出口温度 $T_{\text{out,coolant}}$(设为限制值)、冷却剂出口压力 $P_{\text{out,coolant}}$;

- 壁面材料: 机体壁面材料密度 $\rho_{\text{in,af}}$、侧板壁面材料密度 $\rho_{\text{in,sw}}$、外罩壁面材料密度 $\rho_{\text{in,co}}$、机体壁面冷却流道内壁材料密度 ρ_{afi}、侧板壁面冷却流道内壁材料密度 ρ_{swi}、外罩壁面冷却流道内壁材料密度 ρ_{coi}。

超燃冲压发动机流道部件设计的输出参数为:

- 进气道: 捕获流量 $\dot{m}_{\text{air}}$、进气道总压恢复系数 σ_{in}、进气道升力系数 C_L、进气道阻力系数 C_D、来流压缩比 π_{in}、进气道出口气流参数;

- 隔离段: 隔离段总压恢复系数 σ_{is}、隔离段出口气流参数;

- 燃烧室: 气流参数沿燃烧室轴向的一维分布、燃烧室总压恢复系数 σ_{is}、燃烧室出口气流参数;

- 喷注器: 喷嘴上游压力 P_i、喷嘴数目 n_{inj};

- 尾喷管: 尾喷管总压恢复系数 σ_{no}、尾喷管出口气流参数、超燃冲压发动机流道比冲 $I_{\text{sp,fp}}$、超燃冲压发动机流道推力 T_{fp}; 若为闭式循环, 流道比冲 $I_{\text{sp,fp}}$ 和推力 T_{fp} 即为超燃冲压发动机系统的总比冲 I_{sp} 和总推力 T;

● 壁面冷却通道: 冷却剂需求流量 $(\dot{m}_{\text{cooling}})_{\text{combustor}}$、冷却剂液/气流状态参数流态沿冷却通道的一维分布 (含冷却剂的流态变化)、冷却通道压降 $\Delta P_{\text{cooling}}$、冷却剂入口压力 $P_{\text{in,coolant}}$;

● 质量: 进气道质量 m_{in}、隔离段质量 m_{is}、燃烧室质量 m_{cm}、支板质量 m_{st}、尾喷管质量 m_{no}、超燃冲压发动机流道部件总质量 m_{FP}。

6.3 系统参数的平衡分析

6.3.1 系统参数的选择

将部件按循环方案规定的顺序连接起来, 应用功率平衡、流量平衡、压强平衡方程, 联立求解, 就可以得到超燃冲压发动机的系统设计参数。超燃冲压发动机系统十分复杂, 需要输入的设计参数较多, 其中既包括系统级输入设计参数, 也包括部件级输入设计参数。本书采用了部件构造方法, 很好地将系统级输入设计参数与部件级输入设计参数分开, 提供了一个比较清晰的设计层次结构。

超燃冲压发动机系统的系统级输入设计参数有:

● 循环方式: 燃气发生器循环 (GG)、分级燃烧循环 (SC)、膨胀循环 (EX) 和排放循环 (CB);

● 燃气发生器/预燃室模式: 富燃 (FR)、富氧 (OR);

● 涡轮泵的额定转速 n_{pu};

● 涡轮叶片所能承受的最高温度 $T_{\text{tu,max}}$;

● 冷却通道出口的最高氢气温度 $T_{\text{out,coolant,max}}$;

● 流道壁面材料的最高容许温度 $T_{\text{fp,wall,max}}$;

● 超燃冲压发动机流道的基本尺寸。

为了叙述的方便, 对各种具体的循环方案进行英文简写, 分别为 FRGG、ORGG、FRSC、ORSC、EX、CB。其中 FRGG 为富燃燃气发生器循环, ORGG 为富氧燃气发生器循环, FRSC 为富燃分级燃烧循环, ORSC 为富氧分级燃烧循环, EX 为膨胀循环, CB 为排放循环。由于 ORSC 明显不具有优势 (初步计算表明 ORSC 的推进剂比冲只有 400.0~500.0s, 发动机系统质量较其他候选循环方案高 30% 左右), 且该循环方案的详细分析还需要考虑氧补燃, 比较烦琐。因此本书不拟对 ORSC 循环案进行分析, 只具体分析 FRGG、ORGG、FRSC、EX 和 CB。

采用不锈钢 (1Cr18Ni9Ti) 作为燃烧室内壁, 最高气壁温度 $T_{\text{fp,wall,max}}$ 约为 1300K。根据超燃冲压发动机系统的特点, 设定 n_{pu}=14000 转/分, 冷却通道出口的最大氢气温度 $T_{\text{out,coolant,max}}$=650K, 涡轮叶片所能承受的最大温度 $T_{\text{tu,max}}$=850K。涡轮叶片的最大承受温度 $T_{\text{tu,max}}$ 限制了燃气发生器/预燃室的燃气性能, 进而决定了燃气发生器/预燃室的推进剂混合比。通过热力计算可得到燃气发生器/预燃室燃气压强、温度、比热比、气体常数。图 6.4 为燃气发生器/预燃室燃气温度随推进剂混合比 (液氧/液氢) 的变化规律，同时给出了余氧系数与推进剂混合比的对应关系。若近似认为涡轮叶片入口温度即为燃气发生器/预燃室燃气温度，那么从图中可以得出：富燃条件下，液氧液氢混合比应该小于 0.86(余氧系数为 0.108)；富氧条件下，液氧液氢混合比应该大于 115.50(余氧系数为 14.552)，才能使得涡轮叶片入口温度小于其所能承受的最大温度 $T_{\mathrm{tu,max}}$。

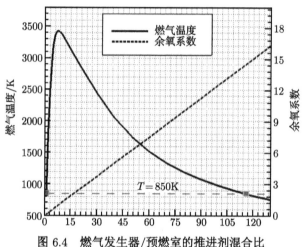

图 6.4　燃气发生器/预燃室的推进剂混合比

完成系统设计，需要选择适当的系统变量，并建立相应数目的系统方程，以使其封闭。求解系统方程组，即可完成系统方案的设计参数分析，得到系统设计结果；并可进一步根据系统性能指标对系统方案的优劣进行评价。

本书从超燃冲压发动机系统分析的要求出发，选择了三个系统变量：

- 燃烧室壁面冷却的流量 $(\dot{m}_{\mathrm{cooling}})_{\mathrm{combustor}}$；
- 燃气发生器 (预燃室) 的氢流量 $\dot{m}_{\mathrm{gg},f}(\dot{m}_{\mathrm{pb},f})$；
- 燃气发生器 (预燃室) 的氧流量 $\dot{m}_{\mathrm{gg},o}(\dot{m}_{\mathrm{pb},o})$。

三个系统的平衡方程为：

- 氢泵与涡轮之间的功率相等；
- 氧泵与涡轮之间的功率相等；
- 氢泵出口压强减去管路压降等于燃烧室压强。

考察的系统性能指标：

- 质量；
- 推力；
- 推进剂比冲；

- 燃料比冲;
- 综合比冲。

下面以 FRGG 循环和 FRSC 循环两个方案为例,进行系统参数平衡分析。其中 FRGG 循环为开式循环,FRSC 循环为闭式循环。

6.3.2 富燃燃气发生器循环方案参数的平衡分析

为保持全书研究的一致性,超燃冲压发动机流道尺寸取为与第 3 章一体化构型 A 相同;进气道设计马赫数 Ma_{design} 为 6.0、设计飞行高度 H_{design} 为 25.0km;燃料按恰当化学当量比 $(f = f_{st})$ 供应。对设计状态下的系统参数进行分析,图 6.5 是 FRGG 循环系统下的主要设计参数。尽管对超燃冲压发动机各部件进行了详细的结构设计和性能分析,但为了在图中表达清晰,只给出了一些重要参数,包括流量、压强和温度。喷注器 (超燃室和燃气发生器) 前的管路给出的是接近喷注器处的值,涡轮和泵后的管路给出的是接近涡轮和泵处的值。图中还给出了泵轴的功率、燃烧室壁面的平均热流密度。超燃冲压发动机系统的性能指标参见表 6.2。

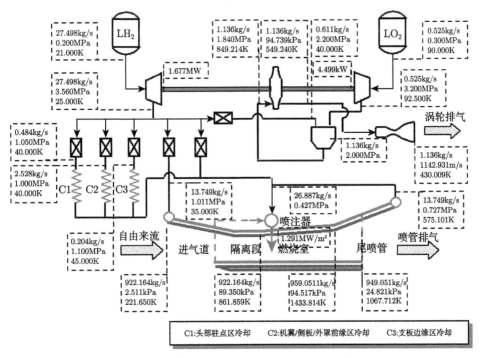

图 6.5 富燃燃气发生器循环的主要设计参数

超燃冲压发动机系统有 5 台模块发动机,每台模块发动机的捕获流量为 184.433kg/s,参与超燃室燃烧的氢流量为 5.378kg/s;燃气发生器的混合比为 0.860,

总流量为 1.136kg/s，其中喷入的氢流量为 0.611kg/s。由于头部驻点区、机翼/侧板/外罩/前缘区、支板边缘区离氢泵较远，将其冷却剂入口温度设定为 40.000K，其冷却温升设定为 10.000K，由此确定其冷却流量。头部驻点区需要的冷却流量为 0.484kg/s，占总冷却流量的 1.760%；机翼前缘区需要的冷却流量为 1.127kg/s，占总冷却流量的 4.098%；侧板前缘区需要的冷却流量为 0.785kg/s，占总冷却流量的 2.855%；外罩前缘区需要的冷却流量为 0.617kg/s，占总冷却流量的 2.244%；支板边缘区的冷却流量为 0.204kg/s，占总冷却流量的 0.742%。在满足冷却要求时，超燃冲压发动机流道壁面的冷却流量取为总燃料流量的 50%。

表 6.2　富燃燃气发生器循环系统的性能指标

质量/kg	推力/kN	燃料比冲/s	推进剂比冲/s	综合比冲/s
7253.490	626.613	2325.240	2281.660	1810.449

从 FRGG 循环方案的参数平衡分析，可以得到如下一些结果：

(1) 储箱压强各不相同，以满足各自的临界气蚀压头。

(2) 液氢流量大大高于液氧流量，占总推进剂流量的 98.127%，氧泵消耗的功率不到总功率的 1%。

(3) 由于超燃冲压发动机流道壁面 (暂时没有考虑进气道内压段和尾喷管外膨胀段) 的平均热流密度不大，约为 1.291MW/m²，所需的氢冷却流量较小，以 50.000% 的超燃室氢流量用于超燃冲压发动机流道壁面冷却时，氢的温度上升到了 575.101K。

(4) 燃气发生器中的推进剂只能在相当小的混合比下，才能满足涡轮叶片 850K 的温度限制，合适的混合比为 0.860(余氧系数为 0.108)。燃气发生器的总流量为 1.136kg/s，其中喷入的氢流量为 0.611kg/s，占总氢流量的 2.222%。

(5) 涡轮的压比为 20.000，出口压强为 92.000kPa，提供的总功率为 1.682MW，涡轮的效率为 0.473。

(6) 涡轮排气管燃气的出口压强为 6.176kPa，出口速度为 1142.931m/s，能够提供 2201.880N 的推力，比冲为 197.774s。25km 高空的环境压强为 2.511kPa，还可以进一步降低排气管出口压强，提高推力，但由于涡轮排气管的流量不大，能够得到的好处不显著。

(7) 仍然采用图 3.4 定义的 API-2 进行机体一体化超燃冲压发动机的受力分析，计算结果显示超燃冲压发动机流道部分产生的燃料比冲为 2369.707s，推力为 624.411kN。整个超燃冲压发动机系统的燃料比冲为 2325.240s，推进剂比冲为 2281.660s。超燃冲压发动机系统的总推力为 626.613kN，超燃冲压发动机流道部分产生的推力占总推力的 99.649%。由此可见，在超燃冲压发动机系统中，涡轮排气管获得的推力远小于超燃冲压发动机流道部分产生的推力，不到 0.4%。

(8) 超燃冲压发动机系统的综合比冲为 1810.449s，飞行近似航程为 3241.726km (本书研究的高超声速飞行器的目标飞行航程为 3000.000km)；采用推导的近似公式 (6.22) 计算综合比冲，则综合比冲为 1644.829s，飞行的近似航程为 2945.287km，小了 9.144%。如果采用常升阻比近似，$L/D=2.0$，则飞行航程近似为 2543.506km，与变升阻比计算的航程差了 698.220km。可见高超声速巡航飞行器采用常升阻比近似误差较大。

(9) 氢泵的出口压强为 3.560MPa，氧泵的出口压强为 3.200MPa。超燃冲压发动机流道壁面再生冷却的压降约为 0.284MPa，喷注器喷前压力为 0.424MPa。

(10) 由应力分析法得到的超燃冲压发动机系统的质量约为 7253.490kg，而通过粗略估算法得到的超燃冲压发动机系统的质量仅为 5820.040kg，两者之间差为 1433.450kg。超燃冲压发动机流道是质量最大的部件，也是两种方法计算值差异较大的部件，目前没有一个较好的超燃冲压发动机流道质量统计估算模型。需要说明的是，由于管路的质量不易确定，目前的超燃冲压发动机系统的质量模型暂不包含这部分质量。

6.3.3 富燃分级燃烧循环方案参数的平衡分析

超燃冲压发动机流道外形参数、飞行状态和燃烧室燃料流量保持和 FRGG 循环系统相同，对 FRSC 的系统参数进行分析。氢泵和氧泵需要的功率较小，故采用部分流量分级燃烧循环。设预燃室的氢流量为 $\dot{m}_{\mathrm{pb},f}$，混合比为 r_{pb}。若要求超燃室氢燃料以一定的化学当量比 ϕ 组织燃烧，则超燃冲压发动机系统的总燃料流量 $\dot{m}_f$ 满足：

$$\dot{m}_f = \dot{m}_{\mathrm{air}} f_{\mathrm{st}} \phi + \dot{m}_{\mathrm{pb},f} r_{\mathrm{pb}}/7.937 \tag{6.32}$$

其中，$r_{\mathrm{pb}} < 7.937$，本例中 r_{pb} 取为 0.860。超燃室氢燃料按恰当化学当量比 ($\phi=1.0$) 组织燃烧。超燃冲压发动机喷注器喷入燃烧室的物质为气氢和水蒸气的混合物。

图 6.6 是 SCFH 循环系统下的主要参数，系统的性能指标列于表 6.3 中。

从 FRSC 循环方案的参数平衡分析，可以得到如下一些结果：

(1) 预燃室的压强较燃气发生器大为提高。在本例中，预燃室的设计压强为 10.000MPa。预燃室压强越大，对泵的要求就越高。

(2) 预燃室的流量为 12.356kg/s，大大高于燃气发生器。其中液氧的流量达到了 5.713kg/s，致使超燃冲压发动机系统的推进剂比冲显著下降。

(3) 在给定预燃室液氢流量和涡轮叶片所能承受的最高温度的条件下，液氧流量越大，超燃冲压发动机系统的推进剂比冲越小。为了增大推进剂比冲，预燃室的混合比不能取得太大，涡轮燃气流量受到限制。为了提高涡轮做功能力，只能靠提高涡轮压比。闭式循环的涡轮压比不能太大，火箭发动机系统的涡轮压比一般为

1.500 左右，超燃冲压发动机燃烧室的压力水平低，因此超燃冲压发动机分级燃烧循环系统涡轮压比可以取得大一些，本例取为 4.5。为了限制系统的压力水平，在本章分析中规定超燃冲压发动机系统闭式循环的最高涡轮压比即为 5.0，更大的涡轮功率靠提高涡轮燃气流量来实现。

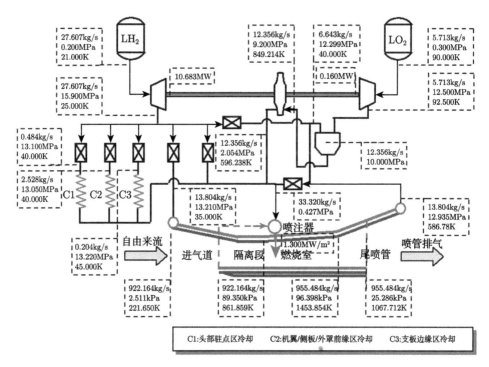

图 6.6　富燃分级燃烧循环的主要设计参数

表 6.3　富燃分级燃烧循环系统的性能指标

质量/kg	推力/kN	燃料比冲/s	推进剂比冲/s	综合比冲/s
7459.130	641.220	2417.10	1963.290	1523.420

(4) 由于采用了闭式循环，整个超燃冲压发动机系统的燃料比冲增大为 2417.100s，较 FRGG 循环系统的燃料比冲增加了 91.860s。但 FRSC 循环系统的推进剂比冲仅为 1963.290s，较 FRGG 循环系统降低了 318.370s。与 FRGG 循环系统相比，FRSC 循环系统的推进剂流量增加了约 19%，但总推力只提高了不到 2.4%。

(5) FRSC 循环系统的综合比冲仅为 1523.420s，原因是系统的推进剂比冲较低。飞行的近似航程为 2727.782km，达不到总体任务要求目标飞行航程。

(6) 涡轮泵和预燃室的质量增加，使得 FRSC 循环系统的质量较 FRGG 循环系统增加了 205.640kg。FRSC 循环系统的压力水平高，其管路质量明显大于 FRGG 循环系统的管路质量。由于目前的超燃冲压发动机系统质量模型没有计及管路质量，因此实际的 FRSC 循环系统与 FRGG 循环系统质量之差应该大于 205.640kg。

6.4 系统循环方案的比较

前面确定了系统方案设计与分析方法，建立了系统方案的评价指标，本节据此对不同系统循环方案进行比较分析。飞行马赫数对进气道的捕获流量和进入超燃室的气流条件起决定作用，超燃冲压发动机性能随着飞行马赫数的变化而显著变化，进而影响系统方案的性能。其他一些因素，如飞行动压、飞行高度、化学当量比等也对系统方案性能有明显影响，但限于篇幅，本节不拟涉及，只分析飞行马赫数对各种系统方案性能的影响。

6.4.1 质量

推力相近时，系统的总质量在一定程度上反映了方案的设计水平。图 6.7 是不同循环方案的系统主要部件及全系统的质量。为了比较，各循环方案的进气道设计马赫数 Ma_{design} 均为 6.0，设计飞行高度 H_{design} 均为 25.0km；燃料都按恰当化学当量比 $(f = f_{st})$ 供应；超燃冲压发动机流道尺寸仍然取为与第 3 章定义的一体化构型 A 相同。

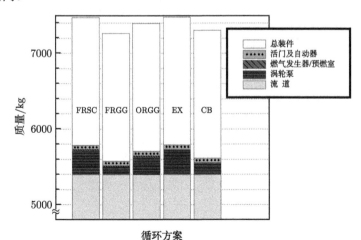

图 6.7 超燃冲压发动机系统质量

从图中可以看到，流道质量和总装件质量是系统质量构成中最主要的两个部件。以 FRSC 方案为例，这两部分质量分别约占系统质量的 72% 和 22%，两者之和超过了系统质量的 90%。由于流量小且压力水平低,燃气发生器/预燃室的质量在系统总质量中占的比重很小。FRSC 方案和 EX 方案的涡轮流量相对较大 (分别为 12.356kg/s 和 13.444kg/s),其涡轮泵的质量也明显大于其他方案。开式循环系统方案 (FRGG、ORGG、CB) 的泵出口压力低,其系统质量总小于闭式系统循环方案 (FRSC、EX),这与火箭发动机系统相似。

　　EX 方案质量最大,但其推进剂比冲在 5 种候选方案中最高 (2392.200s);FRGG 方案的质量最小,但其推进剂比冲比 EX 方案小 155.810s。总的来看,5 种循环方案的质量差别并不大,质量最大的 EX 方案与质量最小的 FRGG 方案之间只差 216.205kg,仅约占系统总质量的 3.0%。因此对于超燃冲压发动机系统循环方案的评定而言,质量并不是一个较好的系统性能指标。

6.4.2　推力/推重比

　　对于开式循环方案,系统的总推力为超燃冲压发动机产生的推力和涡轮排气管产生的推力之和;对于闭式循环方案,超燃冲压发动机产生的推力即为系统总推力。图 6.8 给出了 5 种超燃冲压发动机循环方案系统总推力随 Ma 的变化规律。从图中可看出,推力随 Ma 的增大而增大,闭式循环方案的推力高于开式循环方案,富氧方案的推力高于富燃方案。相同 Ma 条件下,推力的大小关系是 EX>FRSC>CB>ORGG>FRGG。5 种循环方案的推进剂流量大小关系为 ORGG>FRSC>CB>FRGG>EX,如图 6.9 所示。从推力的角度评价,EX 的推力最大,同时需要的推进剂流量最小,因此 EX 是 5 种循环方案中最优的循环方案。计算表明,开式循环系统涡轮排气管获得的推力远小于超燃冲压发动机流道部分产生的推力,一般不到总推力的 1%。

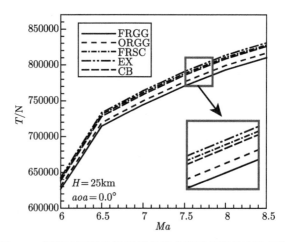

图 6.8　超燃冲压发动机系统总推力随马赫数的变化规律

推重比能够反映发动机的结构设计水平,由循环系统方案的推力和质量可方便求得 5 种超燃冲压发动机系统循环方案的推重比,计算结果见图 6.10。推重比随 Ma 的增大而增大,变化范围在 8.5~11.5。相同 Ma 条件下,CB 的推重比最大,ORGG 的推重比最小。原因是 CB 无需氧泵,系统质量较小;而 ORGG 的涡轮泵流量是 5 种循环方案中最大的,涡轮泵部件质量较大,进而导致系统的推重比降低。

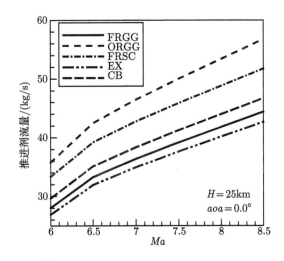

图 6.9　超燃冲压发动机系统推进剂流量随马赫数的变化规律

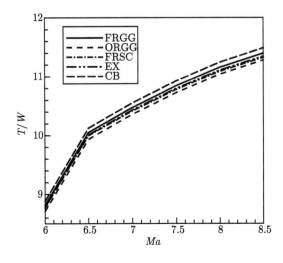

图 6.10　超燃冲压发动机系统推重比随马赫数的变化规律

6.4.3　燃料比冲

　　显而易见,闭式循环方案的燃料比冲高于开式循环方案。相同马赫数条件下,5种系统循环方案燃料比冲的大小关系是　EX>FRSC>ORGG>FRGG>CB,　见图 6.11。闭式循环方案中,FRSC 预燃室消耗了部分氢燃料,因此其燃料比冲较 EX 的燃料比冲小。ORGG、FRGG 和 CB 属于开式循环方案。ORGG 的燃气发生器采取富燃模式,在提供相同燃气流量条件下,消耗的氢燃料小于 FRGG,因此其燃料比冲较高。CB 为冷气循环,涡轮流量完全由氢提供。在 5 种方案中,CB 的氢流量最大,燃料比冲也最低,如图 6.12 所示。

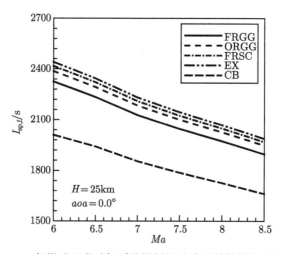

图 6.11　超燃冲压发动机系统燃料比冲随马赫数的变化规律

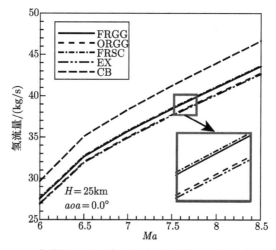

图 6.12　超燃冲压发动机系统氢流量随马赫数的变化规律

6.4.4 推进剂比冲

对于热气循环方案,涡轮工质为氢氧燃气,超燃冲压发动机系统需要携带液氧,供燃气发生器/预燃室组织燃烧,合理的比冲计算应该将氢氧两部分推进剂都考虑进去,因此推进剂比冲比燃料比冲更能反映系统的能量利用水平。超燃冲压发动机循环方案的推进剂比冲随 Ma 的变化规律如图 6.13 所示。在 5 种方案中,EX 的推进剂流量最小,推进剂比冲最大;ORGG 的推进剂流量最大,推进剂比冲最小。相同 Ma 条件下,5 种循环方案推进剂比冲的大小关系是 EX>FRGG>CB>FRSC>ORGG,恰好与推进剂流量的大小顺序相反。比较图 6.11 和图 6.13 可见,除 CB 外的另外 4 种循环方案燃料比冲都比较接近,而 5 种循环方案的推进剂比冲之间则存在明显差距。其中 ORGG 和 FRSC 的燃料比冲与推进剂比冲之间差距最大,原因是这两种循环方案所需氧流量远大于 FRGG。

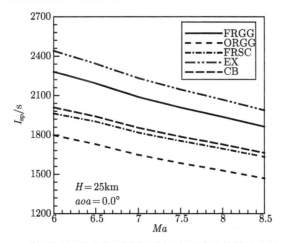

图 6.13 超燃冲压发动机系统推进剂比冲随马赫数的变化规律

6.4.5 综合比冲

如前所述,综合比冲 $I_{sp,syn}$ 是一个兼顾多学科耦合效应的性能指标,能够综合考虑了气动、推进和质量对飞行器总体性能的影响。由于 5 种系统循环方案都是采用了同一种机体/发动机一体化构型,因此气动对各种系统循环方案 $I_{sp,syn}$ 的影响相同。前面的分析表明,5 种系统循环方案的质量差别不大,因此系统质量对 $I_{sp,syn}$ 的影响在不同系统循环方案之间差异并不显著。在此条件下,推进剂比冲成为 $I_{sp,syn}$ 的决定因素。超燃冲压发动机循环方案的综合比冲随 Ma 的变化规律如图 6.14 所示。相同 Ma 条件下,5 种系统循环方案燃料比冲的大小关系是 EX>FRGG>CB>FRSC>ORGG,与推进剂比冲大小关系相同。EX 和 FRGG 的综合比冲较大,相对其他系统循环方案有明显优势。由 $I_{sp,syn}$ 可以很方便地计算出高超声速飞行器的近似航程, 计算结果如图 6.15 所示。高超声速飞行器的近似航程随着巡航 Ma 的增大而减小。本书设计的高超声速飞行器任务航程为 3000km, 从图 6.15 中可看出, 只有 EX 和 FRGG 两种系统循环方案可满足设计航程要求, 且巡航 Ma 需要分别小于 7.30 和 6.87。

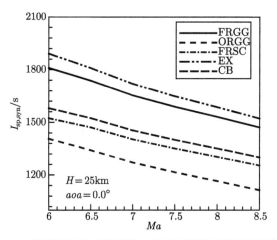

图 6.14   超燃冲压发动机系统综合比冲随马赫数的变化规律

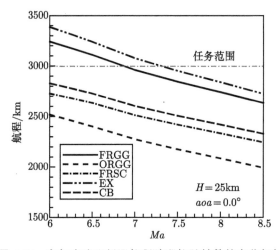

图 6.15   高超声速飞行器航程随巡航马赫数的变化规律

6.5   本章小结

本章首先分析超燃冲压发动机系统的特点, 对超燃冲压发动机系统方案进行了分析, 并提出了综合比冲评价指标; 建立了不同系统循环方案的系统平衡方程,然后在部件设计和分析基础上,求解系统方程,完成系统和部件的初步设计;最后对多种系统循环方案进行了比较。本章主要工作和结论如下:

(1) 分析了超燃冲压发动机系统的特点,并以此为基础,提出了备选的超燃冲压发动机系统循环方案。

(2) 提出了综合比冲概念,并推导出近似计算公式。综合比冲以 Brequet 航程公式为基础,综合考虑了气动、推进和质量对飞行器总体性能的影响,较好地反映了超燃冲压发动机与机体高度一体化的特性,适合作为超燃冲压发动机系统的评价指标。

(3) 完成了超燃冲压发动机系统各部件的设计,并建立了具有良好封装特性的参数化部件性能设计分析模型。采用部件构造方法,建立起通用性较强的超燃冲压发动机系统设计分析程序。

(4) 完成了超燃冲压发动机系统的参数选择,并以 FRGG 和 FRSC 为例,进行了详细的系统参数平衡分析。

(5) 对于超燃冲压发动机系统,富燃循环优于富氧循环,燃气发生器循环性能优于分级燃烧循环。5 种循环方案综合性能从优到劣的顺序为:EX→FRGG→CB→FRSC→ORGG。在 5 种系统循环方案中,EX 和 FRGG 的推进剂比冲和综合比冲均较大,且相对其他系统循环方案有明显的优势。只有 EX 和 FRGG 两种系统循环方案可满足设计航程要求,两种方案的巡航马赫数 Ma 上限分别为 7.30 和 6.87。建议超燃冲压发动机系统循环方案首选 EX,其次为 FRGG。

第 7 章　多学科设计优化方法及在高超声速飞行器中的应用

高超声速飞行器 MDO 要求在设计过程中采用高精度模型进行学科分析, 但随之带来了数值噪声大、计算成本高、学科分析程序集成困难等问题 [281,282]。参数方法能够滤除噪声、大幅度地降低计算量、方便地实现学科程序间的数据交互, 因此在飞行器 MDO 中得到了大量使用。本章首先介绍参数方法, 再将参数方法引入高超声速飞行器 MDO, 建立起高超声速巡航飞行器的多学科设计模型; 然后选择 10 个同时影响机体和超燃冲压发动机性能的优化变量, 以飞行器起飞质量 (GLOW) 和全寿命周期费用 (LCC) 为目标函数, 分别利用 D-Optimal 设计、Taguchi 设计和均匀设计方法, 结合响应面近似和变复杂度建模技术, 在局域网上并行实现高超声速巡航飞行器的 MDO。

7.1　参数化设计方法

与传统设计方法相比, 通过 MDO 可以更快地获得更好的设计, 但要实现这个目标, 要求在设计过程中各学科都能够在较短的时间提供高精度的分析结果。尤其是对于多学科高度耦合的复杂系统, 在设计过程中采用高精度的分析方法往往是必需的。只有这样, 才能够确保设计的可行性, 切实降低设计风险。高超声速飞行器是典型的多学科强耦合的复杂系统, 为了得到可行设计, 有必要在设计过程中引入高精度的学科分析模型, 如气动学科的 Euler CFD 模型、推进学科的 NS CFD 模型等。使用高精度学科分析模型会带来数值噪声, 大幅度增加计算量, 并使计算过程的组织更加困难。

在 MDO 的应用中, 学者们提出采用替代模型 (surrogate model)、变复杂度建模 (VCM)、并行计算等技术来解决上述问题 [281,288]。通过替代模型可以滤除数值噪声、大幅度降低计算量, 还可方便地实现已有学科分析程序的集成。

响应面 (response surface, RS) 是最常用的替代模型, 参数方法的核心就是在 MDO 过程中应用响应面方法 (response surface methodology, RSM)。RSM 使用简单的函数在整个设计空间内拟合目标函数和约束条件, 使计算方法和数学模型得到简化, 并使学科间的数据通信变得非常容易; 而且用于拟合的数据点可以预先选定, 因此优化过程的组织非常容易。RSM 的模型很多, 除了常用的基于多项式的 PB-RS，还有基于计算机试验设计与分析理论的 DACE-RS、基于样条函数的 Spline-RS 和基于神经网络的 NN-RS 等。实践表明，RSM 成功应用的关键之处不在于选择哪一种 RSM 模型，而是一些辅助性技术的运用，如试验设计方法、VCM 和并行计算等。试验设计方法用于在设计空间中确定一组设计点，使这组设计点在设计空间中的分布满足某种统计意义上的最优，设计点的分析结果用于构造 RS。

VCM 技术是近年来发展起来的一种可以有效地解决 MDO 计算成本问题的方法 [281,288]，其主要的思想是在优化中同时使用精确分析方法和近似分析方法。大量使用低精度分析模型可以降低计算成本；而少量使用高精度分析模型，可以提高整个优化的精度。当设计变量较多时，构造 RS 所需要的数据点也较多，如构造一个 15 变量的全系数二阶多项式 RS，至少需要 $(15+1)(15+2)/2{=}136$ 个数据点，此时采用高精度学科分析模型，计算量将十分可观，因此有必要采用并行计算提高设计的效率。RSM 和 VCM 对于并行计算的支持性都很好。在构造 RS 之前，参数方法所做的工作就是逐一对试验设计方法选择的设计点进行多学科分析，设计点之间不需要任何的信息交互，在此阶段并行计算的效率非常高。在获得设计点计算结果之后，构造 RS 和 RS 的优化需要的计算量相对较小，单机的计算能力即可完成。参数方法在 HSCT 的 MDO 中得到了成功应用，该项目负责人 B. Grossman 教授总结出这样的 MDO 设计准则 [283]：

- 强行集成高精度代码不切实际；
- 宜采用变复杂度建模；
- 宜采用响应面方法。

图 7.1 以高超声速飞行器气动学科分析为例，给出了使用参数方法的主要流程。

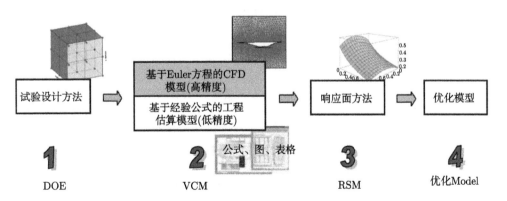

图 7.1 使用参数方法的主要流程 (以气动学科分析为例)

7.1.1 响应面方法

RSM 是以试验设计、数理统计和最优化设计为基础的用于试验模型建立和模型分析的一套统计处理技术, 用来对所感兴趣的响应受多个变量影响的问题进行建模和分析, 其目的是优化这个响应。函数应变量 y 与因变量 $\boldsymbol{X}$ 之间满足:

$$y = F(\boldsymbol{X}) + \varepsilon \tag{7.1}$$

式中, $F(\boldsymbol{X})$ 是未知函数, $\boldsymbol{X}$ 是 n_v 维独立设计变量, $\boldsymbol{X} = [x_1, x_2, \cdots, x_{n_v}]$, ε 为随机误差。

采用 RS 近似上述函数关系:

$$y = \widehat{F}(\boldsymbol{X}) + \delta \tag{7.2}$$

式中, $\widehat{F}(\boldsymbol{X})$ 是关于输入变量 $\boldsymbol{X}$ 的响应函数, δ 为总误差。在实际应用中, $\widehat{F}(\boldsymbol{X})$ 常采用一阶或二阶多项式模型。全系数二次多项式 RS 模型可表示为

$$y^{(p)} = c_0 + \sum_{j=1}^{n_v} c_j x_j^{(p)} + \sum_{j=1}^{n_v} \sum_{k=j}^{n_v} c_{(n_v - 1 + j + k)} x_j^{(p)} x_k^{(p)} \tag{7.3}$$

式中, $y^{(p)}$ 是第 p 次分析的响应 $(p = 1, 2, \cdots, n_s)$, $x_j^{(p)}$ 和 $x_k^{(p)}$ 为第 p 个 n_v 维设计点的设计变量值, $c_i (i = 0, \cdots, n_t - 1)$ 为未知待估多项式系数 (回归系数), 其中 $n_t = (n_v + 1)(n_v + 2)/2$。

设进行了 $n_s (n_s \geqslant n_t)$ 次分析, 将 n_s 次分析的响应关系式写成矩阵形式:

$$\boldsymbol{Y} = \boldsymbol{X}\boldsymbol{C} \tag{7.4}$$

$$\boldsymbol{C}^{\mathrm{T}} = [c_0, c_1, \cdots, c_{n_v}, c_{n_v+1}, \cdots, c_{n_t-1}] \tag{7.5}$$

式中, $\boldsymbol{X}$ 是 n_s 行 n_t 列矩阵。如果 $\boldsymbol{X}$ 的秩是 n_t, 则方程 (7.4) 存在唯一的最小二乘解:

$$\hat{\boldsymbol{C}} = \left(\boldsymbol{X}^{\mathrm{T}} \boldsymbol{X}\right)^{-1} \boldsymbol{X}^{\mathrm{T}} \boldsymbol{Y} \tag{7.6}$$

于是, 响应的预估值为

$$\hat{y}^{(p)} = \hat{\boldsymbol{C}}^{\mathrm{T}} \boldsymbol{x}^{(p)} \tag{7.7}$$

求解 n_t 个系数至少需要 n_t 次分析。为了有效地滤除数值噪声和避免局部极小值, 通常需要进行 $1.5n_t \sim 2.5n_t$ 次分析来构造 RS[281,282]。矩阵 $\boldsymbol{M} = \boldsymbol{X}^{\mathrm{T}} \boldsymbol{X}$ 包含了试验点和统计模型的信息, 称为信息矩阵。求出 RS 方程的待估参数后, 需要对 RS 函数进行统计检验, 评估其对真实响应的逼近程度。常用全相关系数 R^2 来量度 RS 函数对原函数的逼近程度, R^2 定义为

$$R^2 = \frac{\mathrm{SSR}}{\mathrm{SST}} \tag{7.8}$$

其中, SST 为总偏差平方和, SSR 为回归平方和。R^2 的值在 0 和 1 之间, 越接近 1, 说明 RS 函数的逼近程度越高。设 $\bar{y}$ 为响应的平均值, 则

$$\mathrm{SST} = \sum_{i=1}^{n_s} \left(y^{(i)} - \bar{y} \right)^2 \tag{7.9}$$

$$\mathrm{SSR} = \sum_{i=1}^{n_s} \left(\hat{y}^{(i)} - \bar{y} \right)^2 \tag{7.10}$$

在 MDO 中应用 RSM 可以带来很多好处:
- 可以平滑复杂学科分析带来的数值噪声;
- 可大幅度减少计算量;
- 可以将学科分析模块 (程序、软件) 与优化过程分离开来, 使优化过程不用再处理诸如大型网格生成、数值仿真、后处理等复杂耗时的任务;
- 可以方便地获取设计目标相对于设计变量的灵敏度信息, 使设计目标的协调和优化变得非常容易;
- 可以使不同学科的专家相对独立地工作, 使并行工作成为可能;
- 方便了设计过程, 使搜索全局最优设计成为可能;
- 可以方便地表述学科之间、学科与系统之间的联系, 有利于数据通信;
- 有利于建立起学科间的联系, 无须再将各学科的分析模型集成为一体。

其中, 最后一点对工业部门应用 MDO 至关重要。工业部门在长期的发展中, 各学科已经形成了面向自身需要的设计程序和软件。这些设计程序和软件一般专业性强, 没有通用性, 缺乏对外的交互接口, 集成需要很大的工作量。一些商业软件由于没有提供原代码和对外的灵活接口, 很难甚至不可能与其他软件或自行开发的程序集成。RSM 的应用解决了这方面的困难。目前 RSM 已成为 MDO 不可或缺的支撑技术, 得到了广泛应用。

7.1.2 试验设计方法

设计空间内存在无数的设计点, 试验设计方法用于从设计空间中确定出有限的设计点, 进行试验; 然后对试验结果进行分析, 将分析结果外推到整个设计空间。所选择的设计点集称为试验矩阵。通常设计变量只取其变化范围内的几个值, 变量的离散点数称为水平。试验设计方法很多, 如全因子设计、中心复合设计、D-Optimal 设计等, 具体选择哪种试验设计方法应该依据问题的维数、计算资源和所用的 RS 函数类型共同确定。全因子设计点可看作是设计空间的一个网格点, 设计变量水平数的确定依赖于近似模型中该设计变量的重要程度。线性关系至少需要二水平的设计点来近似估计, 二次关系至少需要三水平的设计点。随着设计变量数及水平数的增加, 总的分析次数将随之快速增加。一个三水平 15 个变量的全因子试验, 需

要 3^{15}=14348907 次试验。为了限制费用较高的试验和数值分析次数,可采用部分因子设计,只选择全因子试验的一部分设计点进行试验。本书选用了 Taguchi 设计 [306]、D-Optimal 设计和均匀设计 [307] 三种部分因子试验设计方法。

Taguchi 设计是日本学者 G. Taguchi 创立的一种提高和改进产品质量的设计方法 [306],它的两个基本工具是信噪比和正交试验设计。前者是将损失模型转化为信噪比指标,并作为衡量产品质量的特性值;后者是用正交表通过对试验因子水平的安排和试验以确定参数值的最佳组合,试验设计理论提供了大量的正交表 [307],设计者可以根据实际需要选用合适的正交表确定设计变量的组合。Taguchi 设计使用方便,能够比较容易地集成已有学科分析代码,且具备全设计空间搜索能力。需要说明的是,Taguchi 设计一般只适用于设计变量不多于 8~10 个的试验设计。

D-Optimal 设计是按 D- 最优设计准则选择设计点的试验设计方法 [307]。D-最优设计准则要求选择使信息矩阵 $M = X^{\mathrm{T}} X$ 的行列式最大的设计点组合。通过 D-Optimal 设计,能够保证响应方程估计系数的方差和协方差最小。另外,D-Optimal 设计还适用于非规则设计空间。D-Optimal 设计本质上是一个优化问题,但随着变量的增加,计算量增加很快。从 m 个候选点中选择 n 个点分别计算 $M = X^{\mathrm{T}} X$ 的行列式,需要计算 C_m^n 次,如从 81 个候选点中选择 15 个设计点,就有 81!/(15!66!)≈ 8.14×10^{15} 种组合。目标函数可能存在多个极值点,也增加的优化的困难。当设计变量数不多时 ($\leqslant 5$),可以采用遗传算法选取 D-Optimal 设计点。Matlab®6.1 统计工具箱提供了 D-Optimal 设计的相关函数,本书中的 D-Optimal 设计均采用 Matlab®6.1 完成。

均匀设计 (uniform design,UD) 因将试验点均匀分布于试验设计域而得名,其数学原理参见文献 [289] 和 [307]。均匀设计的优点在于能够以较少的试验次数更好地代表试验,特别是水平比较多的情况。若一项试验有 s 个因素各有 p 个水平,用正交试验安排,至少需要做 p^2 次试验。当 p 较大时,p^2 会很大,故正交试验设计只适用于水平数不多的试验。对这一类试验,均匀设计非常有用。均匀设计给试验者更多的选择,从而有可能用较少的试验次数获得期望的结果。与正交试验设计相似,均匀试验设计也可通过一套精心设计的表来进行试验设计 [307],使用比较方便。

7.1.3 变复杂度建模

VCM 技术通过混合使用高精度分析模型与低精度分析模型,达到有效降低 MDO 过程的计算成本,同时保持较高分析精度的目的。在优化循环开始时先构建近似函数,在优化过程中只使用低精度模型进行近似分析。在优化迭代中通过移动限制 (move-limit) 方法限定设计变量的变化域,来抑制近似分析和复杂分析之间的偏差。近似函数不断更新,设计结果也因此不断地更新,一直持续到设计收敛。目前常用的近似函数为比例近似 (scaled approximation，SA) 和全局–局部近似 (global-local approximation，GLA)[282,308]。

比例近似方法采用常值比例因子函数 $\sigma(x_0)$：

$$\sigma(x_0) = f_h(x_0)/f_l(x_0) \tag{7.11}$$

其中，$f_h(x_0)$ 表示高精度模型分析结果，$f_l(x_0)$ 表示低精度模型分析结果。在一个优化循环中，学科分析结果 $f(x)$ 都近似为

$$f(x) \approx \sigma(x_0) f_l(x) \tag{7.12}$$

一个优化循环结束后，重新计算比例因子函数 $\sigma(x_0)$，再进行新一轮的优化循环，如此反复，直到优化过程收敛。

全局–局部近似方法在优化循环中采用了变比例因子函数 $\sigma(x)$：

$$\sigma(x) = \sigma(x_0) + \nabla\sigma(x_0) \cdot (x - x_0) \tag{7.13}$$

$\sigma(x)$ 在 x_0 处的梯度采用前向有限差分。在优化中学科分析结果 $f(x)$ 由 $\sigma(x) f_l(x)$ 近似。迭代若干步后，再次调用 $f_h(x)$ 和 $f_l(x)$，求出新的修正因子 $\sigma(x)$，应用在随后的迭代中。

为了进一步减少计算量，可以在采用了比例近似方法时，优化设计过程经历多个优化循环后才更新一次比例因子函数，即采用所谓的间隔 (interlacing) 法 [309]。

如前所述，采用高精度分析模型时往往会产生数值噪声。数值噪声导致大量伪局部最优点，使基于梯度的优化过程偏离最优搜索方向，严重影响了优化过程的收敛性。而 RSM 可以平滑复杂学科分析时带来的数值噪声，因此在 MDO 中，通常将 VCM 和 RSM 相结合使用，形成变复杂度响应面 (variable complexity response surface modeling，VCRSM)[281~288]。它的优点在于通过采用精确分析模型提高了 RS 的精度，通过引入 VCM 技术减少构造 RS 所需的调用精确分析模型的次数，大幅度缩短计算时间。

7.1.4 并行计算

基于参数方法的 MDO 过程，不同设计点之间几乎不需要进行信息交互，因此可以很方便地在多机上实现粗粒度并行 (coarse-grained parallelization) 计算。虽然细粒度并行 (fine-grained parallelization) 有可能得到更好的并行效率，但需要对计算程序进行较大改动，因此本书选择粗粒度并行。可以采用加速系数 $S(n)$ 来评定多机并行计算的效率 [276]：

$$S(n) = t_s/t_p \tag{7.14}$$

其中，t_s 为使用一个处理器 (单处理机系统) 的执行时间，t_p 为使用具有 n 个处理器的多处理机系统的执行时间。

目前的并行计算硬件环境是 6 台由 TCP/IP 协议互联微机 (均为单处理器 PC，采用 Intel 1.6~2.2GHz CPU) 组成的计算网络 [276]，采用消息传递接口 (message passing interface，MPI) 并行编程环境 [278,279] 作为并行程序设计平台，目前采用的是 MPICH.NT 1.2.5 版本。

7.1.5　多方法并联协作优化方法

借鉴 HGA 和系统工程 "整体大于部分之和" 的思想，罗文彩提出了多方法协作优化 (multimethod collaborative optimization，MCO) 理论，并与作者合作进行了多项应用研究 [274,275,312]。根据 MCO 理论，可以采用一定的协作策略将多个具有不同优化特性的优化方法结合起来，组成多方法协作优化方法。利用优化方法之间的协作效应来提高优化能力和优化效率，达到快速有效地求解优化问题的全局最优解的目的。通过在固体冲压发动机导弹和固体战略导弹总体设计中的应用表明，多方法协作优化方法能够获得比单种优化方法更优的飞行器性能 [274,312]。

由于高超声速飞行器的目标函数与优化变量之间没有显式的函数表达式，因而不能采用需要利用优化变量和目标函数之间的函数关系进行优化的优化方法，只能采用 GA、Powell 方法和模式搜索方法等只需要利用函数值的优化方法进行优化。

GA 是基于进化论原理发展起来的一种高效的随机搜索与优化方法。采用优胜劣汰和杰出者选择 (elitist selection) 的策略，对上一代群体进行复制、杂交和变异操作产生群体规模大于上一代群体规模的中间群体。根据个体适应值大小进行排序，淘汰掉弱势个体 (适应值较小的个体)，生成上一代群体规模减一的下一代群体。然后将上一代群体中的最优个体继承到下一代群体中，生成与上一代群体相同规模的下一代群体。这一过程循环执行，直到满足优化准则为止。

模式搜索方法的基本思想是寻找具有较小函数值的 "山谷"，力图使迭代产生的序列沿 "山谷" 逼近极小点。算法从初始基点开始，包括两种类型的移动 (探测移动和模式移动)，通过探测移动确定新的基点和有利于函数值下降的方向，模式移动沿相邻两个基点连线方向进行，试图顺着 "山谷" 使函数值更快减少，两种移动交替进行 [311]。

Powell 方法为直接搜索方法，它把整个计算过程分为若干个阶段，每一阶段 (一轮迭代) 由 $n+1$ 次一维搜索组成。在算法的每一个阶段中，先依次沿着 n 个已知的方向搜索，得到一个最好点，然后沿本阶段初始点与该最好点连线方向进行搜索，求得这一阶段最好点。再用最后的搜索方向取代前 n 个方向之一，开始下一阶段的迭代 [311]。

遗传算法全局搜索能力很突出，但局部搜索能力较差；Powell 方法和模式搜索方法的局部搜索能力很强，全局搜索能力较差，三种优化方法之间的可协作性强，本书选择这三种优化方法建立多方法协作优化方法。按照多个方法间协作策略的不同，可将多方法协作优化方法分为多方法并联协作优化方法、多方法串联协作优化方法、多方法串并联协作优化方法和多方法嵌入协作优化方法四种。实例研究表明四种方法的优化性能相差不大 [274]。为了尽量直接应用现有优化方法程序，减少编程工作量，本书采取并联协作策略，形成了"模式搜索＋Powell＋GA 的并联协作优化方法"。为叙述方便，以下简称为 PSPGACO 方法。罗文彩对多方法并联协作优化方法的基本结构、全局最优解特性、收敛性和计算时间做了深入的研究和详尽的描述，可参考文献 [274]，本书不再赘述。下面简要介绍 PSPGACO 方法的流程，以及采用并行计算时，对方法流程所做的改进。

7.1.5.1 优化方法流程

PSPGACO 方法的流程参见图 7.2。主要计算步骤如下：

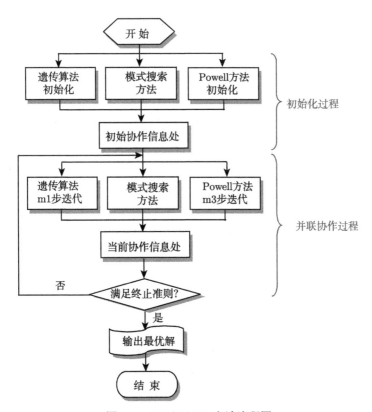

图 7.2　PSPGACO 方法流程图

Step 1：对 GA、模式搜索方法和 Powell 方法进行初始化。

Step 2：根据当前的多方法协作信息，对 GA、模式搜索方法和 Powell 方法分别进行 m1 步、m2 步和 m3 步优化迭代。

Step 3：对三种优化方法得到的优化结果进行处理，更新当前的多方法协作信息。

Step 4：判断优化过程是否满足协作优化终止准则，若满足，执行 Step 5；否则，转到 Step 2。

Step 5：结束，输出最优解。

7.1.5.2　并行计算流程

高超声速飞行器设计多学科强耦合和设计变量灵敏度高的特性，决定了学科分析必须采用高精度的学科分析模型，才能保证计算的正确性。在这样的条件下，采用优化方法进行高超声速飞行器 MDO，计算量将十分可观，此时必须采用并行计算来提高设计的效率，压缩设计周期。PSPGACO 方法继承了遗传算法的内在的并行机制，非常适合进行并行计算。

多方法并联协作优化方法有两种基本的并行计算方法：第一种方法采取主从式模型，将三种方法分派到不同的处理器上，每一个处理器进行一种优化方法的迭代，通过一个主控程序控制优化进程，处理协作信息，各种优化方法同步进行，直至收敛。第二种方法采取粗粒度模型，每个处理器均运行完整的多方法并联协作优化方法，处理器之间定期相互传送最好的 m 个个体，从而加快满足终止条件的要求。采用 "一传多" 迁移策略，设置共享存储区，单机每进化 n 代，就将当前最好的 m 个个体传到共享存储区，并接收从共享存储区传来的 m 个最优个体，替换本机 m 个最劣个体。

第一种并行计算方法要求各处理器 (对应优化方法) 之间有同步机制。各优化方法的计算量是时变的，很难准确估计，容易导致主进程忙而子进程闲或反之，引起负载不平衡，因此并行效率往往不高。罗文彩采用这种方法进行固体冲压发动机导弹和固体战略导弹总体设计并行计算，两机的并行加速系数为 1.671 和 1.532，三机并行的加速系数仅为 1.459[274]。因此本书不采用主从式并行计算模型，而采用粗粒度并行计算模型，计算流程见图 7.3。参与并行计算的总进程数为 P_{num}，本书采用的都是单 CPU 微机。

PSPGACO 方法应用于并行计算的主要计算步骤如下：

Step 1：进程 $i(i = 1, \cdots, P_{num})$ 对 PSPGACO 方法初始化。

Step 2：根据当前的多方法协作信息，对 PSPGACO 方法优化迭代 1 步。

Step 3：满足迁移条件准则？若满足，则执行 Step4；否则，执行 Step 5。

Step 4：对于进程 $i(i = 1, \cdots, k-1, k+1, \cdots, P_{num})$，将最好的 n_s 个个体送

到进程 k，然后接收来自进程 k 的 n_s 个最好个体，淘汰 n_s 个最差个体。对于进程 k，分别接收来自进程 $i(i = 1, \cdots, k-1, k+1, \cdots, P_{num})$ 的 n_s 个最好个体，与本进程所有个体一起考虑，淘汰较差个体，然后将最优的 n_s 个个体逐一发送到进程 $i(i = 1, \cdots, k-1, k+1, \cdots, P_{num})$。

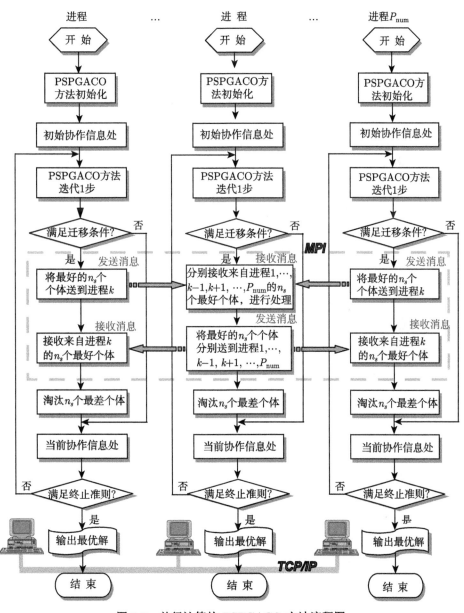

图 7.3　并行计算的 PSPGACO 方法流程图

Step 5：进程 $i(i = 1, \cdots, P_{num})$ 对三种优化方法得到的优化结果进行处理，更新当前的多方法协作信息。

Step 6：进程 $i(i = 1, \cdots, P_{num})$ 判断优化过程是否满足协作优化终止准则，若满足，执行 Step 7；否则，转到 Step2。

Step 7：输出最优解，结束。

7.2　对优化方法的要求

MDO 问题在本质上是个优化问题，所采用的优化方法必须与优化问题本身的优化特性相吻合。前面的计算与分析表明，高超声速飞行器的设计变量之间耦合强，可行域小，可行设计空间极不规则，存在较多的局部最优解。因此要求优化方法具有较强的全局搜索能力，以获得全局最优设计方案。另外，高超声速飞行器的设计空间高度非线性，性能目标对设计变量灵敏度高，需要采用高精度的学科分析模型，学科分析的计算量较大。因此又希望优化方法具有较强的局部搜索能力，以提高收敛速度，缩短设计周期。

传统的基于梯度的优化方法，如最速上升法、共轭梯度法、序列二次规划法 (SQP) 等 [310]，应用于高超声速飞行器 MDO 有明显的缺陷：

- 由于低精度分析模型无法有效地反映学科的本质，因此高超声速飞行器设计需要采用高精度分析模型。但高精度分析模型的计算过程依赖数值迭代，数值噪声大，对梯度信息有明显影响。尤其是在非可行设计空间，常常无法提供可靠的梯度信息。基准 (初始) 设计点往往是不可行的，在这样的条件下，采用基于梯度的优化方法很可能无法跳出非可行设计空间，导致优化失败。

- 高超声速飞行器的学科模型复杂，飞行器性能目标函数和约束条件与设计变量之间没有显式表达式 (无法导出梯度的解析表达式)，梯度信息只能靠数值差分方法获取，计算代价较大。

- 高超声速飞行器设计需要考虑一些离散设计变量 (时间所限，本书暂未涉及)，如模块化超燃冲压发动机台数、前体楔形体数等，基于梯度的优化方法无法处理这类设计变量。

- 对于高超声速飞行器设计这类强非线性问题，基于梯度的优化方法在远离最优点时，收敛速度较慢。

- 基于梯度的优化算法只能保证收敛到局部最优解，且优化结果对初始点的选择很敏感。

遗传算法 (genetic algorithm，GA) 能以很高的概率找到全局最优解，不需要目标函数和约束条件的梯度信息，适合工程优化设计要求。GA 的全局搜索能力强，能以较快的速度接近全局最优点。但是 GA 的局部搜索能力差，要最终找到全局最优点，需要大量地计算目标函数适应值，计算量大幅增加。针对 GA 的缺点，学者们提出了混合遗传算法 (hybrid genetic algorithm，HGA)。HGA 通过在 GA 中引入其他具有较强局部搜索能力的优化方法来提高 GA 的运行效率和求解质量。HGA 中 GA 与其他优化方法的混合方式有嵌入混合和顺序混合两种，其中嵌入混合方式最常见。嵌入式 HGA 将其他优化方法作为 GA 的一部分进行混合优化。这些优化方法可以在 GA 的计算适应值、遗传算子、群体生成等具体的遗传操作中进行混合。HGA 通常选择基于梯度的优化方法与 GA 混合，但如前所述，高超声速飞行器设计过程中梯度信息获取困难，因此不能直接地采用 HGA。

有一类优化方法具有较强局部搜索能力，且不需要梯度信息引导搜索过程，如模式搜索方法、Powell 方法和可变多面体搜索法等 [311]。若将这类方法与 GA 混合构造新的优化方法，优势互补，则可满足高超声速飞行器 MDO 的需要，如图 7.4 所示。下面介绍新优化方法的建立过程。

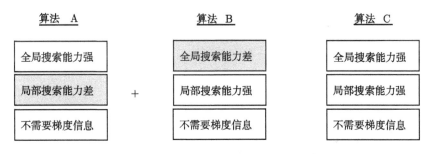

图 7.4 面向高超声速飞行器 MDO 的优化方法构造思路

7.3 多学科设计优化模型及流程

7.3.1 参考任务和基准外形

第 2 章已经给出了高超声速飞行器的飞行参考任务和基准外形，为了保持本章的完整性，这里再做简要介绍。高超声速飞行器执行巡航任务 (以下称超声速巡航飞行器)，携带 5500kg 有效载荷，以马赫数 6 巡航，巡航高度为 30km。目标飞行航程为 3000km，飞行时间不超过 2100s。高超声速巡航飞行器的飞行轨迹包括起飞助推段，高速巡航段和着陆段，着陆段轨迹比较复杂，暂不考虑。

超声速巡航飞行器基准外形在参考 NASA 的 Hyper-X 飞行器一体化外形的基础上设计而成 [47]，如图 7.5 所示。机体上壁面扩张角为 5.0°，前体下壁面采取 4 级楔形体压缩，楔角分别为 3.0°、4.0°、3.0° 和 3.0°，后体下壁面型线按三次方程曲线设计。机体长度为 30m，机体宽度为 5.5m，翼展为 13m，机翼和尾翼的前缘后掠角均为 60.0°。飞行器机体下腹部并排安装 5 台模块超燃冲压发动机。为了提高高超声速巡航飞行器的机动性，在飞行器尾部装有一对垂直尾翼。

图 7.5　高超声速巡航飞行器三维外形图

7.3.2　学科分析模型

　　高超声速巡航飞行器的性能分析主要由外形尺寸、质量估算、推进系统性能、气动力计算、气动热计算、冷却性能、控制与弹道、全寿命周期费用等学科模块组成。第 2 章对各学科的分析模型进行了详细介绍。气动力和推进系统学科性能计算都采用两套不同精度的计算模型。在一体化分析中通过 VCM 技术将高精度 CFD 模型与低精度工程分析模型耦合在一起，既保证了计算的高可靠性，又可有效地降低计算费用。

　　学科分析模型的设计成熟度在很大程度上决定了飞行器的设计水平。为客观地衡量书中高超声速飞行器的设计水平，需要对本书所建立的高超声速飞行器各学科模型设计成熟度进行界定。NASA Langley 研究中心将高超声速飞行器的设计水平分为 0~3 共 4 等 (level)，不同设计水平使用不同设计成熟度的学科分析模型。学科分析模型的成熟度可分为 0~10 共 11 级 [90,92]，见表 7.1。0 级成熟度学科分析模型最简单，11 级成熟度学科分析模型代表设计完全成熟，已可制造出实际飞行器。

　　高超声速飞行器设计水平的具体要求如下 [41]：

　　● 第 0 等：采用表中的 0 级成熟度学科分析模型。设计过程不需要进行特别的飞行器外形、发动机流道和系统定义，设计结果只能粗略反映飞行器的基本特征。

　　● 第 1 等：采用表中 1~3 级成熟度学科分析模型。由于学科分析模型没有经过验证，因此设计结果具有很大的不确定性。

　　● 第 2 等：采用表中 5~6 级成熟度学科分析模型。学科分析模型经过了验证，设计结果的不确定性大为减少。

• 第 3 等: 采用表中 8~10 级成熟度学科分析模型。该等级只有通过大量的飞行器部件制造与试验才能实现。风洞与其他地面试验提供的试验数据需要飞行试验来进一步验证,因此为了得到更高的设计水平,飞行试验必不可少。

表 7.1 高超声速飞行器设计成熟度评估 (NASA Langley 研究中心)

设计成熟度	推进	气动	结构质量	飞行器性能	综合与封装
10	飞行试验数据	飞行试验数据	飞行器实际结构	飞行器实际性能	飞行器实体
8	风洞试验数据	风洞试验数据	部件的制造、装配与测试	6-DOF 实物模拟	实体模型, CAD, 非线性方程组
6	CFD (经过验证)	CFD (经过验证)	有限元 (经过验证)	3-DOF/6-DOF 仿真, 考虑配平	CAD, 非线性方程组
5	循环分析 (经过验证)	工程方法 (经过验证)	单位载荷分析 (经过验证)	3-DOF 仿真, 考虑配平	CAD, 非线性方程组
3	CFD (未经验证)	CFD (未经验证)	有限元 (未经验证)	3-DOF 仿真 不考虑配平	简单非线性方程
1	循环分析 (未经验证)	工程方法 (未经验证)	单位载荷分析 (未经验证)	能量态 (energy state) 分析	简单线性方程
0	理想循环分析	L/D, C_d 估计值	设计图表, 经验公式	火箭运动方程	估计

飞行器设计过程通常分为概念设计、初步设计和详细设计三个阶段。高超声速飞行器的设计水平的第 0 等大致相当于概念设计,第 1 等和第 2 等相当于初步设计,第 3 等级对应于详细设计。

本书采用的学科分析模型的成熟度如表 7.1 中阴影部分所示 (参见第 2 章和第 3 章),由此判断本书的高超声速飞行器设计水平大致为第 1 等,达到了较低的初步设计水平。

7.3.3 多学科设计优化模型

选择飞行器起飞质量 (GLOW) 作为优化设计目标函数。显然目标函数值越小,性能越好。选取对飞行器总体、气动力和超燃冲压发动机起重要作用的变量作为设计变量,以充分考虑飞行器总体和超燃冲压发动机的一体化关系。根据高超声速飞行器机体/发动机一体化设计参数灵敏度分析结果 (见第 3 章),选取 6 个优化设计变量,分别是进气道设计马赫数 Ma_{design}、前体占机身总长的比例 R_{forbody}、发动机占机身总长的比例 R_{engine}、燃烧室扩张段扩张角 θ_{cmexp}、后体/喷管膨胀角 θ_{noexp}、燃烧室等截面段占燃烧室总长的比例 $R_{\text{com-con}}$。

高超声速巡航飞行器的总体性能优化模型:

$$
\begin{array}{ll}
\text{Minimize} & \text{GLOW}(\boldsymbol{X}) \\
\text{subject to} & g_i(\boldsymbol{X}) \leqslant 0, \quad i = 1, \cdots, N_C \\
& x_j \in [x_{\text{lower}}^j, x_{\text{upper}}^j], x_j \in \boldsymbol{X}, j = 1, \cdots, N_V \\
\text{where} & x_i \in \boldsymbol{X}
\end{array}
\tag{7.15}
$$

其中, $\boldsymbol{X} = [Ma_{\text{design}}, R_{\text{forbody}}, R_{\text{engine}}, \theta_{\text{cmexp}}, \theta_{\text{noexp}}, R_{\text{com-con}}]$。

约束条件包括设计变量本身具有的取值范围, 头部驻点温度不超过 1300K, 飞行时间不超过 2100s 等。

GA 采用常用的 0、1 二进制编码, 设计变量采集的编码长度均为 10, 个体的二进制码长度为 60。适应值函数 fitness $(\boldsymbol{X})$ 取为 GLOW$(\boldsymbol{X})$。为了提高并行计算的效率, GA 的群体规模根据并行计算环境中不同计算机的运算能力具体确定。本例中, 并行计算硬件平台由 6 台 Intel 0.8~1.8GHz CPU 的微机组成, 采用消息传递并行编程环境 (MPI)[278,279] 作为并行程序设计平台。各台计算机上运行 GA 的群体规模分别取为 15、15、15、20、20 和 25, PSPGACO 方法总的群体规模为 100。GA 的交配池规模取为群体规模加 2, 淘汰 2 个最差中间个体, 初始群体随机产生。采取杰出者选择策略, 采用多点杂交算子, 杂交概率取为 0.8, 变异概率取为 0.05。

约束条件 $g_i(\boldsymbol{X})$ 以罚函数 $P_i[g_i(\boldsymbol{X})]$ 的形式在适应值函数 fitness $(\boldsymbol{X})$ 中体现。本书中 fitness $(\boldsymbol{X})$ 的计算公式为

$$
\text{fitness}(\boldsymbol{X}) = \begin{cases}
0, & \text{GLOW}(\boldsymbol{X}) > M_0 \\
80000.0 - \left[\text{GLOW}(\boldsymbol{X}) + \sum_i^{N_C} r_i P_i[g_i(\boldsymbol{X})] \right], & \text{GLOW}(\boldsymbol{X}) \leqslant M_0
\end{cases}
\tag{7.16}
$$

其中, M_0 是根据高超声速巡航飞行器起飞质量取定的一个界限值。一般预估为可以取到的最大起飞质量, 将其作为 M_0 的值, 此处取 M_0 为 80000.0kg。当设计变量可行时, $P_i[g_i(\boldsymbol{X})]$ 取为 0, 否则返回一个正值, r_i 是约束 $g_i(\boldsymbol{X})$ 的可变惩罚系数, 一般可分为几个违反级, 相应发生变化。为简单起见, 将时间约束的惩罚系数取为 1, 头部驻点最大温度约束的惩罚系数取为 1.5。为充分利用各参与优化方法之间的协作效应, 增加协作机会, 各优化方法每一次协作中的迭代步数都为 1。终止准则为最大进化代数 50 代。Powell 法中用到的一维搜索方法采用 0.618 法 [310,311]。单机每进化 5 代进行一次迁移操作。

7.3.4　多学科设计优化流程及软件实现

为了自动完成基于 PSPGACO 方法的 MDO 过程, 本书构建了面向优化方法的高超声速巡航飞行器 MDO 框架, 框架包括学科集成和优化集成两部分内容。学科集成过程可由学科设计结构矩阵来体现, 参见图 2.3; 优化集成的任务是将

PSPGACO 方法与方案分析 (建立在学科集成的基础上) 联系在一起，形成有较强
鲁棒性、能够自动运行的程序。图 7.6 给出了基于 PSPGACO 方法的高超声速巡
航飞行器 MDO 简化流程。

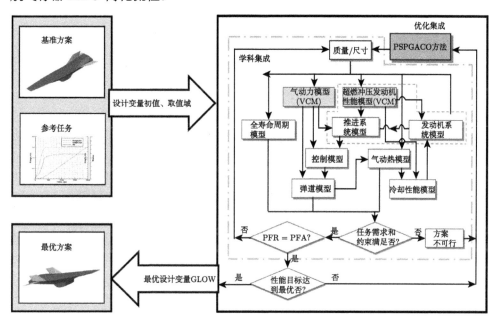

图 7.6　基于 PSPGACO 方法的高超声速巡航飞行器 MDO 简化流程

为减少高超声速飞行器多学科设计分析的计算量，缩短 MDO 过程的时间，在
气动力和推进性能变复杂度建模过程中，采用离线 (off-line) 集成高精度模型方式，
即在进行优化之前，根据试验设计方法选择特定的设计点，利用多台计算机进行
高精度模型的分析，由分析结果建立数据库。在进行实际的 MDO 时，通过插值或
RSM 从数据库获得对应模型的近似分析结果。即使如此，一次高超声速飞行器的
多学科方案设计仍然需要 3~6 分钟 (Intel 1.6Hz CPU PC)。

为了方便优化设计过程的监控，需要高超声速飞行器 MDO 程序 (软件) 具有
优化过程结果的显示功能和优化最终结果的显示与输出功能。由于高超声速飞行
器的多学科设计优化过程计算量十分可观，因此程序还必须具有自动存储中间计
算结果和中断 (正常中断和非正常中断) 后重新运行的能力。实践证明，当优化设
计变量较多或者优化设计变量的变化范围较大时，程序必须要有较强的鲁棒性，否
则很可能导致优化过程失败。

图 7.7 为本书研究形成的高超声速飞行器多学科设计优化程序包 (HCVMDO)
的主界面，图 7.8 为 HCVMDO 的设计参数初始化对话框及三维外形显示界面。需
要说明的是，目前 HCVMDO 还没有集成并行计算模块。

图 7.7　高超声速飞行器多学科设计优化程序包主界面

图 7.8　设计参数初始化对话框及三维外形显示

7.4　多学科设计优化结果与分析

本书给定设计参数变化范围，采用 PSPGACO 方法完成了高超声巡航飞行器的 MDO。采用 50 代遗传终止准则，优化得到的高超声速飞行器 GLOW 和 LCC 的收敛过程如图 7.9 所示，设计变量最优解见表 7.2，最优方案的具体描述见表 7.3。

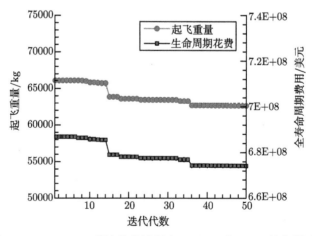

图 7.9　PSPGACO 算法优化过程中 GLOW 和 LCC 的收敛过程

表 7.2 设计变量取值范围、基准值和最优解

设计变量	Ma_{design}	R_{forebody}	R_{engine}	$\theta_{\text{cmexp}}/(°)$	$\theta_{\text{noexp}}/(°)$	$R_{\text{com-con}}$
变量上界	7.000	0.420	0.200	4.000	14.500	0.200
变量下界	5.000	0.470	0.300	11.000	16.500	0.300
基准值	6.000	0.450	0.250	7.000	15.000	0.250
最优值	6.705	0.425	0.205	10.779	16.356	0.259

表 7.3 高超声速飞行器最优方案描述

飞行器外形尺寸 (sizing)			
飞行器总长度	30.000m	后体/外喷管膨胀角	0.000°
飞行器总高度	7.101m	第 2 楔形段侧向扩张角	2.000°
飞行器总宽度	12.987m	第 3 楔形段侧向扩张角	2.000°
机身高度	5.001m	第 3 楔形段侧向扩张角	1.000°
唇口机身宽度	5.500m	发动机段体侧向扩张角	0.500°
前机体的长度	13.935m	后体段侧向扩张角	0.000°
前机体的高度	2.120m	机身湿面积	455.935m²
外罩前伸长度	1.179m	机翼参考面积	139.300m²
外罩后伸长度	2.219m	机翼裸露面积	53.907m²
隔离段的长度	0.515m	机翼梢根比	0.126
燃烧室的长度	4.453m	机翼根弦长	19.052m
燃烧室等截面长度	1.153m	翼梢弦长	2.400m
后机体的长度	11.097m	垂直尾翼面积 (单翼)	11.700m²
来流捕获高度	2.377m	垂直尾翼梢根比	0.300
隔离段的高度	0.256m	垂直尾翼湿面积	23.400m²
燃烧室的高度	0.885m	垂直尾翼梢弦长	1.800m
尾喷管出口高度	4.751m	垂直尾翼根弦长 (外露翼)	6.000m
底部宽度	5.587m	垂直尾翼高度	3.000m
进气道外压段第 1 楔角	3.000°	储箱容积	297.706m³
进气道外压段第 2 楔角	4.000°	飞行器上表面面积	162.595m²
进气道外压段第 3 楔角	3.000°	飞行器下表面面积	166.978m²
进气道外压段第 4 楔角	3.000°	飞行器侧面面积	124.966m²
燃烧室膨胀段膨胀角	10.779°	飞行器底面面积	1.397m²
质量估算 (mass property estimation)			
飞行器结构质量	15117.291kg	推进剂总质量	28225.247 kg
-机身质量	12243.391kg	-基本推进剂质量	22603.086kg
-机翼质量	2474.029kg	-剩余推进剂质量	4958.037kg
-垂直尾翼质量	399.871kg	-其他推进剂质量	664.124kg
推进系统质量	9031.247kg	其他子系统质量	4760.235kg
-低速推进系统质量	5039.519kg	-与空质量相关部分	1879.070kg
-高速推进系统质量	3991.728kg	-与 GLOW 相关部分	2881.165kg
有效载荷质量	5500.000kg	空质量	28908.773kg
起飞质量		62634.020kg	

续表

	全寿命周期费用 (life cycle cost)		
制造费用	15051533.590$	研制费用	451546007.695$
操作费用	35826833.705$	维修费用	136784296.866$
回收费用	5000000.000$	其他费用	30000000.000$
全寿命周期费用		674208671.856$	

最优设计方案的 GLOW 为 62634.02kg(如图 7.10 所示)，LCC 为 674208671.86 美元。达到航程 3117.32km 时，实际消耗燃料 27560.32kg，飞行时间为 2016.40s。基准方案的 GLOW 为 69760.22kg，LCC 为 702403669.08 美元，飞行时间为 1908.40s，最大航程 (对应燃料最大装载量) 仅为 2921.28km，达不到参考任务的航程要求，因此基准方案是不可行方案。与基准方案相比，最优方案的 GLOW 降低了 7126.22kg，LCC 降低了 28194997.23 美元。最优方案的高度、攻角和马赫数的变化曲线见图 7.11。前体头部和下壁面壁面温度随飞行马赫数的变化曲线见图 7.12，图中给出了前体下壁面上 23 个考察点壁温随飞行马赫数的变化，X 是对应考察点距飞行器头部驻点的机身轴向距离。来流边界层从头部开始发展，随着雷诺数的增加，边界层发生转捩，由层流流动转化为湍流流动。由于压缩壁面湍流热流密度较层流热流密度大很多，图中 20 到 23 考察点已经位于湍流区，所以对应的壁面温度也高于其他考察点。

在本书中基准方案本身即为不可行方案，设计空间不规则。若采用常规的基于梯度的优化方法，以基准方案的设计参数基准值作为优化初始值，优化过程很可能无法跳出非可行域，导致优化过程失败。本书采用 PSPGACO 方法避免了这种可能，得到了问题的优化解，体现了非梯度优化方法在复杂优化问题应用中的优越性。

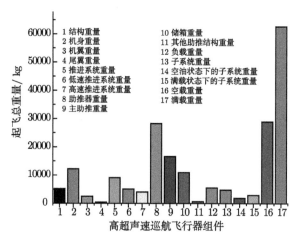

图 7.10　高超声速飞行器各部件质量

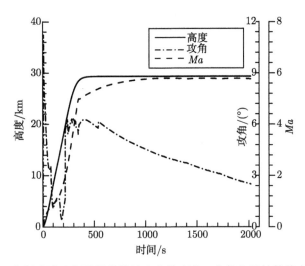

图 7.11 高超声速飞行器最优设计方案的高度、攻角和马赫数的变化曲线

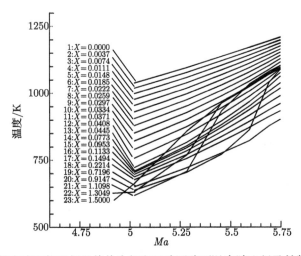

图 7.12 高超声速巡航飞行器前体头部和下壁面壁面温度随飞行马赫数的变化曲线

采用 6 微机并行计算完成整个优化过程耗时约 103.8 小时。若利用单机执行上述优化过程，大约需要 416.7 小时 (估算值)，6 微机并行计算的并行加速系数约为 4.0。

第 7 章的研究结果表明，基于 D-Optimal 设计、Taguchi 设计和均匀设计得到的优化方案 GLOW 分别为 62131.00kg、62428.00kg 和 61974.00kg，其中均匀设计的优化方案最大航程只能达到 2975.50km，不满足任务航程 3000.00km 的要求，为不可行设计方案。通过比较发现，基于 PSPGACO 方法得到的最优设计方案与基于参数方法得到的最优设计方案飞行器性能相近 (参数方法由于考虑的设计变量较多、搜索的设计空间较大，得到的最优方案性能还略好于 PSPGACO 方法)，但基于 PSPGACO 方法进行高超声速飞行器 MDO 所花费的计算时间大大高于参数方法。说明参数方法虽然在优化过程中采取的是近似模型，但由于响应面具有较高的近似精度，而且有利于搜索全局最优解，只要使用得当，可以达到优化方法相当的设计效果。因此在概念设计和初步设计阶段，应优先采用计算耗费低的参数方法进行高超声速飞行器 MDO。

7.5 本章小结

本章首先分析了高超声速飞行器 MDO 对优化方法提出的要求，指出构造新优化方法的思路。按照多方法协作优化思想，采取并联协作策略，构造了 PSPGACO 方法；然后建立了基于优化方法的高超声速巡航飞行器的 MDO 模型，并采用 PSPGACO 方法实现了高超声速巡航飞行器的 MDO。

本章主要工作具体如下：

(1) 指出传统的基于梯度的优化方法应用于高超声速飞行器 MDO 的缺陷。高超声速飞行器本身的特点决定其 MDO 过程需要同时具有较强全局搜索能力和局部搜索能力。

(2) 根据高超声速飞行器 MDO 的需要，选择 GA、模式搜索方法和 Powell 方法，采取并联协作策略，构造了 PSPGACO 方法；给出了 PSPGACO 方法的流程，并对 PSPGACO 方法应用于并行计算时的流程做了具体分析。

(3) 对学科模型设计成熟度的分析表明，本书的高超声速飞行器设计达到较低的初步设计水平；建立了面向优化方法的高超声速飞行器的 MDO 模型，形成了高超声速飞行器 MDO 程序包 (HCVMDO)。

(4) 根据任务要求选择了 6 个设计参数，给出设计变量的取值区间，采用 PSPGACO 方法通过 6 微机并行计算环境在整个设计空间上自动进行变量寻优，完成了高超声速巡航飞行器 MDO，得到了设计参数的优化解和总体优化方案。与基准方案相比，通过 MDO 所得最优设计方案的 GLOW 降低了 10.22%，LCC 降低了 4.01%。

(5) 实例表明 PSPGACO 方法应用于高超声速巡航飞行器 MDO 是可行的，但与参数方法相比，所耗费的时间大幅度增加，而得到的飞行器最优设计方案相近。因此建议在高超声速飞行器概念设计和初步设计阶段，应当优先采用参数方法进行 MDO。

参 考 文 献

[1] 黄奕勇. 以火箭为动力的单级入轨飞行器推进理论研究. 博士学位论文. 长沙：国防科技大学研究生院, 1999

[2] 胡小平. RLV 动力系统方案及关键技术研究. 博士学位论文. 长沙：国防科技大学研究生院, 2001

[3] 刘陵. 超音速燃烧与超音速燃烧冲压发动机. 西安：西北工业大学出版社. 1993

[4] 刘陵，张榛. 超音速燃烧冲压发动机最佳设计参数. 推进技术, 1988, 9(1): 73~78

[5] 葛运圻. 超燃冲压发动机燃烧室的积分分析方法. 推进技术, 1988, 9(1): 79~84

[6] Mehta U B, Bowles J V. Two-stage-to-orbit spaceplane concept with growth potential. Journal of Propulsion and Power, 2001, 17(6): 1147~1161

[7] Curran E T, Murthy S N B. Scramjet propulsion. Progress in Astronautics and Aeronautics. American Institute of Aeronautics and Astronautics, Inc., 2002

[8] 周进，刘卫东，梁剑寒. 高超声速飞行器推进系统工作过程研究. 中国国防科技报告, 2002

[9] http://hapb-www.larc.nasa.gov/public/Projects/Hyperx.html 和 http://hapb-www.larc.nasa .gov/public/ Engines/scramjet_engines.html

[10] http://www.nasa.gov/missions/x43a.html

[11] Voland R T, Auslender A H, Smart M K, et al. CIAM/NASA Mach 6.5 Scramjet Flight and Ground Test. AIAA99-4848, 1999

[12] http://www.space.com/missionlaunches/hyshot-020816.html

[13] 龙玉珍. 国际性超燃冲压发动机研究进入飞行试验阶段. 飞航导弹, 1998, (12): 53~56

[14] Wakamatsu Y, Kanda T, Yatsuyanagi N. Priliminary Consideration of Hypersonic Test Vehicle for Scramjet Engine Test. ISTS 2000-g-24, 2000

[15] Curran E T. Scramjet engines: the first forty years. Journal of Propulsion and Power, 2001, 17(6): 1138~1148

[16] Andrews E. 美国 Scramjet 发展与试验. AIAA2001-1927. 超声速冲压发动机研究专题译文集. 中国空气动力学研究与发展中心, 2003

[17] Nicholls J A, Dabora E K, Gealev R L. Studies in Connection with Stabilized Detonation Waves. Proceedings of the Seventh Symposium on Combustion, Butterworths, London, 1959

[18] Ferri A, Libby P A, Zakkay V. Theoretical and Experimental Investigations of Supersonic Combustion. Proceedings of the International Council of the Aeronautical

Sciences, New York, USA, 1964

[19] Weber R J, Mackay J S. An Analysis of Ramjet Engines Using Supersonic Combustion. NACA TN 4386, 1958

[20] Dugger G L. Comparison of Hypersonic Ramjet Engines with Subsonic and Supersonic Combustion. High mach Number Airbreathing Engines, Pergamon, Oxford, England, U. K., 1961

[21] Billig F S. A Review of External Burning Ramjets. Johns Hopkins Univ., Applied Physics Lab., TG-801, Laurel, MD, 1965

[22] Herny J R, Anderson G Y. Design Considerations for Airframe-integrated Scramjet. Proceedings of the First International Symposium on Air Breathing Engines, International Society for Airbreathing Engines. NASA TM X-2895, 1973

[23] Starkey R P. Investigation of Air-breathing Hypersonic Missile Configurations Within External Box Constraints. Department of Aerospace Engineering. University of Maryland, 2000

[24] Billig F S. Supersonic combustion ramjet missile. Journal of Propulsion and Power, 1995, 11(6): 1139~1146

[25] Billig F S, Sullins G A. Optimization of Combustor-isolator in Dual-mode Ram Scramjets. AIAA93-5154, 1993

[26] 王振国, 罗世彬, 吴建军. 可重复使用运载器研究进展. 长沙: 国防科技大学出版社, 2004

[27] Waltrup P J. Liquid-fueled supersonic combustion ramjets: a research perspective. Journal of Propulsion and Power, 1987, 3(6): 515~524

[28] Kazmar R R. Hypersonic Propulsion at Pratt & Whitney-Overview. Pratt & Whitney Space Propulsion. AIAA2002-5144, 2000

[29] 占云. 高超声速技术（HyTech）计划. 飞航导弹, 2003, (3): 43~49

[30] Daines R, Segal C. Combined rocket and airbreathing propulsion systems for space-launch applications. Journal of Propulsion and Power, 1998, 14(5): 605~612

[31] Nelson H F, Hillstorm D G. Aerodynamic interference for hypersonic missiles at low angle of attack. Journal of Spacecraft and Rockets, 1998, 35(6): 749~754

[32] Dillon J L, Marcum Jr D C, Johnston P J, et al. Aerodynamic and inlet flow characteristics of several hypersonic airbreathing missile concepts. Journal of Aircraft, 1981, 18(4): 231~237

[33] Sillence M A. Hydrocarbon Scramjet Engine Technology Flowpath Component Development. AIAA2002-5158, 2002

[34] 蔡国飙, 李惠峰, 徐大军. 高超声速飞行器技术发展战略研究. 国防科学技术报告, 2002

[35] Stuckey R M, Lewis M J. Hypersonic missile requirements and operational tradeoff studies. Journal of Spacecraft and Rockets, 2003, 40(2): 292~293

[36] 从敏. 防区外发射高超声速攻击导弹. 飞航导弹, 2003, (2): 1~7

[37] 周军, 徐文. 美国高超声速研制的最新进展. 飞航导弹, 2003, (1):31~35

[38] Schmidt D K, Lovell T A. Mission performance and design sensitivities of air-breathing hypersonic launch vehicles. Journal of Spacecraft and Rockets, 1997, 34(2): 158~164

[39] Hunt J L, Pegg R J, Petley D H. Airbreathing Hypersonic Vision-operational-vehicles Design Matrix. 1999-01-5515, 1999

[40] Cockrell C E, Jr., Auslender A H, Guy R W, et al. Technology Roadmap for Dual-mode Scramjet Propulsion to Support Space-access Vision Vehicle Development. AIAA 2002-5188, 2002

[41] McClinton C R, Hunt J L, Ricketts R H, et al. Airbreathing Hypersonic Technology Vision Vehicles and Development Dreams. AIAA 99-4978, 1999

[42] Moses P L, Bouchard K A, Vause R F, et al. An Airbreathing Launch Vehicle Design with Turbine-based Low-speed Propulsion and Dual Mode Scramjet High-speed Propulsion. AIAA99-4948, 1999

[43] Kumar A, Drummond J P, McClinton C R, et al. Research in Hypersonic Airbreathing Propulsion at the NASA Langley Research Center. ISABE-2001: Invited Lecture 4, 2001

[44] Ardema M D, Bowles J V, Whittaker T. Near-optimal propulsion-system operation for an air-breathing launch vehicle. Journal of Spacecraft and Rocket, 1995, 32(6): 951~956

[45] Orton G F. Air-Breathing Hypersonic Research at Boeing Phantom Works. AAIA2002-5251, 2002

[46] McClinton C R, Ronald D R. Hyper-X Programe Status. AIAA2001-1910, 2001

[47] Engelund W C, Holland S D, Cockrell C E, et al. Propulsion System Airframe Integrated Issues and Aerodynamic Database Development for the Hyper-X Flight Research Vehicle. ISOABE 99-7215, 1999

[48] Falempin F, Serre L. French R&T Activities on High-speed Airbreathing Propulsion. International Colloquium on Hypersonic Propulsion. Beijing, China, 2003

[49] Cockrell C E, Jr., Engelund W C, Bittner R D, et al. Integrated Aero-propulsive CFD Methodology for the Hyper-X Flight Experiment. AIAA2000-4010, 2000

[50] Kanda T, Hiraiwa T, Mitani T, et al. Mach 6 testing of a scramjet engine model. Journal of Propulsion and Power, 1997, 13(4): 543~551

[51] Mitani T, Hiraiwa T, Sato S, et al. Comparison of scramjet engine performance in mach 6 vitiated and storage-heated air. Journal of Propulsion and Power, 1997, 13(5):

635~642

[52] Mitani T, Hiraiwa T, Tarukawa Y, et al. Drag and total pressure distributions in scramjet engines at mach 8 flight. Journal of Propulsion and Power, 2002, 18(4): 953~960

[53] Chinzei N, Kanda T. Scramjet Engine Tests at NAL of Japan. International Colloquium on Hypersonic Propulsion. Beijing, China, 2003

[54] Akihisa D, Masuya G, Kanda T, et al. Effects of Airframe Integrated Configuration on Scramjet Inlet Performance. AIAA2000-0619, 2013

[55] Akihisa D, Kanda T, Tani K, et al. Effect of integration of scramjet into airframe on performance and payload. Journal of Propulsion and Power, 2002, 18(5): 1026~1032

[56] Tani K, Kanda T, Kudo K. Effect of sides-spillage from airframe on scramjet engine performance. Journal of Propulsion and Power, 2001, 17(1): 139~144

[57] Kanda T. Simulation of an Airframe-integrated Scramjet Engine. AIAA98-3427, 1998

[58] Kanda T, Masuya G, Wakamatsu Y, et al. Parametric study of airframe-integrated scramjet cooling requirement. Journal of Propulsion and Power, 1991, 7(3): 431~436

[59] Kanda T, Masuya G, Moro A. Analysis Investigation of a Regeneratively Cooled Scramjet Engine. AIAA 93-0739, 1993

[60] Kanda T, Masuya G, Ono F, et al. Effect of film cooling/regenerative cooling on scramjet engine performances. Journal of Propulsion and Power, 1994, 10(5): 618~624

[61] Kanda T, Ono F, Takahashi M, et al. Experimental studies of supersonic film cooling with shock wave interaction. AIAA Journal, 1996, 34(2): 265~271

[62] Kanda T, Ono F. Experimental studies of supersonic film cooling with shock wave interaction. Journal of Thermophysics and Heat Transfer, 1997, 11(4): 590~593

[63] Kanda T, Masuya G, Wakamatsu Y, et al. A Comparison of Scramjet Engine Performances among Various Cycles. AIAA89-2676, 1989

[64] Kanda T, Masuya G, Wakamatsu Y. Propellant feed system of a regenerative cooled scramjet. Journal of Propulsion and Power, 1991, 7(3): 299~301

[65] Kanda T, Kudo K. A Conceptual Study of a Combined Cycle Engine for an Aerospace Plane. AIAA2002-5146, 2002

[66] Kanda T. Studies on a Combined Cycle Engine for SSTO Plane. International Colloquium on Hypersonic Propulsion. Beijing, China, 2003

[67] Yamanaka T. Air-Breathing Rocket Engine the Concept and the Theory. AIAA2002-5145, 2002

[68] 朱守梅, 刘陵, 刘敬华. 超音速气流中横向喷射氢气流场数值模拟. 推进技术, 1993, 14(2): 1~7

[69] 胡欲立, 刘陵, 张榛, 等. 超音速燃烧二元流场的数值模拟. 推进技术, 1995, 16(4): 7~13

[70] 刘陵，张榛，刘敬华. 氢燃烧超音速燃烧室实验研究. 航空动力学报, 1993, 6(3): 267~270

[71] 刘兴洲，刘敬华，王裕人，等. 超声速燃烧实验研究 (I). 推进技术, 1991, 12(2): 1~8

[72] 刘兴洲，刘敬华，王裕人，等. 超声速燃烧实验研究 (II). 推进技术, 1993, 14(4): 1~7

[73] 胡欣立，刘陵，刘敬华. 超音速混合及燃烧的强化技术. 推进技术, 1994, 15(5): 23~27

[74] 刘陵，唐明，张榛，等. 氢气超音速燃烧非定常过程数值模拟. 推进技术, 1996, 17(3): 1~5

[75] 刘陵，张榛，胡欣立，等. 台阶后横喷氢气超音速燃烧流场数值模拟研究. 推进技术, 1996, 17(2): 1~7

[76] 梁剑寒，王承尧. 超燃发动机燃烧室流场的数值模拟. 推进技术, 1996, 17(1): 13~17

[77] 杨爱国，刘陵，唐明，等. 模型超音速燃烧室流场和性能的数值模拟. 推进技术, 1996, 17(6): 1~5

[78] 刘敬华，刘兴洲，胡欣立，等. 超音速气流中氢燃料强化混合的燃烧试验研究. 推进技术, 1996, 17(1): 1~7

[79] 刘卫东，梁剑寒. 超燃冲压模型发动机试验研究. 中国国防科学技术报告, 2003

[80] 刘伟雄，谭宇，白菡尘，等. 激波风洞超燃发动机试验初步研究. 第十届全国激波与激波管学术讨论会, 2001

[81] 贺伟，刘伟雄，白菡尘，等. 脉冲燃烧风洞及其在超燃发动机试验研究中的应用. 第十届全国激波与激波管学术讨论会, 2001

[82] Le J, Liu W X, He W. CARDC's New Short Duration Facility and Its Application in Scramjet Research. International Colloquium on Hypersonic Propulsion, Beijing, China, 2003

[83] 张新宇，陈立红. 高焓高超声速自由射流风洞的建设与初步实验结果. 第十届全国激波与激波管学术讨论会, 2001

[84] Chang X Y, Chen L H, Yu G. Calibration and Performance Testing of Mach 6 Vitiated High Enthalpy Wind Tunnel. Sino-Russian-Ukrainian Workshop on Space Propulsion. Xi'an, China. 2002

[85] 李建国，俞刚，李英，等. 氢/空气超音速燃烧自燃规律的实验研究. 推进技术, 1997, 18(2): 11~15

[86] Li J G, Yu G, Zhang Y, et al. Experimental studies on self-ignition of hydrogen/air supersonic combustion. Journal of Propulsion and Power, 1997, 13(4): 538~542

[87] 俞刚，李建国. 氢/空气超声速燃烧研究. 流体力学实验与测量, 1999, 13(1): 1~12

[88] Yu G, Li J G, et al. Experimental Studies on H_2/Air Model Scramjet Combustor. AIAA99-2449, 1999

[89] Yu G, Li J G, Zhang X Y, et al. Experimental investigation on flameholding mechanism and combustion performance in hydrogen-fueled supersonic combustors. Combustion Science & Technelogy, 2002, 174(3): 1~27

[90] 梁剑寒，王承尧. 超燃冲压发动机燃烧室三维化学反应流场的数值模拟. 推进技术, 1997, 18(4): 1～4

[91] 梁剑寒，王承尧. 超燃发动机燃烧室三维化学反应流场的数值模拟. 航空学报, 1998, 19(3): 269～274

[92] 梁剑寒，王承尧. 超燃发动机激波增强混合的数值模拟. 空气动力学报, 1999, 17(3): 346～350

[93] 梁剑寒，王正华，王承尧. 斜坡增强混合的数值模拟. 推进技术, 1999, 20(2): 49～52

[94] 梁剑寒，王正华，李桦，等. 超燃发动机化学非平衡流场的并行计算. 空气动力学报, 增刊, 2000

[95] 梁剑寒，王正华，王承尧. 超燃发动机垂直燃料喷射的数值模拟. 推进技术, 2000, 21(1): 12～14

[96] 杨晓辉，王承尧. 超燃冲压发动机三维喷流干扰流场的数值模拟. 推进技术, 1997, 18(4): 5～7

[97] 刘难生，陆夕云，庄礼贤. 超声速气流中氢燃料喷射的数值模拟研究. 中国科技大学学报, 1999, 29(5): 551～559

[98] 岳朋涛，徐胜利，张梦萍. 组合件 H_2 燃料超燃流场的三维数值模拟. 第十届全国激波与激波管学术讨论会, 2001

[99] 岳朋涛. 超燃冲压发动机燃烧室若干问题的研究. 博士学位论文. 合肥：中国科学技术大学. 2002

[100] 徐旭，蔡国飙. 氢/碳氢燃料超声速燃烧的数值模拟. 推进技术, 2002, 23(5): 398～401

[101] 司徒明. 煤油超燃冲压发动机性能分析. 推进技术, 1998, 19(2): 20～22

[102] 司徒明. 碳氢燃料超燃研究与应用. 流体力学实验与测量, 2000, 14(1): 43～50

[103] 俞刚，李建国，陈立红，等. 煤油-氢双燃料超声速燃烧点火特性研究. 流体力学实验与测量, 2000, 14(1): 63～71

[104] 俞刚，张新宇. 燃烧室构型对煤油超燃冲压发动机性能影响研究. 流体力学实验与测量, 2000, 14(1): 72～80

[105] 俞刚，张新宇，李建国. 超声速气流中的煤油喷雾研究. 流体力学实验与测量, 2001, 15(4): 12～14

[106] 徐胜利，Archer R D, Milton B E, 等. 煤油在超声速气流中非定常横向喷射的实验观察. 空气动力学学报, 2000, 18(3): 272～279

[107] 唐亚林，张德良，王琳琳，等. 碳氢燃料超声速燃烧的化学动力学研究（I）甲烷超声速燃烧的简化化学动力学模型. 推进技术, 1999, 20(5): 91～94

[108] 刘宏，杜新，沈月阳，等. 甲烷超声速燃烧过程的数值模拟. 推进技术, 2002, 23(1): 63～66

[109] 岳朋涛，张梦萍，徐胜利. H_2 引燃雾化煤油超燃混合的数值模拟. 推进技术, 2001, 22(6): 500～504

[110] 徐胜利, 岳朋涛, 张肇元. 具有引燃的、煤油超声速混合的三维数值模拟. 应用数学与力学, 2001, 22(4): 411~419

[111] 黄庆生. 煤油–氢双燃料超音速燃烧研究. 硕士学位论文. 北京: 中国科学院力学研究所, 1999

[112] 张肇元, 萧旭东, 徐辉. 非均匀流等溢角设计高超侧压进气道. 推进技术, 1998, 19(1): 20~24

[113] 张肇元, 马燕荣, 徐辉. 非均匀流等压比变后掠高超侧压式进气道研究. 推进技术, 1999, 20(3): 40~44

[114] 张肇元, 萧旭东, 徐辉. 非均匀超声速进气道二维绕流研究. 空气动力学学报, 2000, 18(1): 92~97

[115] 杨进军, 张肇元, 徐辉. 双模态冲压发动机高超进气道的实验研究. 推进技术, 2001, 22(6): 473~475

[116] 张肇元, 王成鹏, 杨建军, 等. 带高超进气道的隔离段流动特性. 推进技术, 2002, 23(4): 311~314

[117] 赵桂萍, 周新海. 高超声速进气道湍流流场的数值模拟. 推进技术, 1998, 19(3): 33~38

[118] 陈方, 陈立红, 张新宇. 不同收缩比超燃冲压发动机进气道的数值研究. 第十届全国激波与激波管学术讨论会, 2001

[119] 丁猛. 超声速/高超声速进气道–隔离段流场的数值模拟. 硕士学位论文. 长沙: 国防科技大学研究生院, 2000

[120] 丁猛, 李桦, 范晓樯. 等截面隔离段中激波串结构的数值模拟. 国防科技大学学报, 2001, 23(1): 15~18

[121] 乐嘉陵, 刘陵. 高超声速飞行器的碳氢燃料双模态超燃冲压方案研究. 流体力学实验与测量, 1997, 11(2): 1~13

[122] 乐嘉陵, 胡欲立, 刘陵. 双模态超燃冲压发动机研究进展. 流体力学实验与测量, 2000, 14(1): 1~12

[123] 路艳红, 凌文辉, 刘敬华, 等. 双模态超燃燃烧室计算. 推进技术, 1999, 20(3): 56~60

[124] 刘敬华, 凌文辉, 胡欲立, 等. 亚/超双模态超音速燃烧的实验研究. 推进技术, 1996, 17(2): 48~52

[125] 刘敬华, 凌文辉, 马祥辉, 等. 超声速燃烧室流场的数值模拟研究. 推进技术, 1999, 20(2): 28~32

[126] 白菡尘, 刘伟雄, 贺伟, 等. M6 氢燃料双模态冲压模型发动机的试验研究. 第十届全国激波与激波管学术讨论会, 2001

[127] 张树道, 张肇元, 司徒明. 一种研究双燃式 (超燃) 冲压发动机进气道和燃烧室冷态内流场的实验方法. 流体力学实验与测量, 1998, 12(2): 51~54

[128] 张树道, 张肇元, 徐胜利, 等. 双燃式 (超燃) 冲压发动机中激波与边界层之间相互作用对内部流动的影响. 流体力学实验与测量, 1999, 13(2): 16~21

[129] 张树道. 双燃式超燃冲压发动机 (DCR/DCM) 冷流内流现象研究. 博士学位论文. 合肥: 中国科学技术大学, 1999

[130] 司徒明, 王子川, 牛余涛, 等. 高温富油燃气超燃试验研究. 推进技术, 1999, 20(6): 75~79

[131] 司徒明, 陆惠萍, 王春. 高超声速进气道中壁龛式预燃室进气特性. 推进技术, 2000, 21(6): 56~58

[132] 司徒明, 王春, 陆惠萍. 双燃式冲压发动机中富油燃气引射的超燃研究. 推进技术, 2001, 22(3): 237~240

[133] 司徒明, 王春, 陆惠萍, 等. 一种研究煤油超燃的新方案. 流体力学实验与测量, 2001, 15(3): 7~12

[134] 孙英英, 司徒明, 王春, 等. 双燃烧室中煤油超燃试验研究. 流体力学实验与测量, 2000, 14(1): 51~56

[135] 孙英英, 韩肇元, 司徒明, 等. 高温富油燃气作引导火焰的煤油超燃研究. 推进技术, 2001, 22(2): 157~161

[136] 孙英英. 碳氢燃料超燃火焰传播与特性的实验研究. 博士学位论文. 合肥: 中国科学技术大学, 2002

[137] 王春, 陆惠萍, 司徒明. 双燃式冲压发动机中超燃燃烧室冷态流场数值模拟. 推进技术, 1999, 20(5): 35~38

[138] 王春, 司徒明, 马继华, 等. 高温富油燃气超声速燃烧数值模拟. 推进技术, 2000, 21(2): 60~63

[139] 岳朋涛, 徐胜利, 张树道, 等. 双燃式超燃冲压发动机冷态内流场的数值模拟. 力学学报, 2000, 32(6): 657~666

[140] 徐旭, 蔡国飙. 超燃冲压发动机二维进气道优化设计方法研究. 推进技术, 2001, 22(6): 468~472

[141] 陈兵, 徐旭, 蔡国飙. 二维超燃冲压发动机尾喷管优化设计. 推进技术, 2002, 23(5): 433~437

[142] 徐大军, 孙冰, 徐旭, 等. 超燃冲压发动机一体化设计与优化方法研究. 推进技术, 2002, 23(5): 360~362

[143] Xu X, Xu D J, Wang Y G, et al. Flow Field Numerical Simulation and Optimization Design of Scramjet. International Colloquium on Hypersonic Propulsion. Beijing, China, 2003

[144] Hunt J, Martin J. Aero-Space Plane Figures of Merit. AIAA92-5058, 1992

[145] Lockwood M K, Petley D H, Hunt J L, et al. Airbreathing Hypersonic Vehicle Design and Analysis Methods. AIAA96-0381, 1996

[146] Cockrell, Jr C E. Vehicle Integration Effects on Hypersonic Waveriders. NASA-TM-109739

[147] Lewis M J, Takashima N. Engine/Airframe Integration for Waverider Cruise Vehicles. AIAA93-0507, 1993

[148] Takashima N, Lewis M J. Optimization of waverider-based hypersonic cruise vehicles with off-design considerations. Journal of Aircraft, 1999, 36(1): 235~245

[149] Long L N. Off-design performance of hypersonic waveriders. Journal of Aircraft, 1990, 27(7): 639~646

[150] Starkey R P, Lewis M J. Simple analytical model for parametric studies of hypersonic waveriders. Journal of Spacecraft and Rockets, 1999, 36(4): 516~523

[151] 张鹏, 俞刚. 超燃燃烧室一维流场分析模型研究. 流体力学实验与测量, 2003, 17(1): 88~92

[152] Lewis M J, Hastings D E. Application of compound compressible flow to nonuniformities in propulsion systems. Journal of Propulsion and Power, 1989, 5(5): 626~634

[153] Pulsonetti M V, Erdos J, Early K. Engineering model for analysis of scramjet combustor performance with finite-rate chemistry. Journal of Propulsion and Power, 1991, 7(6): 1055~1063

[154] O'Brien T F, Starkey R P, Lewis M J. Quasi-one-dimensional high-speed engine model with finite-rate chemistry. Journal of Propulsion and Power, 2001, 17(6): 1366~1374

[155] Starkey R P, Lewis M J. Sensitivity of hydrocarbon combustion modeling for hypersonic missile design. Journal of Propulsion and Power, 2003, 19(1): 89~97

[156] 刘敬华, 凌文辉, 刘兴洲, 等. 超音速燃烧室性能非定常准一维流数值模拟. 推进技术, 1998, 19(1): 1~6

[157] Sangiovanni J J, Barber T J, Syed S A. Role of hydrogen/air chemistry in nozzle performance for hypersonic propulsion system. Journal of Propulsion and Power, 1993, 9(1): 134~138

[158] Rizkalla Q, Chinitz W, Erdos J I. Calculated chemical and vibrational nonequilibrium effects in hypersonic nozzles. Journal of Propulsion and Power, 1990, 6(1): 50~57

[159] Waltrup P J, Billig F S, Stockbridge R D. A procedure for optimization the design of scramjet engines. Journal of Spacecraft and Rockets, 1979, 16(3): 163~172

[160] Ikawa H. Rapid methodology for design and performance prediction of integrated supresonic combustion ramjet engine. Journal of Propulsion and Power, 1999, 7(3): 437~444

[161] Billig F S, Sullins G A. Optimization of Combustor-isolator in Dual-mode Ram Scramjets. AIAA93-5154, 1993

[162] Starkey R P, Lewis M J. Analytical off-design lift-to-drag-ratio analysis for hypersonic waveriders. Journal of Spacecraft and Rockets, 2000, 37(5): 684~691

[163] O'Neill M K L, Lewis M J. Optimization scramjet integration on a waverider. Journal of Aircraft, 1992, 29(6): 1114~1121

[164] O'Neill M K L, Lewis M J. Design tradeoffs on scramjet engine integrated hypersonic waverider vehicles. Journal of Aircraft, 1993, 30(6): 943~952

[165] Rudd L V, Pines D J. Dynamic Stability of Mission Oriented Hypersonic Waveriders. AIAA99-0385, 1999

[166] Pinckney S Z, Walton J T. Program SRGULL: An Advanced Engineering Model for the Prediction of Airframe-integrated Subsonic/Supersonic Hydrogen Combustion Ramjet Cycle Performance. NASP TM-1120, 1991

[167] Stemler J N, Petley D H, Martin J G. Current and Future State of the Vehicle Synthesis System 'HOLIST'. AIAA98-4742, 1998

[168] Bowcutt K G. Multidisciplinary optimization of airbreathing hypersonic vehicles. Journal of Propulsion and Power, 2001, 17(6): 1184~1190

[169] Hunt J L, McClinton C R. Scramjet Engine/Airframe Integration Methodology. AGARD Conference Palaiseau. France, 1997

[170] Hunt J L, Rausch V L. Airbreathing Hypersonic Systems Focus at NASA Langley Research Center. AIAA Paper, 1998

[171] Lockwood M K, Petley D H, Martin J G, et al. Airbreathing hypersonic vehicle design and analysis methods and interactions. Progress in Aerospace Sciences, 1999, (35): 1~32

[172] Blankson I M, Hagseth P. Propulsion/Airframe Integration Issues for Waverider Aircraft. AIAA93-0506, 1993

[173] Sullins G A, Billig F S. Force Accounting for Airframe Integrated Engines. AIAA87-1965, 1987

[174] Lehrach P R C. Thrust/Drag Accounting for Aerospace Plane Vehicles. AIAA87-1966, 1987

[175] Numbers K. Hypersonic Propulsion System Force Accounting. AIAA91-0228, 1991

[176] Hunt J L, Martin J G. Rudiments and Methodology for Design and Analysis of Hypersonic Vehicles. Chapter 15, in Scramjet Propulsion. Progress in Astronautics and Aeronautics. American Institute of Aeronautics and Astronautics, Inc., 2002

[177] 王占学, 屠秋野, 陈玉春, 等. 空天飞机吸气式推进系统/飞行器一体化分析. 推进技术, 1997, 18(6): 10~13

[178] 王占学, 唐狄毅. 空天飞机/吸气式推进系统一体化性能模拟. 推进技术, 1999, 20(6): 70~74

[179] Craddock C S. Computational Optimization of Scramjets and Shock Tunnel Nozzles.

dissertation. Department of Mechanical Engineering, The University of Queensland, Brisbane, Australia, 1999

[180] Edwards C L Q, Small W J, Weidner J P. Studies of Scramjet/Airframe Integration Techniques for Hypersonic Aircraft. AIAA75-58, 1975

[181] Safarik P, Polak A. Optimal shock wave parameters for supersonic inlets. Journal of Propulsion and Power, 1996, 12(1): 202~204

[182] Smart M K. Optimization of two-dimensional scramjet inlets. Journal of Aircraft, 1999, 36(2): 430~433

[183] Korte J J, Singh D J, Kumar A, et al. Numerical study of the performance of swept, curved compression surface scramjet inlets. Journal of Propulsion and Power, 1994, 10(6): 841~847

[184] Kergaravat Y, Vives E, Knight D. Inlet/Body Integration Preliminary Design for Supersonic Air-Breathing Missiles Using Automated Multi-Disciplinary Optimization. ADA 386248, 2000

[185] Carrier G, Knight D, Rasheed K, et al. Multi-criteria Design Optimization of Two-Dimensional Supersonic Inlet. AIAA2001-1064, 2001

[186] Gaiddon A, Knight D D. Multicriteria design optimization of integrated three-dimensional supersonic inlets. Journal of Propulsion and Powerm, 2003, 19(3): 456~463

[187] Ebrahimi H B, Mohanraj R, Merkle C L. Multilevel analysis of pulsed detonation engines. Journal of Propulsion and Power, 2002, 18(2): 225~232

[188] Baysal O, Eleshaky M. Aerodynamic design optimization using sensitivity analysis and computational fluid dynamics. AIAA Journal, 1992, 30(3): 718~725.

[189] Baysal O, Eleshaky M, Burgreen G. Aerodynamic shape optimization using sensitivity analysis on third-order euler equations. Journal of Aircraft, 1993, 30(6): 953~961.

[190] Burgreen G W, Baysal O, Eleshaky M E. Improving the efficiency of aerodynamic shape optimization. AIAA Journal, 1994, 32(1): 69~76

[191] Jacobs P A, Craddock C S. Simulation and optimisation of heated, inviscid flows in cramjet ducts. Journal of Propulsion and Power, 1999, 15(1): 73~81

[192] McQuade P D, Eberhardt S, Livne E. CFD-based aerodynamic approximation concepts optimization of a two-dimensional scramjet vehicle. Journal of Aircraft, 1995, 32(2): 262~269

[193] Hagenmaier M A, Davis D L. Scramjet Component Optimization Using CFD and Design of Experiments. AIAA2002-0544, 2002

[194] 罗世彬, 罗文彩, 丁猛, 等. 超燃冲压发动机二维尾喷管多目标优化设计方法研究. 弹箭与制导学报, 2004, 24(1): 56~62

[195] Gnoffo P A, Weilmuenster K J, Hamilton II H H, et al. Olynick and ethiraj venkatapa-thy, computational aerothermodynamic design issues for hypersonic vehicles. Journal of Spacecraft and Rockets, 1999, 36(1): 21~43

[196] 刘小勇. 超燃冲压发动机技术. 飞航导弹, 2003, (2): 38~42

[197] Al-Garni A Z, Sahin A Z, Yibas B S, et al. Ahmed, cooling of aerospace plane using liquid hydrogen and methane. Journal of Aircraft, 1995, 32(3): 539~546

[198] Kanda T. Study of an Airframe-Integrated Scramjet Engine System. AIAA2000-3705, 2000

[199] Wieting A R, Guy R W. Thermal-structural design/analysis of an airframe-integrated hydrogen-cooled scramjet. Journal of Aircraft, 1976, 13(3): 192~197

[200] Scotti S J, Martin C J, Lucas S H. Active Cooling Design for Scramjet Engines Using Optimization Methods. AIAA88-2265, 1988

[201] Kanda T, Masuya G, Wakamatsu Y, et al. Parametric study of airframe-integrated scramjet cooling requirement. Journal of Propulsion and Power, 1991, 7(3): 431~436

[202] Kanda T, Masuya G, Wakamatsu Y. Propellant feed system of a regenerative cooled scramjet. Journal of Propulsion and Power, 1991, 7(3): 299~301

[203] Kanda T, Masuya G, Ono F, et al. Effect of film cooling/regenerative cooling on scramjet engine performances. Journal of Propulsion and Power, 1994, 10(5): 618~624

[204] Kanda T, Ono F, Takahashi M, et al. Experimental studies of supersonic film cooling with shock wave interaction. AIAA Journal, 1996, 34(2): 265~271

[205] Kanda T, Ono F. Experimental studies of supersonic film cooling with shock wave interaction. Journal of Thermophysics and Heat Transfer. 1997, 11(4): 590~593

[206] Kanda T, Masuya G, Wakamatsu Y, et al. A Comparison of Scramjet Engine Perfor-mances among Various Cycles. AIAA89-2676, 1989

[207] Kanda T. Simulation of an Airframe-integrated Scramjet Engine. AIAA98-3427, 1998

[208] Kanda T, Kudo K. A Conceptual Study of a Combined Cycle Engine for an Aerospace Plane. AIAA2002-5146, 2002

[209] Schindel L H. Design Model of High-performance Ramjet or Scramjet-powered Vehicles. Journal of Spacecraft and Rockets. 1990, 27(6): 613~617

[210] Ardema M D, Bowles J V, Whittaker T. Optimal trajectories for hypersonic vehicles. Dynamics and Control, 1994, 4(4): 337~342

[211] Ardema M D, Bowles J V, Terjesen E J, et al. Approximate altitude transitions for high-speed aircraft. Journal of Guidance. Control, and Dynamics, 1995, 18(3): 561~566

[212] Sobieski J S, Haftka R T. Multidisciplinary Aerospace Design Optimization: Survey of Recent Developments. AIAA 96-0711, 1996

[213] Giesing J P, Barthelemy J F M. A Summary of Industry MDO Applications and Needs. An AIAA White Paper, 7th AIAA/USAF/NASA/ISSMO Symposium on Multidisciplinary Analysis and Optimization, 1998

[214] Korte J J, Weston R P, Zang T A. Multidisciplinary Optimization Methods for Preliminary Design. AGARD Interpanel Symposium "Future Aerospace Technology in the Service of the Alliance", Ecoloe Polytechnique, Paris, France, 1997

[215] 陈柏鸿. 机械产品多学科综合优化设计中的建模、规划及求解策略. 博士学位论文. 武汉: 华中科技大学, 2001

[216] 余雄庆, 丁运亮. 多学科设计优化算法及其在飞行器设计中应用. 航空学报, 2000, 21(1): 1~6

[217] 陈小前. 飞行器多学科设计优化理论研究报告. 国防科技报告, 2003

[218] Zweber J V, Kabis H, Follett W W, et al. Towards an Integrated Modeling Environment for Hypersonic Vehicle Design Synthesis. AIAA2002-5172, 2002

[219] Ferlemann S M, Robinson J S, Martin J G, et al. Developing Conceptual Hypersonic Airbreathing Engines Using Design of Experiments Methods. AIAA2000-2694, 2000

[220] McClinton C R, Ferlemann S M, Rock K E, et al. The Role of Formal Experiment Design in Hypersonic Flight System Technology Development. AIAA2002-0543, 2002

[221] AIAA Multidisciplinary Design Optimization Technical Committee. Current State of the Art on Multidisciplinary Design Optimization (MDO). An AIAA White Paper, ISBN1-56347-021-7, 1991

[222] Luo S B, Luo W C, Wang Z G. Study of Influence of Design Parameter of Air-breathing Propulsion System to Vehicle Performance. Sino-Russian-Ukrainian Workshop on Space Propulsion. Xi'an, China, 2002

[223] Chuang C H, Morimoto H. Periodic optimal cruise for a hypersonic vehicle with constraints. Journal of Spacecraft and Rockets, 1999, 34(2): 165~171

[224] Billig F S. Research on supersonic combustion. Journal of Propulsion and Power, 1993, 9(4): 499~514

[225] 徐华舫. 空气动力学基础. 北京: 北京航空学院出版社, 1987

[226] Heiser W H, Pratt D T. Hypersonic Airbreathing Propulsion. AIAA Education Series, 1994

[227] 刘兴洲. 飞航导弹动力装置. 北京: 宇航出版社, 1992

[228] Waltrup P J, Billig F S, Euans M C. Critical considerations in the design of supersonic combustion ramjet(scramjet) engines. Journal of Spacecraft and Rockets, 1981, 18(4): 350~357

[229] O'Brien T F. RBCC Engine-Airframe Integration on an Osculating Cone Waverider

Vehicle. Dissertation. Department of Aerospace Engineering. University of Maryland, 2001

[230] 左克罗 M J, 霍夫曼 J D. 气体动力学. 北京: 国防工业出版社, 1984

[231] Yoon S, Jameson A. Lower-upper symmetric-gauss-seidel method for the euler and navier-stockes equations. AIAA Journal, 1988, 26(9): 1025~1026

[232] 严恒元. 飞行器气动特性分析与工程计算. 西安: 西北工业大学出版社, 1990

[233] 702 任务办公室. 航空气动力手册 (第二册). 北京: 国防工业出版社, 1983

[234] Leer B V. Flux vector splitting for the euler equations. Lecture Notes in Physics. Berlin: Springer-Verlag, 1982, (170): 507~512

[235] Steger J L, Warming R F. Flux vector splitting of the inviscid gas dynamics equations with applications to finite difference methods. J. Comp. Phys., 1981(40): 263~293

[236] 郭正. 包含运动边界的多体非定常流场数值模拟方法研究. 博士学位论文. 长沙: 国防科技大学研究生院, 2002

[237] Tauber M E, Menees G P. Aerothermodynamics of transatmospheric vehicles. Journal of Aircraft, 1987, 24(9): 594~602

[238] Vanmol D O, Anderson J D, Jr. Heat Transfer Characteristics of Hypersonic Waveriders with an Emphasis on the Leading Edge Effects. NASA Contractor Report 189586, 1992

[239] Al-Garni A Z, Sahin A Z, Bekir, et al. Cooling of aerospace plane using liquid hydrogen and methane. Journal of Aircraft, 1995, 32(3): 539~546

[240] 田德余, 刘剑洪. 化学推进剂计算能量学. 郑州: 河南科学技术出版社, 1999

[241] Chaput A J. Preliminary Sizing Methodology for Hypersonic Vehicles. Journal of Aircraft, 1992, 29(2): 172~179

[242] William B. Life-cycle Cost Comparison of Reusable Launch Systems. IAA-95- IAA.1.1.02, 1995

[243] Fanciullo T. Cost Effective Propulsion for Commercial Launch Vehicles. AIAA2000-3804, 2000

[244] Koelle D E. Economics of Fully Reusable Launch Systems (SSTO vs. TSTO Vehicles). IAA-96-IAA.1.1.03, 1996

[245] Koelle D E. Launch Cost Assessment of Operational Winged Launch Vehicles. AIAA92-5021, 1992

[246] 罗世彬, 罗文彩, 张海联, 等. 基于全寿命周期费用分析的可重复使用运载器级数选择. 国防科技大学学报, 2002, 24(1): 9~13.

[247] 路史光. 飞航导弹总体设计. 北京: 宇航出版社, 1991

[248] 于本水. 防空导弹总体设计. 北京: 宇航出版社, 1995

[249] 甘楚雄, 刘冀湘. 弹道导弹与运载火箭总体设计. 北京: 国防工业出版社, 1996

[250] 张有济. 战术导弹飞行力学设计. 北京：宇航出版社, 1996

[251] 钱杏芳，林瑞雄，赵亚男. 导弹飞行力学. 北京：北京理工大学出版社, 2000

[252] Messac A. Physical programming: effective optimization for computational design. AIAA Journal, 1996, 34(1): 149~158

[253] Zitzler E. Evolutionary Algorithms for Multiobjective Optimization: Methods and Applications. A dissertation submitted to the Swiss Federal Institute of Technology Zurich for the degree of Doctor of Technical Sciences, 1999

[254] Deb K, Agrawal S, Pratap A, et al. A Fast Elitist Non-dominated Sorting Genetic Alogrithm for Multi-objective Optimization: NSGA-II. KanGAL Report No. 200001

[255] 张可村. 工程优化的算法与分析. 西安：西安交通大学出版社, 1986

[256] 周明，孙树栋. 遗传算法原理及应用. 北京：国防工业出版社, 1999

[257] 《现代现代应用数学手册》编委会. 现代应用数学手册 (运筹学与最优化理论卷). 北京：清华大学出版社, 1998

[258] 陈琪锋. 飞行器分布式协同进化多学科设计优化方法研究. 博士学位论文. 长沙：国防科学技术大学研究生院, 2003

[259] Carlos A, Coello Coello. An updated survey of evolutionary multiobjective optimization techniques: state of the art and future trends. Proceedings of the 1999. Congress on Evolutionary Computation CEC99. Washington, DC, USA, 1999, (1): 3~13

[260] Deb K, Pratap A, Meyarivan T. Constrained Test Problems for Multi-objective Evolutionary Optimization. KanGAL Report No. 200002

[261] Deb K. Multi-objetive genetic algorithms: problem difficulties and construction of test functions. Evolutionary Compution, 1999, 7(3): 205-230

[262] McCandless R S, Cruz C I. Hypersonic Characteristics of an Advanced Aerospace Plane. AIAA85-0346, 1985

[263] 罗世彬，范晓强，李桦. 高超声速飞行器一体化设计方法与技术研究 (一)(二). 中国国防科学技术报告, 2003

[264] Srinivas N, Deb K. Multi-objective function optimization using non-dominated sorting genetic algorithm. Evolutionary Compution, 1995, 2(3): 221~248

[265] Schaffer J D. Multiple Objective Optimization with Vector Evaluated Genetic Algorithms. Ph. D. thesis, Vanderbilt University. Unpublished, 1985

[266] Schaffer J D. Multiple objective optimization with vector evaluated genetic algorithms. Grefenstette J J (Ed.). Proceedings of an Internationa Conference on Genetic Algorithms and Their Applications, Pittsburgh, PA., 1995

[267] Hajela P, Lin C Y. Genetic search strategies in multicriterion optimal design. Structural Optimization, 1992, (4): 99~107

[268] Fonseca C M. Multiobjective Genetic Algorithms with Application to Control Engineering Problems. Department of Automatic Control and Systems Engineering The University of Sheffield, UK, 1995

[269] Fonseca C M, Fleming P J. An overview of evolutionary algorithms in multiobjective optimization. Evolutionary Computation, 1995, 3(1): 1~16

[270] Horn J, Nafpliotis N, Goldberg D E. A Niched Pareto Genetic Algorithm for Multiobjective Optimization. In Proceedings of the First IEEE Conference on Evolutionary Computation, IEEE World Congres on Computational Computation, Volume 1, Piscataway, NJ. IEEE, 1994

[271] Veldhuizen D A V, Lamont G B. Multiobjective evolutionary algorithms: analyzing the state-of-the-art. Evolutionary Computation, 2000, 8(2): 125~147

[272] Zitzler E, Thiele L. An Evolutionary Algorithms for Multiobjective Optimization: The Strength Pareto Approach. TIK-Report, No.43, 1998

[273] Deb K, Agrawal S, Pratap A, et al. A Fast Elitist Non-dominated Sorting Genetic Alogrithm for Multi-objective Optimization: NSGA-II. KanGAL Report No. 200001. India, 2000

[274] 罗文彩. 飞行器总体多方法协作优化设计理论与应用研究. 博士学位论文. 长沙: 国防科技大学研究生院, 2003

[275] 罗世彬, 罗文彩, 王振国. 基于并联协作混合遗传算法的高超声速巡航飞行器一体化优化设计研究. 宇航学报, 2004, 25(1): 28~33.

[276] [美] Wilkinson B, Allen M. 并行程序设计. 陆鑫达等, 译. 北京: 机械工业出版社, 2002

[277] Deb K, Zope P, Jain A. Distributed Computing of Pareto-optimal Solutions Using Multi-objective Evolutionary Algorithms. KanGAL Report No. 2002008

[278] 莫则尧, 袁国兴. 消息传递并行编程环境 MPI. 北京: 科学出版社, 2001.

[279] 郁志辉著. 高性能计算并行编程技术－ MPI 并行程序设计. 北京: 清华大学出版社, 2001

[280] Malan P, Brown E F. Inlet drag prediction for aircraft conceptual design. Journal of Aircraft, 1994, 31(3): 616~622

[281] Ciunta A, Dudley J M, Narducci R, et al. Noisy Aerodynamic Response and Smooth Approximations in HSCT Design. MAD Center Paper. Virginia Polytechnic Institute and State University, 2000

[282] Giunta A A. Aircraft Multidisciplinary Design Optimization Using Design of Experiments Theory and Response Surface Modeling Methods. Virginia Ploytechnic Institute & State University, Blackbury, Virginia, 1997

[283] Grossman B. Effective Use of Surrogate Models in Aircraft Design. MAD Center, Virginia Polytechnic Institute and State University, 2000

[284] Hosder S, Watson L T, Grossman B, et al. Polynomial response surface approximations for the multidisciplinary design optimization of a high speed civil transport. Optimization and Engineering, 2001, 2: 431~452

[285] Golovidov O B. Variable-complexity Response Surface Approximations for Aerodynamic Parameters in HSCT Optimization. Virginia Ploytechnic Institute & State University, Blackbury, Virginia, 1997

[286] Hutchison M G, Unger E R, Mason W H, et al. Variable-complexity aerodynamic optimization of a high-speed civil transport wing. Journal of Aircraft, 1994, 31(1): 110~116

[287] Giunta A A, Narducci R, Burgee S, et al. Variable-complexity Response Surface Aerodynamic Design of an HSCT Wing. Aiaa Paper, 1995

[288] Burgee S, Giunta A A, Grossman B, et al. A coarse grained prallel variable-complexity multidisciplinary optimization paradigm. Internat. J. Supercomputer Appl. High Performance Comput, 1996, 10: 269~299

[289] 方开泰, 马长兴. 正交与均匀试验设计. 北京: 科学出版社, 2001

[290] Khuri A I, Cornell J A. Response Surface: Design and Analyses. Marcel Dekker, Inc., 1996

[291] Kolodziej P. Aerothermal Performance Constraints for Hypervelocity Small Radius Unswept Leading Edges and Nosetips. NASA Technical Memorandum 112204, 1997

[292] 张鲁民, 潘梅林, 唐伟. 载人飞船返回舱空气动力学. 北京: 国防工业出版社, 2002

[293] Blosser M L, Blankson I M, Schwoerke S, et al. Wing Leading-edge design concepts for airbreathing hypersonic waveriders. Journal of Aircraft, 2013, 32(2): 307~322

[294] 日本液压气动协会编. 液压气动手册. 北京: 机械工业出版社, 1984

[295] 陈杰. 航天运载器液体推进剂火箭发动机构型研究. 博士学位论文. 长沙: 国防科技大学研究生院, 1991

[296] 刘国球. 液体火箭发动机原理. 北京: 宇航出版社, 1993

[297] 朱宁昌. 液体火箭发动机设计. 北京: 宇航出版社, 1994

[298] Lewis M J. Significance of fuel selection for hypersonic vehicle range. Journal of Propulsion and Power, 2001, 17(6): 1214~1221

[299] 黄卫东. 单级入轨运载器推进系统研究. 博士学位论文. 长沙: 国防科学技术大学研究生院, 1998

[300] Manski D, Geortz C, SaBnick H-D. Overview of Cycles For Earth-to-orbit Propulsion. 3rd International Symposium on Space Propulsion, From Launch to Space, Beijing, China, August 11-13, 1997

[301] 谭建国. 三组元液体火箭发动机系统方案报告. 国防科技报告, 2002

[302] 张远君. 液体火箭发动机涡轮泵设计. 北京：北京航空航天大学出版社, 1995

[303] 吴先宇. 可重复使用跨大气层飞行器多学科设计优化推进学科设计—液体火箭发动机 (模型报告). 国防科学技术大学航天与材料工程学院, 2003

[304] 周进, 沈赤兵, 等. 三组元双工况火箭发动机喷注器研究总结报告. 国防科技报告, 1998

[305] 李清廉. 同轴式三组元喷嘴性能分析、工程应用及设计评定. 博士学位论文. 长沙：国防科技大学研究生院, 2003

[306] 阵立周. 稳健设计. 北京：机械工业出版社, 2000

[307] 方开泰. 均匀设计与均匀设计表. 北京：科学出版社, 1994

[308] Haftka R T. Combining global and local approximations. AIAA Journal, 1991, 29(9): 1523~1525

[309] Dudley J M, Huang X, Haftka R T, et al. Variable Complexity Interlacing of Weight Equations and Structural Optimization for the Design of the High-speed Civil Transport. Proceedings of the 5th AIAA Multidisciplinary Analysis and Optimization Symposium, Panama City, Florida. AIAA94-4377-CP, 1994

[310] 袁亚湘, 孙文瑜. 最优化理论与方法. 北京：科学出版社, 1999

[311] 现代应用数学手册：运筹学与最优化理论卷. 北京：清华大学出版社, 2000

[312] 罗文彩, 罗世彬, 王振国. 基于多方法协作优化方法的非壅塞式固体火箭冲压发动机导弹一体化优化设计. 国防科技大学学报, 2003, 25(2): 14~18

[313] Holland S D. Reynolds Number and Cowl Position Effects for A Generic Sidewall Compression Scramjet Inlet at Mach 10: A Computational and Experimental Investigation. AIAA92-4026, 1992

附录 A   机体一体化超燃冲压发动机质量估算模型

在超燃冲压发动机的概念设计阶段,发动机外形尺寸和工作条件没有确定,存在大量的候选方案。总体设计人员需要一个能够快速反映设计参数变化对发动机质量影响程度的参数估算模型,以评估和优选候选方案。目前合适的超燃冲压发动机质量估算模型还很少见,本书建立了一套满足机体一体化超燃冲压发动机初步设计要求的,能够正确反映几何构型参数变化对发动机质量的影响趋势的质量模型。

A.1   质量部件的划分

超燃冲压发动机是一个由多个子系统组成的复杂系统,为了方便构造质量估算模型,首先按功能的不同将超燃冲压发动机划分为各个独立的部件,称为质量部件。参考陈杰 [295] 对火箭发动机部件的划分方法,本书将超燃冲压发动机划分为五大主要质量部件。它们分别是:

- 流道质量部件;
- 推进剂供应系统质量部件;
- 总装件质量部件;
- 储箱增压系统质量部件;
- 活门及自动器质量部件。

其中,流道质量部件、推进剂供应系统质量部件和总装件质量部件占发动机总质量的绝大部分,因此整个超燃冲压发动机系统质量估算准确性高低,很大程度上取决于这三个质量部件质量估算的准确性。超燃冲压发动机和火箭发动机最大的不同之处在于一个由进气道、隔离段、燃烧室和尾喷管组成的流道代替了燃烧室,结构上更加复杂,其他质量部件在结构上的差别较小。本书只介绍流道质量部件的估算模型,其他质量部件的质量估算模型可参考文献 [295] 和 [297]。

A.2   流道部件质量模型

A.2.1   参考量的定义

设隔离段内流道高度为 H_{is},宽度为 W_{is},定义隔离段内流道截面积为壁面面

积的参考量。取侧板的最大厚度 $t_{\mathrm{in,sw}}$ 为参考厚度，即

$$S_{\mathrm{ref}} = H_{\mathrm{is}} W_{\mathrm{is}}, \quad t_{\mathrm{ref}} = t_{\mathrm{in,sw}} \tag{A.1}$$

参考压力 P_{ref} 取为一个大气压 (海平面)。参考密度 ρ_{ref} 为不锈钢的密度，则得到参考质量

$$m_{\mathrm{ref}} = \rho_{\mathrm{ref}} S_{\mathrm{ref}} t_{\mathrm{ref}} \tag{A.2}$$

A.2.2 进气道质量模型

考虑如图 A.1 所示的三维侧压进气道模型 [313]，设进气道长度为 L_{in}，高度为 H_{in}，横向压缩比为 $\mathrm{CR_{in,h}}$，纵向压缩比为 $\mathrm{CR_{in,v}}$，前体下壁面的压缩角为 θ_C，侧板的压缩角为

$$\frac{S_{\mathrm{in,af}}}{S_{\mathrm{ref}}} = (2\mathrm{CR_{in,h}} - 1)\left(\frac{\mathrm{CR_{in,v}} - 1}{\tan\theta_C}\left(\frac{1}{\cos\theta_C} - 1\right) + \frac{L_{\mathrm{in}}}{H_{\mathrm{is}}}\right) = f_{\mathrm{in,af}}(\boldsymbol{X}_{\mathrm{in}}) \tag{A.3}$$

$$\frac{S_{\mathrm{in,sw}}}{S_{\mathrm{ref}}} = \left(2 + \frac{(CR_{\mathrm{in,v}} - 1)\tan\theta_C}{2(1 - \tan\theta_C \tan\Lambda_{\mathrm{sw,l}})\tan\delta}\frac{W_{\mathrm{is}}}{H_{\mathrm{is}}}\right)\frac{CR_{\mathrm{in,h}} - 1}{2\sin\delta}$$
$$+ \frac{H_{\mathrm{is}}}{W_{\mathrm{is}}}\left(2\left(\frac{L_{\mathrm{in}}}{H_{\mathrm{is}}} - \frac{\mathrm{CR_{in,v}} - 1}{\tan\theta_C}\right) - \tan\Lambda_{\mathrm{sw,l}}\right) = f_{\mathrm{in,sw}}(\boldsymbol{X}_{\mathrm{in}}) \tag{A.4}$$

$$\frac{S_{\mathrm{in,co}}}{S_{\mathrm{ref}}} = \frac{H_{\mathrm{is}}}{W_{\mathrm{is}}}\left[\frac{W_{\mathrm{is}}}{H_{\mathrm{is}}} + \left(\frac{CX'}{H_{\mathrm{is}}} + \tan\Lambda_{\mathrm{sw,l}}\right)\tan\delta\right]\left(\frac{CX'}{H_{\mathrm{is}}} + \tan\Lambda_{\mathrm{sw,l}}\right)$$
$$+ \frac{L_{\mathrm{in}}}{H_{\mathrm{is}}} - \frac{\mathrm{CR_{in,v}} - 1}{\tan\theta_C} - \tan\Lambda_{\mathrm{sw,l}} = f_{\mathrm{in,co}}(\boldsymbol{X}_{\mathrm{in}}) \tag{A.5}$$

其中，$\boldsymbol{X}_{\mathrm{in}} = \{\mathrm{CR_{in,h}}, \mathrm{CR_{in,v}}, \theta_C, \Lambda_{\mathrm{sw,l}}, \delta, L_{\mathrm{in}}/H_{\mathrm{is}}, CX'/H_{\mathrm{is}}, W_{\mathrm{is}}/H_{\mathrm{is}}\}$ 为简化模型，进气道各壁面均按无冷却通道的薄壁近似，设机身侧壁面的厚度为 $t_{\mathrm{in,af}}$，密度为 $\rho_{\mathrm{in,af}}$，外罩壁面厚度为 $t_{\mathrm{in,co}}$，密度为 $\rho_{\mathrm{in,co}}$。侧板的最大厚度由横向压缩比 $\mathrm{CR_{in,h}}$ 和隔离段宽度 W_{is} 确定

$$t_{\mathrm{in,sw}} = (\mathrm{CR_{in,h}} - 1)W_{\mathrm{is}} \tag{A.6}$$

侧板的总体积为

$$V_{\mathrm{in,sw}} = \frac{(\mathrm{CR_{in,h}} - 1)^2 W_{\mathrm{is}}^2}{2.0\tan\delta}$$
$$\times \left[\frac{1}{4}\frac{\sin\theta_C}{\sin(\pi/2 - \theta_C - \Lambda_{\mathrm{sw,l}})} \quad \frac{(\mathrm{CR_{in,h}} - 1)W_{\mathrm{is}}\cos\Lambda_{\mathrm{sw,l}}}{\tan\delta} + H_{\mathrm{is}}\right]$$
$$+ \left[2L_{\mathrm{in}} - \frac{2H_{\mathrm{is}}(\mathrm{CR_{in,v}} - 1)}{\tan\theta_C} - H_{\mathrm{is}}\tan\Lambda_{\mathrm{sw,l}}\right]H_{\mathrm{is}}(\mathrm{CR_{in,h}} - 1)W_{\mathrm{is}} \tag{A.7}$$

令

$$\varsigma_{\mathrm{sw}} = V_{\mathrm{in,sw}}/\hat{V}_{\mathrm{in,sw}} = V_{\mathrm{in,sw}}/\left(S_{\mathrm{in,sw}}t_{\mathrm{in,sw}}\right)$$

得进气道的质量模型

$$m_{\mathrm{in}} = m_{\mathrm{ref}}\left[f_{\mathrm{in,af}}\left(\boldsymbol{X}_{\mathrm{in}}\right)\frac{t_{\mathrm{in,af}}}{t_{\mathrm{ref}}}\frac{\rho_{\mathrm{in,af}}}{\rho_{\mathrm{ref}}} + \varsigma_{\mathrm{sw}}f_{\mathrm{in,sw}}\left(\boldsymbol{X}_{\mathrm{in}}\right)\frac{t_{\mathrm{in,sw}}}{t_{\mathrm{ref}}}\frac{\rho_{\mathrm{in,sw}}}{\rho_{\mathrm{ref}}}\right.$$
$$\left. + f_{\mathrm{in,co}}\left(\boldsymbol{X}_{\mathrm{in}}\right)\frac{t_{\mathrm{in,co}}}{t_{\mathrm{ref}}}\frac{\rho_{\mathrm{in,co}}}{\rho_{\mathrm{ref}}}\right] \tag{A.8}$$

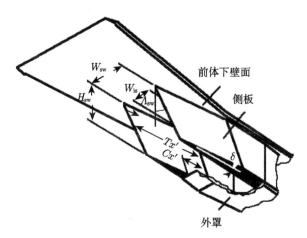

图 A.1　三维测压进气道模型

A.2.3　含冷却通道壁面流道质量模型

　　隔离段–燃烧室–喷管内膨胀段通过槽道式冷却通道冷却。对于机体一体化多模块超燃冲压发动机, 其机身壁面和外罩壁面承受非平衡载荷, 而侧板则承受平衡载荷 (机身两侧的侧板除外)。假设机身内部为一封闭空间, 不妨设机身内部压力保持不变且始终为 1 个大气压 (海平面), 即

$$P_{\mathrm{af,in}} = P_{\mathrm{ref}} \tag{A.9}$$

　　发动机外罩外侧承受着受扰来流的压力, 该压力和发动机的工作高度、工作马赫数、攻角、进气道/ 前体压缩角相关。为简单起见, 不妨设该压力为燃烧室压力的 0.75 倍, 即

$$P_{\mathrm{co,ex}} = 0.75P_{\mathrm{cm}} \tag{A.10}$$

　　为简化计算, 做如下假设 [295]:

(1) 内壁经历塑性变形, 外壁承受主要载荷;

(2) 内壁厚由传热确定，不随设计参数变化；

(3) 各壁面冷却流道几何尺寸相同，其宽为 W_{ch}，高为 H_{ch}；

(4) 壁面厚度与流道高度、宽度相比是小量。

冷却流道关键几何尺寸参见图 A.2(a)。流道侧壁的纵向受力平衡方程 (如图 A.2(b) 所示)：

$$2 \cdot (F_{ev} + F_{iv}) = P_{f1} \cdot W_{f1} + 2 \cdot P_{ch} \cdot H_{ch}$$
$$- (P_{af,in} - P_{co,ex}) \cdot [W_{f1} + 2.0 \cdot (t_{iv} + t_{ev} + H_{ch})] \quad (A.11)$$

由内外壁的应变相等条件，得

$$\frac{F_{ev}}{E_{ev}t_{ev}} = \frac{F_{iv}}{E_{iv}t_{iv}} \quad (A.12)$$

$$\sigma_{ev} = F_{ev}/t_{ev}, \quad \sigma_{iv} = F_{iv}/t_{iv} \quad (A.13)$$

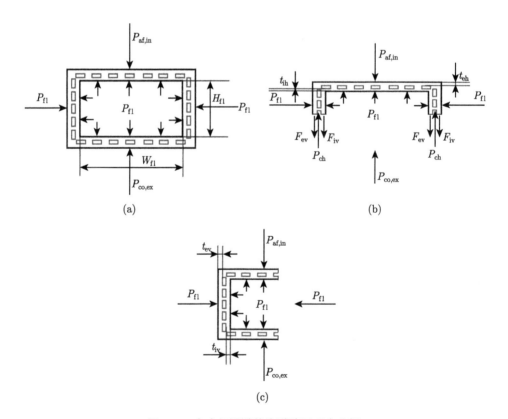

图 A.2　含冷却通道的流道壁面受力分析

由假设条件 (1) 和 (4)，可得

$$F_{\mathrm{ev}} \approx \frac{P_{\mathrm{f}1} \cdot W_{\mathrm{f}1}}{2} \left(1 + 2 \frac{P_{\mathrm{ch}}}{P_{\mathrm{f}1}} \frac{H_{\mathrm{ch}}}{W_{\mathrm{f}1}} - \frac{P_{\mathrm{af,in}} - P_{\mathrm{co,ex}}}{P_{\mathrm{f}1}} \right) \tag{A.14}$$

由 F_{ev} 可得侧壁的外壁厚度 t_{ev}，考虑安全系数 η_{swe}，η_{swe} 可取为 1.5。

$$t_{\mathrm{ev}} = \frac{\eta_{\mathrm{swe}} P_{\mathrm{f}1} W_{\mathrm{f}1}}{2\sigma_{\mathrm{ev}}} \left(1 + 2 \frac{P_{\mathrm{ch}}}{P_{\mathrm{f}1}} \frac{H_{\mathrm{ch}}}{W_{\mathrm{f}1}} - \frac{P_{\mathrm{af,in}} - P_{\mathrm{co,ex}}}{P_{\mathrm{f}1}} \right) \tag{A.15}$$

假设侧板内外壁所用的材料不同，外壁面材料密度为 ρ_{swe}，内壁面材料密度为 ρ_{swi}。令

$$\varphi_{\mathrm{sw}} = \frac{\rho_{\mathrm{swe}}}{\rho_{\mathrm{ref}}} \frac{t_{\mathrm{ev}}}{t_{\mathrm{ref}}} + \frac{\rho_{\mathrm{swi}}}{\rho_{\mathrm{ref}}} \frac{t_{\mathrm{iv}}}{t_{\mathrm{ref}}} \tag{A.16}$$

同理可求出 φ_{af} 和 φ_{co}。

单位长度流道侧壁的质量为

$$\tilde{m}_{\mathrm{f}1,\mathrm{sw}} = 2 \left(m_{\mathrm{ref}}/S_{\mathrm{ref}} \right) \varphi_{\mathrm{sw}} \left[H_{\mathrm{f}1} + 2 \left(t_{\mathrm{eh}} + t_{\mathrm{ih}} + H_{\mathrm{ch}} \right) \right] \tag{A.17}$$

同理可得流道横向壁面的外壁面厚度 t_{eh}(沿用上述假设)

$$t_{\mathrm{eh}} = \frac{\eta_{\mathrm{af}} P_{\mathrm{f}1} H_{\mathrm{f}1}}{2\sigma_{\mathrm{eh}}} \left(1 + 2 \frac{P_{\mathrm{ch}}}{P_{\mathrm{f}1}} \frac{H_{\mathrm{ch}}}{W_{\mathrm{f}1}} \right) \tag{A.18}$$

单位长度流道侧板壁面、机身侧壁面和外罩壁面的面积为

$$\tilde{S}_{\mathrm{f}1,\mathrm{sw}} = 2 \cdot \left[H_{\mathrm{f}1} + 2 \cdot \left(t_{\mathrm{eh}} + t_{\mathrm{ih}} + H_{\mathrm{ch}} \right) \right] \tag{A.19}$$

$$\tilde{S}_{\mathrm{f}1,\mathrm{af}} = W_{\mathrm{f}1} + 2 \cdot \left(t_{\mathrm{ev}} + t_{\mathrm{iv}} + H_{\mathrm{ch}} \right) \tag{A.20}$$

$$\tilde{S}_{\mathrm{f}1,\mathrm{co}} = W_{\mathrm{f}1} + 2 \cdot \left(t_{\mathrm{ev}} + t_{\mathrm{iv}} + H_{\mathrm{ch}} \right) \tag{A.21}$$

单位长度含冷却通道的流道壁面质量为

$$\tilde{m}_{\mathrm{f}1} = m_{\mathrm{ref}} \left[\left(\tilde{S}_{\mathrm{f}1,\mathrm{af}}/S_{\mathrm{ref}} \right) \varphi_{\mathrm{af}} + \left(\tilde{S}_{\mathrm{f}1,\mathrm{sw}}/S_{\mathrm{ref}} \right) \varphi_{\mathrm{sw}} + \left(\tilde{S}_{\mathrm{f}1,\mathrm{co}}/S_{\mathrm{ref}} \right) \varphi_{\mathrm{co}} \right] \tag{A.22}$$

A.2.4 隔离段质量模型

隔离段的几何模型比较简单，考虑冷却通道，可将隔离段流道壁面简化为双层薄壁矩形筒。隔离段各壁面面积及其与参考面积之比为

$$S_{\mathrm{is,af}}/S_{\mathrm{ref}} = (2 \cdot \mathrm{CR}_{\mathrm{in,h}} - 1) \cdot L_{\mathrm{is}}/H_{\mathrm{is}} = f_{\mathrm{is,af}} \left(\boldsymbol{X}_{\mathrm{is}} \right) \tag{A.23}$$

$$S_{\mathrm{is,sw}}/S_{\mathrm{ref}} = 2 L_{\mathrm{is}}/W_{\mathrm{is}} = f_{\mathrm{is,sw}} \left(\boldsymbol{X}_{\mathrm{is}} \right) \tag{A.24}$$

$$S_{\text{is,co}}/S_{\text{ref}} = (2 \cdot \text{CR}_{\text{in,h}} - 1)\, L_{\text{is}}/H_{\text{is}} = f_{\text{is,co}}\,(\boldsymbol{X}_{\text{is}}) \tag{A.25}$$

其中，$\boldsymbol{X}_{\text{is}} = \{\text{CR}_{\text{in,h}}, L_{\text{is}}/W_{\text{is}}, L_{\text{is}}/H_{\text{is}}\}$，$L_{\text{is}}$ 为隔离段的长度。

由含冷却通道的流道壁面质量计算结果，可得隔离段的质量模型：

$$m_{\text{is}} = m_{\text{ref}}\,[f_{\text{is,af}}\,(\boldsymbol{X}_{\text{is}}) \cdot \varphi_{\text{af}} + f_{\text{is,sw}}\,(\boldsymbol{X}_{\text{is}}) \cdot \varphi_{\text{sw}} + f_{\text{is,co}}\,(\boldsymbol{X}_{\text{is}}) \cdot \varphi_{\text{co}}] \tag{A.26}$$

A.2.5　燃烧室质量模型

超燃燃烧室采用等截面段加等角度扩张段几何构型，扩张段的扩张角为 θ_{cmexp}，燃烧室总长度为 L_{cm}，等截面段长度为 L_{cmc}。

令 $r_{\text{cm}} = L_{\text{cmc}}/L_{\text{cm}}$，则

$$S_{\text{cm,af}}/S_{\text{ref}} = (2 \cdot \text{CR}_{\text{in,h}} - 1) \cdot (r_{\text{cm}} + (1 - r_{\text{cm}})\,/\cos\theta_{\text{cmexp}}) \cdot L_{\text{cm}}/H_{\text{is}}$$

$$= f_{\text{cm,af}}\,(\boldsymbol{X}_{\text{cm}}) \tag{A.27}$$

$$S_{\text{cm,sw}}/S_{\text{ref}} = 2 \cdot r_{\text{cm}} \cdot (L_{\text{cm}}/W_{\text{is}}) + (2 + (1 - r_{\text{cm}}) \cdot \tan\theta_{\text{cmexp}} \cdot L_{\text{cm}}/H_{\text{is}})$$

$$(1 - r_{\text{cm}}) \cdot L_{\text{cm}}/W_{\text{is}} = f_{\text{cm,sw}}\,(\boldsymbol{X}_{\text{cm}}) \tag{A.28}$$

$$S_{\text{cm,co}}/S_{\text{ref}} = L_{\text{cm}}/H_{\text{is}} = f_{\text{cm,co}}\,(\boldsymbol{X}_{\text{cm}}) \tag{A.29}$$

其中，$\boldsymbol{X}_{\text{cm}} = \{\text{CR}_{\text{in,h}}, \theta_{\text{cmexp}}, L_{\text{cm}}/W_{\text{is}}, L_{\text{cm}}/H_{\text{is}}, r_{\text{cm}}\}$。

假设燃烧室冷却通道几何尺寸与隔离段一样，则燃烧室的质量模型为

$$m_{\text{cm}} = m_{\text{ref}} \cdot [f_{\text{cm,af}}\,(\boldsymbol{X}_{\text{cm}}) \cdot \varphi_{\text{af}} + f_{\text{cm,sw}}\,(\boldsymbol{X}_{\text{cm}}) \cdot \varphi_{\text{sw}} + f_{\text{cm,co}}\,(\boldsymbol{X}_{\text{cm}}) \cdot \varphi_{\text{co}}] \tag{A.30}$$

A.2.6　支板质量模型

为了增强燃料与空气的混合，常在超燃燃烧室流道中增设支板。支板模型如图 A.3 所示，支板前缘受热严重，需要冷却。为计算简便，将支板近似为平板，且忽略冷却通道和燃料喷射通道。设支板材料的密度为 ρ_{st}，厚度为 t_{st}。令 $r_{\text{st}} = H_{\text{stc}}/H_{\text{st}}$，则支板面积

$$S_{\text{st}}/S_{\text{ref}} = r_{\text{st}} \cdot (L_{\text{st}}/W_{\text{is}}) \cdot (H_{\text{st}}/H_{\text{is}}) + [(L_{\text{st}}/W_{\text{is}}) - (1 - r_{\text{st}})$$

$$\cdot (H_{\text{st}}/W_{\text{is}}) \cdot \tan \Lambda_{\text{st,l}}/2] \cdot (1 - r_{\text{st}}) \cdot H_{\text{st}}/H_{\text{is}} = f_{\text{st}}\,(\boldsymbol{X}_{\text{st}}) \tag{A.31}$$

其中，$\boldsymbol{X}_{\text{st}} = \{\Lambda_{\text{st,l}}, L_{\text{st}}/W_{\text{is}}, H_{\text{st}}/H_{\text{is}}, H_{\text{st}}/W_{\text{is}}, r_{\text{st}}\}$。

支板质量模型：

$$m_{\text{st}} = m_{\text{ref}} \cdot f_{\text{st}}\,(\boldsymbol{X}_{\text{st}}) \cdot (\rho_{\text{st}}/\rho_{\text{ref}}) \cdot (t_{\text{st}}/t_{\text{ref}}) \tag{A.32}$$

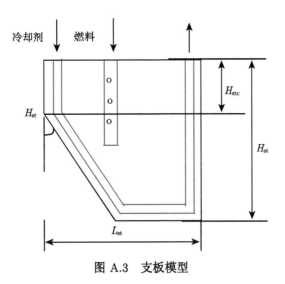

图 A.3 支板模型

A.2.7 尾喷管质量模型

超燃冲压发动机的设计部门一般只设计尾喷管的内膨胀段和外膨胀段的一部分, 余下部分由机身设计部门完成。超燃冲压发动机尾喷管质量计算模型如图 A.4 所示。

$$S_{\text{no,af}}/S_{\text{ref}} = (2 \cdot \text{CR}_{\text{in,h}} - 1) \cos\theta_{\text{noexp}} \cdot (L_{\text{no}}/H_{\text{is}}) = f_{\text{no,af}}(\boldsymbol{X}_{\text{no}}) \quad (\text{A}.33)$$

$$\begin{aligned}
\frac{S_{\text{no,sw}}}{S_{\text{ref}}} &= \left[2 \cdot (1 - r_{\text{cm}}) \cdot \tan\theta_{\text{cmexp}} \cdot \frac{L_{\text{cm}}}{H_{\text{is}}} + \tan\theta_{\text{noexp}} \cdot \frac{L_{\text{no}}}{H_{\text{is}}} \right] \cdot \frac{L_{\text{no}}}{W_{\text{is}}} \\
&\quad - \left[(1 - r_{\text{cm}}) \cdot \tan\theta_{\text{cmexp}} \cdot \frac{L_{\text{cm}}}{H_{\text{is}}} + n\theta_{\text{noexp}} \cdot \frac{L_{\text{no}}}{H_{\text{is}}} \right] \\
&\quad \cdot \left[(1 - r_{\text{cm}}) \cdot \tan\theta_{\text{cmexp}} \cdot \frac{L_{\text{cm}}}{W_{\text{is}}} + \tan\theta_{\text{noexp}} \cdot \frac{L_{\text{no}}}{W_{\text{is}}} \right] \cdot \tan\varLambda_{\text{sw,d}} \\
&= f_{\text{no,sw}}(\boldsymbol{X}_{\text{no}}) \quad\quad\quad\quad\quad\quad\quad\quad\quad\quad\quad\quad\quad\quad\quad (\text{A}.34)
\end{aligned}$$

$$\begin{aligned}
\frac{S_{\text{no,co}}}{S_{\text{ref}}} &= (2 \cdot \text{CR}_{\text{in,h}} - 1) \\
&\quad \cdot \left[\frac{L_{\text{no}}}{L_{\text{is}}} - \left((1 - r_{\text{cm}}) \cdot \tan\theta_{\text{cmexp}} \cdot \frac{L_{\text{cm}}}{H_{\text{is}}} + \tan\theta_{\text{noexp}} \cdot \frac{L_{\text{no}}}{H_{\text{is}}} \right) \cdot \tan\varLambda_{\text{sw,d}} \right] \\
&= f_{\text{no,co}}(\boldsymbol{X}_{\text{no}}) \quad\quad\quad\quad\quad\quad\quad\quad\quad\quad\quad\quad\quad\quad\quad (\text{A}.35)
\end{aligned}$$

其中, L_{no} 为尾喷管的长度, $H_{\text{no,}i}$ 为尾喷管内膨胀段入口处的高度, θ_{noexp} 为后体壁面扩张角, $\boldsymbol{X}_{\text{no}} = \{\text{CR}_{\text{in,h}}, \theta_{\text{cmexp}}, \theta_{\text{noexp}}, \varLambda_{\text{sw,d}}, L_{\text{no}}/W_{\text{is}}, L_{\text{no}}/H_{\text{is}}, L_{\text{cm}}/H_{\text{is}}, r_{\text{cm}}\}$。

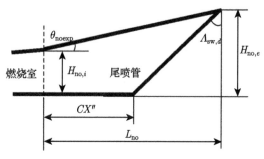

图 A.4   尾喷管模型

假设尾喷管内膨胀段冷却通道几何尺寸与隔离段一样，则尾喷管的质量模型：

$$m_{\mathrm{no}} = m_{\mathrm{ref}} \cdot \left[f_{\mathrm{no,af}}\left(\boldsymbol{X}_{\mathrm{no}}\right) \cdot \varphi_{\mathrm{af}} + f_{\mathrm{no,sw}}\left(\boldsymbol{X}_{\mathrm{no}}\right) \cdot \varphi_{\mathrm{sw}} + f_{\mathrm{no,co}}\left(\boldsymbol{X}_{\mathrm{no}}\right) \cdot \varphi_{\mathrm{co}} \right] \quad (\mathrm{A.36})$$

A.2.8   流道质量部件总质量模型

由进气道、隔离段、燃烧室、支板 (N_{st} 块) 和尾喷管的质量模型，可得到超燃冲压发动机整个流道的质量模型 $m_{\mathrm{F.P.}}$

$$m_{\mathrm{F.P.}} = m_{\mathrm{in}} + m_{\mathrm{is}} + m_{\mathrm{cm}} + m_{\mathrm{no}} + N_{\mathrm{st}} \cdot m_{\mathrm{st}} \quad (\mathrm{A.37})$$

附录 B 高超声速飞行器巡航段初始质量与起飞质量的关系式

设高超声速飞行器的起飞质量为 m_{takeoff}，飞行器由火箭发动机转为超燃冲压发动机时的飞行马赫数为 Ma_{RS}，对应的飞行器质量为 $m_{\text{cruise,initial}}$，飞行器单位质量机械能为 ε_{RS}，并令 $\Omega_R = m_{\text{cruise,initial}}/m_{\text{takeoff}}$。

高超声速飞行器的飞行速度 V 可以表示为微分形式：

$$m\frac{\mathrm{d}v}{\mathrm{d}t} = T - D - mg\sin\theta \tag{B.1}$$

取海平面为零势能面，可得飞行器单位质量的机械能 ε 为

$$\varepsilon = V^2/2 + gh \tag{B.2}$$

其中，g 为当地重力加速度，h 为飞行高度。由

$$\frac{\mathrm{d}h}{\mathrm{d}t} = V\sin\theta \tag{B.3}$$

则有

$$m\frac{\mathrm{d}\varepsilon}{\mathrm{d}t} = TV\left(1 - \frac{D}{T}\right) \tag{B.4}$$

高超声速飞行器助推段采用火箭发动机。火箭发动机推力 T 为

$$T = \dot{m}_c g I_{\text{sp},R} \tag{B.5}$$

其中，$\dot{m}_c$ 为推进剂流量，$I_{\text{sp},R}$ 为火箭发动机比冲。于是

$$\frac{\mathrm{d}m}{\mathrm{d}t} = -\dot{m}_c = -\frac{T}{g I_{\text{sp},R}} \tag{B.6}$$

由式 (B.4) 和式 (B.6)，可得

$$\frac{\mathrm{d}m}{m} = -\frac{\mathrm{d}\varepsilon}{V g I_{\text{sp},R}\left(1 - D/T\right)} \tag{B.7}$$

而 $V = \sqrt{2\left(\varepsilon - gh\right)}$，由于动能远大于势能 $(\varepsilon \gg gh)$，速度 $\text{V} \approx \sqrt{2\varepsilon}$，于是式 (B.7) 可近似为

$$\frac{\mathrm{d}m}{m} = -\frac{\mathrm{d}\varepsilon}{\sqrt{2\varepsilon}gI_{\mathrm{sp},R}\left(1 - D/T\right)} \tag{B.8}$$

积分式 (B.8) 可得

$$\frac{m_{\mathrm{cruise,initial}}}{m_{\mathrm{takeoff}}} = \mathrm{e}^{E_{Ri}(\varepsilon_{\mathrm{takeoff}},\varepsilon_{\mathrm{RS}})} \tag{B.9}$$

$$E_{Ri}\left(\varepsilon_{\mathrm{initial}},\varepsilon_{\mathrm{RS}}\right) = \sqrt{2}\left(\sqrt{\varepsilon_{\mathrm{initial}}} - \sqrt{\varepsilon_{\mathrm{RS}}}\right)\bigg/ gI_{\mathrm{sp},R} \tag{B.10}$$

后　　记

　　高超声速飞行器具有广泛的军事和商业应用前景，是目前各航空航天大国的研究热点。由于高超声速飞行器具有飞行速度高、机体/发动机高度一体化、多学科强耦合等特性，因而对其设计优化提出了特殊的要求。本书在广泛吸收国外研究成果的基础上，借助理论分析、数值仿真和试验验证等多种手段，在高超声速飞行器机体/发动机一体化设计、高超声速飞行器总体多学科设计优化两方面开展了一系列研究；分别从学科级和系统级层次探索了超燃冲压发动机和高超声速飞行器的性能变化规律，综合形成了一套高超声速飞行器一体化多学科设计优化方法，为高超声飞行器的初步设计奠定了基础。